职业教育职业培训*改革创新教材*
全国高等职业院校、技师学院、技工及高级技工学校规划教材
数控技术应用专业

机械加工工艺

王建国　谭海林　肖爱武　主　编
陈镜荣　王晋波　刘才志　副主编
谭亲四　主　审

電子工業出版社
Publishing House of Electronics Industry
北京 · BEIJING

内 容 简 介

本书根据高等职业院校、技师学院“数控技术应用专业”的教学计划和教学大纲，以“国家职业标准”为依据，按照“以工作过程为导向”的课程改革要求，以典型任务为载体，从职业分析入手，切实贯彻“管用”、“够用”、“适用”的教学指导思想，把理论教学与技能训练很好地结合起来，并按技能层次分模块介绍车削、铣削、磨削、钻削、镗削及齿轮和典型零件切削加工工艺技术。本书较多地编入新技术、新设备、新工艺的内容，还介绍了许多典型的应用案例，便于读者借鉴，以缩短学校教育与企业需求之间的差距，更好地满足企业用人需求。

本书可作为高等职业院校、技师学院、技工及高级技工学校、中等职业学校数控技术应用相关专业的教材，也可作为企业技师培训教材和相关设备维修技术人员的自学用书。

图书在版编目（CIP）数据

机械加工工艺 / 王建国，谭海林，肖爱武主编. —北京：电子工业出版社，2012.8
职业教育职业培训改革创新教材　全国高等职业院校、技师学院、技工及高级技工学校规划教材. 数控技术应用专业
ISBN 978-7-121-17863-4

Ⅰ. ①机…　Ⅱ. ①王…②谭…③肖…　Ⅲ. ①机械加工－工艺－高等职业教育－教材　Ⅳ. ①TG506

中国版本图书馆 CIP 数据核字（2012）第 185238 号

策划编辑：关雅莉　杨　波
责任编辑：郝黎明　文字编辑：裴　杰
印　　刷：
装　　订：涿州市京南印刷厂
出版发行：电子工业出版社
　　　　　北京市海淀区万寿路 173 信箱　邮编：100036
开　　本：787×1092　1/16　印张：10.5　字数：268.8 千字
印　　次：2012 年 8 月第 1 次印刷
定　　价：20.00 元

凡所购买电子工业出版社图书有缺损问题，请向购买书店调换。若书店售缺，请与本社发行部联系，联系及邮购电话：（010）88254888。

质量投诉请发邮件至 zlts@phei.com.cn，盗版侵权举报请发邮件至 dbqq@phei.com.cn。

服务热线：（010）88258888。

职业教育职业培训*改革创新教材*
全国高等职业院校、技师学院、技工及高级技工学校规划教材
数控技术应用专业　教材编写委员会

主任　委员：史术高　　湖南省职业技能鉴定中心（湖南省职业技术培训研究室）

副主任委员：（排名不分先后）

王定勇　　湖南工贸技师学院
茹建先　　湖南工贸技师学院
廖述雨　　湖南工贸技师学院
刘少军　　湖南工贸技师学院
黄竟业　　湖南潇湘技师学院
王建国　　湖南化工职业技术学院
谭海林　　湖南化工职业技术学院
肖爱武　　湖南化工职业技术学院
李　强　　湖南工业职业技术学院
刘瑞已　　湖南工业职业技术学院
朱志军　　湖南省机械工业技术学院
罗青云　　冷水江市高级技工学校
梁玉林　　冷水江市高级技工学校
刘才志　　长沙航天工业学校
谭亲四　　广东省南方技师学院
罗晓霞　　广东省技师学院
黄　鑫　　中山市工贸技工学校
兰晓静　　烟台工程职业学院
王荣欣　　河北科技大学

委　　　员：（排名不分先后）

刘　南　　湖南省职业技能鉴定中心（湖南省职业技术培训研究室）
刘　炜　　湖南工贸技师学院
万志坚　　湖南工贸技师学院
彭朝辉　　湖南工贸技师学院
茹　洲　　湖南工贸技师学院
凌　魁　　湖南工贸技师学院
李会明　　湖南工贸技师学院
易　奇　　湖南工贸技师学院
龚东林　　湖南工贸技师学院
袁永红　　湖南工贸技师学院
刘　娟　　湖南工贸技师学院
聂　颖　　湘潭技师学院

段绪峰　　冷水江市高级技工学校
邹祝荣　　冷水江市高级技工学校
刘振东　　冷水江市高级技工学校
段建国　　冷水江市高级技工学校
焦建雄　　湖南化工职业技术学院
陈　凯　　湖南省机械工业技术学院
鲁　力　　湖南省机械工业技术学院
万朝阳　　湖南省机械工业技术学院
刘　韬　　湖南交通职业技术学院
龙　华　　湖南工业职业技术学院
刘京华　　湖南工学院
左继红　　株洲铁道职业技术学院
刘才志　　长沙航天工业学校
陈镜荣　　广州铁路职业技术学院
王晋波　　广东省技师学院
孙浩波　　江苏省徐州技师学院
薛　敏　　江苏省盐城技师学院
李　红　　湛江市技师学院
李春晓　　茂名市第二高级技工学校
李慧志　　临洮县玉井职业中专
彭　博　　南车株洲电力机车有限公司城轨事业部

秘　书　处：刘南、杨波、刘学清

出版说明

百年大计，教育为本。教育是民族振兴、社会进步的基石，是提高国民素质、促进人的全面发展的根本途径，寄托着亿万家庭对美好生活的期盼。2010年7月，国务院颁发了《国家中长期教育改革和发展规划纲要（2010—2020)》。这份《纲要》把“坚持能力为重”放在了战略主题的位置，指出教育要“优化知识结构，丰富社会实践，强化能力培养。着力提高学生的学习能力、实践能力、创新能力，教育学生学会知识技能，学会动手动脑，学会生存生活，学会做人做事，促进学生主动适应社会，开创美好未来。”这对学生的职前教育、职后培训都提出了更高的要求，需要建立和完善多层次、高质量的职业培养机制。

为了贯彻落实党中央、国务院关于大力发展高等职业教育、培养高等技术应用型人才的战略部署，解决技师学院、技工及高级技工学校、高职高专院校缺乏实用性教材的问题，我们根据企业工作岗位要求和院校的教学需要，充分汲取技师学院、技工及高级技工学校、高职高专院校在探索、培养技能应用型人才方面取得的成功经验和教学成果，组织编写了本套“全国高等职业院校、技师学院、技工及高级技工学校规划教材”丛书。在组织编写中，我们力求使这套教材具有以下特点。

以促进就业为导向，突出能力培养：学生培养以就业为导向，以能力为本位，注重培养学生的专业能力、方法能力和社会能力，教育学生养成良好的职业行为、职业道德、职业精神、职业素养和社会责任。

以职业生涯发展为目标，明确专业定位：专业定位立足于学生职业生涯发展，突出学以致用，并给学生提供多种选择方向，使学生的个性发展与工作岗位需要一致，为学生的职业生涯和全面发展奠定基础。

以职业活动为核心，确定课程设置：课程设置与职业活动紧密关联，打破“三段式”与“学科本位”的课程模式，摆脱学科课程的思想束缚，以国家职业标准为基础，从职业（岗位）分析入手，围绕职业活动中典型工作任务的技能和知识点，设置课程并构建课程内容体系，体现技能训练的针对性，突出实用性和针对性，体现“学中做”、“做中学”，实现从学习者到工作者的角色转换。

以典型工作任务为载体，设计课程内容：课程内容要按照工作任务和工作过程的逻辑关系进行设计，体现综合职业能力的培养。依据职业能力，整合相应的知识、技能及职业素养，实现理论与实践的有机融合。注重在职业情境中能力的养成，培养学生分析问题、解决问题的综合能力。同时，课程内容要反映专业领域的新知识、新技术、新设备、新工艺和新方法，突出教材的先进性，更多地将新技术融入其中，以期缩短学校教育与企业需要之间的差距，更好地满足企业用人的需要

以学生为中心，实施模块教学：教学活动以学生为中心、以模块教学形式进行设计和组织。围绕专业培养目标和课程内容，构建工作任务与知识、技能紧密关联的教学单元模块，为学生提供体验完整工作过程的模块式课程体系。优化模块教学内容，实现情境教学，融合课堂教学、动手实操和模拟实验于一体，突出实践性教学，淡化理论教学，采用“教”、“学”、“做”相结合的“一体化教学”模式，以培养学生的能力为中心，注重实用性、操作性、科学性。模块与模块之间层层递进、相互支撑，贯彻以技能训练为主线、相关知识为支撑的编写思路，切实落实“管用”、“够用”、“适用”的教学指导思想。以实际案例为切入点，并尽量采用以图代文的编写形式，降低学习难度，提高学生的学习兴趣。

此次出版的“全国高等职业院校、技师学院、技工及高级技工学校规划教材”丛书，是电子工业出版社作为国家规划教材出版基地，贯彻落实全国教育工作会议精神和《国家中长期教育改革和发展规划纲要（2010—2020）》，对职业教育理念探索和实践的又一步，希望能为提升广大学生的就业竞争力和就业质量尽自己的绵薄之力。

电子工业出版社　职业教育分社

2012 年 8 月

前　　言

本书根据技师学院、技工及高级技工学校、高职高专院校“数控技术应用专业”的教学计划和教学大纲，以“国家职业标准”为依据，按照“以工作过程为导向”的课程改革要求，以典型任务为载体，从职业分析入手，切实贯彻“管用”、“够用”、“适用”的教学指导思想，把理论教学与技能训练很好地结合起来，并按技能层次分模块介绍车削、铣削、磨削、钻削、镗削及齿轮和典型零件切削加工工艺技术。本书较多地编入新技术、新设备、新工艺的内容，还介绍了许多典型的应用案例，便于读者借鉴，以缩短学校教育与企业需求之间的差距，更好地满足企业用人需求。

本书可作为高职高专院校、技师学院、技工及高级技工学校、中等职业学校数控技术应用相关专业的教材，也可作为企业技师培训教材和相关设备维修技术人员的自学用书。

本书的编写符合职业学校学生的认知和技能学习规律，形式新颖，职教特色明显；在保证知识体系完备，脉络清晰，论述精准深刻的同时，尤其注重培养读者的实际动手能力和企业岗位技能的应用能力，并结合大量的工程案例和项目来使读者更进一步灵活掌握及应用相关的技能。

● **本书内容**

全书共分为 8 个课题 43 个模块，内容由浅入深，全面覆盖了车削、铣削、磨削、钻削、镗削及齿轮和典型零件切削加工工艺技术。

● **配套教学资源**

本书提供了配套的立体化教学资源，包括专业建设方案、教学指南、电子教案等必需的文件，读者可以通过华信教育资源网（www.hxedu.com.cn）下载使用或与电子工业出版社联系（E-mail：yangbo@phei.com.cn）。

● **本书主编**

本书由湖南化工职业技术学院王建国、谭海林、肖爱武主编，广州铁路职业技术学院陈镜荣、广东省技师学院王晋波、长沙航天工业学校刘才志副主编，广东省南方技师学院谭亲四主审，湖南化工职业技术学院焦建雄、湖南工贸技师学院刘炜、万志坚等参与编写。由于时间仓促，作者水平有限，书中错漏之处在所难免，恳请广大读者批评指正。

● **特别鸣谢**

特别鸣谢湖南省人力资源和社会保障厅职业技能鉴定中心、湖南省职业技术培训研究室对本书编写工作的大力支持，并同时鸣谢湖南省职业技能鉴定中心（湖南省职业技术培训研究室）史术高、刘南对本书进行了认真的审校及建议。

主　编

2012 年 8 月

目　　录

课题 1　机械加工工艺规程

学习导航

前面我们已经学习了机械制图、机械基础、公差配合与测量技术等机械类专业的技术基础课程，这些课程知识的掌握是我们现在学习本课程的基础和前提条件。

机械加工工艺规程的主要作用有三个：一是组织生产，机械加工工艺规程是机械生产加工的主要技术文件，以保证生产加工科学、有序、有效地进行；二是生产准备和计划调度的主要依据；三是实现优质、高产、低消耗的重要保证。

本课题的学习目标主要是要求掌握零件生产类型的确定、工艺基准的选择、工艺尺寸链的计算、加工工序安排、工艺规程的制定。

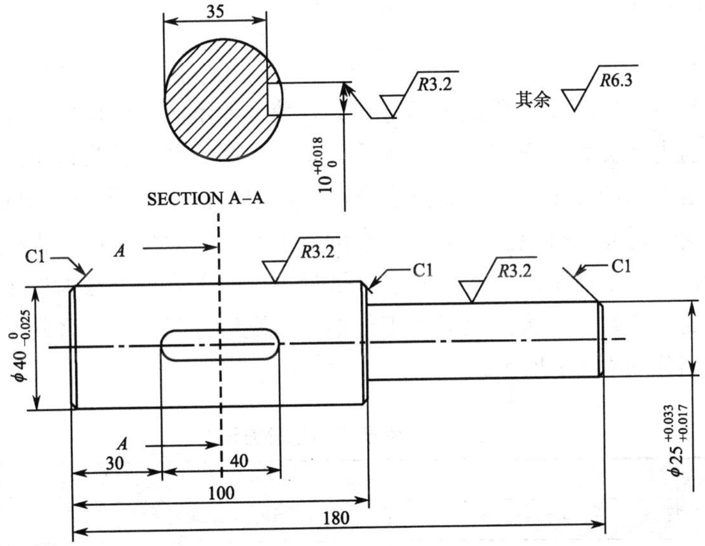

图 1-1　阶梯轴

任务描述

如图 1-1 所示阶梯轴的加工内容是①加工小端面；②对小端面钻中心孔；③加工大端面；④对大端面钻中心孔；⑤车大端外圆；⑥对大端倒角；⑦车小端外圆；⑧对小端倒角；⑨铣键槽；⑩去毛刺。

要完成上述加工任务，首先必须要进行工艺过程设计，具体要完成下列工作任务。

模块一 确定生产类型

知识链接

一、生产纲领与生产类型

1. 生产纲领

生产纲领：工厂在一年中生产某一产品的数量就是该产品的生产纲领。零件的生产纲领（包括备品和废品）由下式计算：

$$N=Qn(1+a\%)(1+b\%)$$

式中 N——零件的生产纲领（件/年）；

Q——产品的生产纲领（台/年）；

n——单台产品所包含该零件的数量；

$a\%$——备品率；

$b\%$——废品率。

2. 生产类型

不同的生产类型其生产过程和组织等方面会有较大的不同，因此，在制定工艺路线时必须要明确该产品的生产类型。根椐生产纲领的大小，生产类型可分为以下三种①单件生产。单个或生产数量很少的产品生产。②成批生产。一年中分批、分期地生产同一产品，工作地点和工作对象周期性重复。批量生产又分为小批量生产、中批量生产、大批量生产三种，小批量生产的工艺特点与单件生产基本相同，大批量生产的工艺特点与大量生产接近。③大量生产。同一产品的生产数量很大，大多数工作地点重复进行某一个零件的某一道工序加工。

生产类型的划分如表 1-1 所示。

表 1-1　生产类型划分方法

生产类型		零件的年生产纲领（件/年）		
		重型机件	中型机件	小型机件
单件生产		≤5	≤20	≤100
成批生产	小批量生产	5～100	20～200	100～500
	中批量生产	100～300	200～500	500～5000
	大批量生产	300～1000	500～5000	5000～50000
大量生产		＞1000	＞5000	＞50000

3. 各种生产类型的特点

根椐产品的生产纲领及对应的生产类型，我们就可以对加工工艺过程的设计有一个大致方向，表 1-2 是各种生产类型的工艺特点，可以作为我们设计工艺过程的参考。工艺过程设计方案不是唯一的，我们必须要考虑各种因素，在保证产品质量的前提下尽量做到低成本、高效率。

表 1-2 各种生产类型的工艺特点

工艺过程特点	生产类型		
	单件生产	成批生产	大量生产
工件的互换性	一般配对制造，没有互换性，多数用钳工修配	大部分有互换性，少数用钳工修配	全部有互换性，某些精度较高的配合件分组选择装配
机床设备	通用机床、数控机床或加工中心	数控机床、加工中心或柔性制造单元，设备条件不够时，也采用部分通用机床、部分专用机床	专用生产线、自动生产线、柔性制造生产线或数控机床
夹具	多用通用夹具，极少采用专用夹具，靠划线及试切法达到精度	广泛采用专用夹具或组合夹具，部分靠加工中心一次安装	广泛采用高生产率夹具，靠夹具及调整法达到精度要求
刀具与量具	采用通用刀具和万能量具	可以采用专用刀具及专用量具或三坐标测量机	广泛采用高生产率刀具和量具
对工人的要求	需要技术熟练的工人	需要一定熟练程度的工人和编程技术人员	对操作工人的技术要求较低，要求维护人员素质高
工艺规程	有简单的工艺过程卡	有工艺规程，对关键零件有详细的工艺规程	有详细的工艺规程

工作任务

1. 如果上述阶梯轴零件加工的生产纲领为 300 件/年，你会如何选择工艺装备？
2. 如果上述阶梯轴零件的年产量为 3000 件，你会如何选择工艺装备？

模块二 工艺基准的选择

知识链接

一、生产过程和工艺过程

1. 生产过程

就广义而言，生产过程是指将自然界的资源经过人们的劳动转变成为有用产品的整个过程。机械生产加工的生产过程是将原材料或半成品经过生产加工转变成为成品的全过程。一件机械产品生产加工一般包括以下内容。

①原材料准备；

②生产技术准备；

③生产加工；

④产品装配、性能调试与检测、入库等。

2. 工艺过程

工艺过程是指在生产过程中直接改变生产对象的形状、尺寸、相对位置和性质，使之成为成品或半成品的过程，工艺过程有铸造、焊接、冲压、锻造、机械加工、装配等不同的类别，本书主要讨论机械加工工艺过程。

二、机械加工工艺过程

机械加工工艺过程是指在生产过程中用机械加工的方法直接改变生产对象的形状、尺寸和某些力学性能使之成为成品或半成品的过程。为了叙述方便，以下将机械加工工艺过程简称工艺过程。工艺过程由若干个工序组成，每个工序又可细分为若干个安装、工位、工步、走刀。

1. 工序

一个（或一组）工人，在同一个工作地点，对同一个（或同时对几个）工件连续加工所完成的那部分工艺过程称为工序。划分工序的主要依据是工作地点是否改变及加工是否连续完成，只要工作地点、工作对象、完成工艺工作的连续性三者之一发生变化则形成了另一个工序。

2. 安装

使工件在机床或夹具中占有正确位置的过程称为定位；工件定位后将其固定不动的过程称为夹紧；将工件在机床或夹具中定位、夹紧的过程称为安装。一个工序中根据工艺需要可以包含一次或几次安装，但应尽量减少不必要的安装，因为多一次安装不但会增加工时成本，而且会增加定位和夹紧误差，影响加工质量。

3. 工位

为了减少安装次数，可以通过采用回转夹具、回转工作台或其他移位夹具，使工件在一次安装中先后处于几个不同的位置进行加工，工件在机床上所占据的每一个待加工位置称为工位。

4. 工步

在一个工序中，当加工表面不变、切削工具不变、切削用量中的进给量和切削速度不变的情况下所完成的那部分工艺过程称为工步。以上所述的三个要素中任一个要素发生变化则会成为另一个工步，在一个工序中，如果连续加工几个相同的工步，通常看做一个工步。如图 1-2 所示，在同一个工序中，连续钻四个ϕ10mm 的孔。

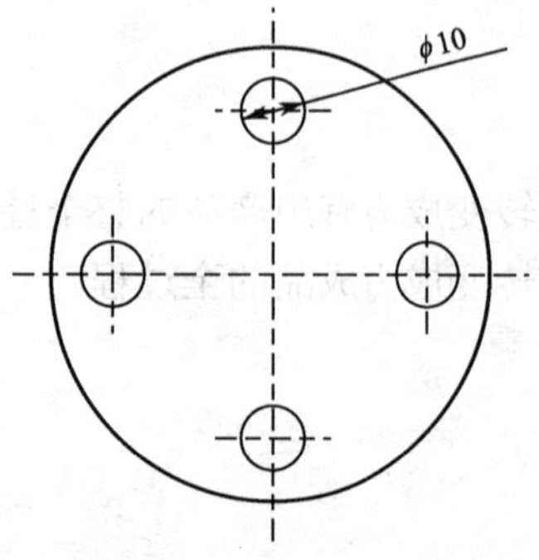

图 1-2 简化相同工步实例

5. 走刀

在加工过程中，切削刀具在某一特定表面切削一次所完成的工步内容称为一次走刀。一个工步可以包含一次或数次走刀，走刀次数多少取决于切削表面的加工余量、加工精度要求、切削用量等因素。

三、工艺基准

1. 基准的概念

（1）基准的定义

基准是指用来确定生产对象上几何要素的几何关系所依据的那些点、线、面。任何零件都是由若干个表面组成的，它们之间都有一定的相互位置和距离要求，基准就是用来确定其他点、线、面的位置和距离的参照几何要素。

（2）基准的分类

1）设计基准

零件图上用来确定其他点、线、面位置的基准称为设计基准，如图 1-3（a）所示 *C* 面、轴线 *OO*。

2）工艺基准

工艺基准是加工、测量、装配过程中使用的基准，又称制造基准。工艺基准按照用途又分为以下四个基准。

①工序基准。在工序图上标出的加工表面的尺寸和它的位置尺寸称为工序尺寸，确定工序尺寸的基准称为工序基准，如图 1-3（b）所示工件端面 *A*、轴线 *OO*。

②定位基准。在加工过程中，使工件相对机床或刀具占据正确位置所使用的基准称为定位基准，如图 1-3（c）所示的定位基准轴线 *OO*。

③测量基准。检验时用来测量加工表面位置和尺寸所使用的基准称为测量基准。工序图上所标注的工序尺寸就是该工序加工所需保证的尺寸，加工后要进行测量检验，通常测量基准应与工序基准相同，如图 1-3（d）所示的 *F*。

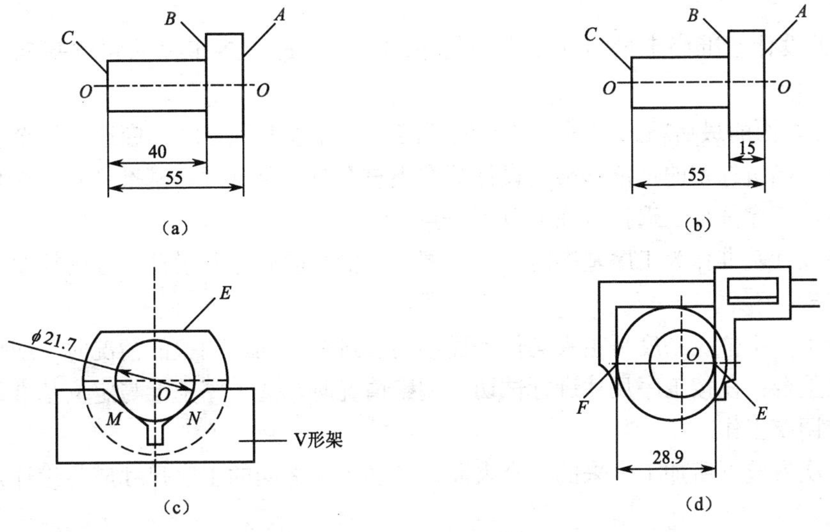

图 1-3　各种基准示例

（a）零件图上的设计基准；（b）工序图上的工序基准；（c）加工时的定位基准；（d）测量 *E* 面时的测量基准

④装配基准。装配过程中用来确定零部件在产品中位置的基准称为装配基准。

2. 定位基准的选择

定位基准分为粗基准与精基准两种。用未加工过的毛坯表面作为定位基准的称为粗基准；用已加工过的表面作为定位基准的称为精基准。

（1）粗基准的选择原则

1）选用的粗基准应便于定位、安装、加工，并力求工件夹具结构简单。

2）如果必须首先保证工件加工面与不加工面之间的位置精度要求，则应以该不加工面为粗基准。

3）为保证某重要的表面的粗加工余量小而均匀，应选择该表面为粗基准。

4）为使毛坯上多个表面的加工余量相对较为均匀，应选能使其他毛坯至所选粗基准的位置误差得到均分的这种毛坯为粗基准。

5）粗基准应平整，没有浇口、冒口或飞边等缺陷，以便定位可靠。

6）粗基准一般只能使用一次（尤其是主要定位基准），以免产生较大的定位误差。

（2）精基准的选择原则

1）所选定位基准应便于定位、安装和加工，要有足够的定位精度。

2）遵循基准统一原则，当工件以某一组精基准定位可以比较方便地加工其他多数表面时，应在这些表面的加工各工序中，采用这同一组基准来定位，这样可以减少工装设计与制造，避免基准转换误差。

3）遵循基准重合原则，表面最后精加工需要保证位置精度时，应选用设计基准为定位基准，称为基准重合原则。

4）自为基准原则，当有的表面精加工工序要求余量小而均匀时，可以利用被加工表面本身作为定位基准，称为自为基准原则。此时的位置精度要求由先行工序保证。

3. 工序基准的选择

1）对于设计基准尚未最后加工完毕的中间工序，应选各工序的定位基准作为工序基准。

2）在各表面的最后精加工时，当定位基准与设计基准重合时，应选择这个重合基准作为工序基准。当所选定的定位基准与设计基准不重合时，且这两种基准都有可能作为测量基准的情况下，工序基准的选择应注意以下三点。

①选择设计基准作为工序基准时，对工序尺寸的检验就是对设计尺寸的检验，有利于减少检验工作量。

②当本工序中位置精度是由夹具保证而不需要进行试切、调整的情况时，应使工序基准与设计基准重合；在按工序尺寸进行试切、调整情况时，选工序基准与定位基准重合，能简化刀具位置调整工作。

③对一次安装下所加工出来的各个表面，各加工面之间的工序尺寸应与设计尺寸一致。

工作任务

1. 加工小端面时如何确定定位基准？
2. 车削大端外圆时如何选择定位基准？
3. 铣削键槽时如何确定定位基准？

模块三　工艺尺寸链的计算

知识链接

工艺尺寸链是机械加工中的一个重要问题，正确处理和计算工艺尺寸对保证产品质量、简化工艺、减少不合理的加工有着十分重要的意义。

1. 工艺尺寸链的基本概念

（1）工艺尺寸链的定义

在机械加工过程中发现，当改变零件的某一尺寸的大小时，会引起其他相关尺寸的变化，这说明加工过程中工艺尺寸之间相互关联、相互依赖。这种由相互联系且按一定顺序首尾相连的尺寸组称为尺寸链。尺寸链一般有工艺尺寸链和装配尺寸链两类，本书只讨论工艺尺寸链。在零件加工过程中由该零件上几个有相互联系的工艺尺寸构成封闭的尺寸系统称为工艺尺寸链。

（2）工艺尺寸链的组成

①环。工艺尺寸链中的每一个尺寸称为尺寸链的环。

②封闭环。在加工过程中间接获得的尺寸称为封闭环。

③组成环。在加工过程中直接获得的尺寸称为组成环。

④增环。在尺寸链中，由于本身的尺寸变化引起封闭环同向变化的称为增环，即该环尺寸增大时，封闭环尺寸也增大；该环尺寸减小时，封闭环尺寸也减小，字母之上用“→”表示。

⑤减环。在加工过程中，由于本身的尺寸变化引起封闭环反向变化的称为减环，即该环尺寸增大时，封闭环尺寸减小；该环尺寸减小时，封闭环尺寸反而增大，字母之上用“←”表示。

（3）工艺尺寸链的建立

工艺尺寸链的建立关键在于正确区分增、减环和封闭环，其基本方法如下所述。

①封闭环的确定。正确确定封闭环是计算尺寸链最关键的一步，封闭环弄错了，则尺寸链计算结果必定是错的。确定封闭环的唯一依据是间接获得的尺寸。

②区分增、减环。在尺寸链的总环数不多的情况下，我们可以根据其定义来确定；在尺寸链总环数较多的情况下，可以用“箭头法”法来确定，即从 A_0 开始，在尺寸的上方标上箭头，然后顺着各环依次标下去，与封闭环箭头方向一致的为减环，反之为增环。

2. 工艺尺寸链的计算公式

根据生产中对零部件加工和装配精度的要求的不同，尺寸链计算有极值法和概率法两种。生产中多采用极值法，零件加工过程中的尺寸链如图 1-4 所示。

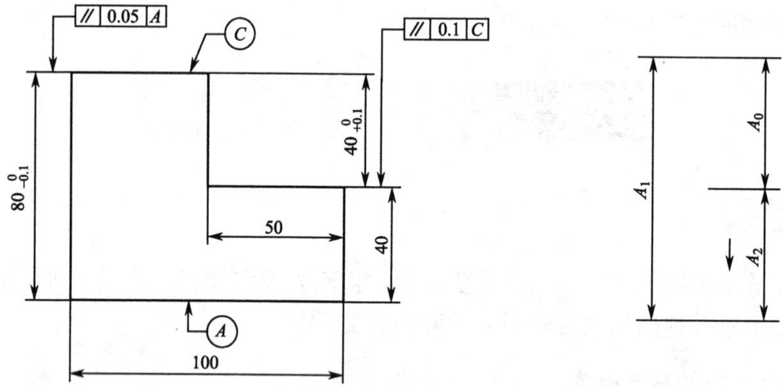

图 1-4　零件加工过程中的尺寸链

（1）极值法计算公式

①封闭环基本尺寸 A_0。封闭环基本尺寸等于所有增环基本尺寸 A_p 之和减去所有减环基本尺寸 A_q 之和，即

$$A_0=\sum_{i=1}^{n-1}A_i \tag{1-1}$$

式中　A_0——封闭环的基本尺寸；

A_i——组成环的基本尺寸；

n——尺寸链的总环数，$n-1$ 为组成环的环数。

②封闭环公差 T_0。封闭环公差等于所有组成环公差之和，即

$$T_0=\sum_{i=1}^{n-1}T_i \tag{1-2}$$

式中　T_0——封闭环的公差；

T_i——组成环的公差。

③封闭环上偏差 ES_0。封闭环的上偏差等于所有增环上偏差之和减去所有减环下偏差之和，即

$$ES_0=\sum_{p=1}^{m}ES_p-\sum_{q=m+1}^{n-1}EI_q \tag{1-3}$$

式中　ES_0——封闭环的上偏差；

ES_p——增环的上偏差；

ES_q——减环的下偏差；

m——增环环数。

④封闭环下偏差 EI_0。封闭环的下偏差等于所有增环的下偏差之和减去所有减环上偏差之和。

$$EI_0=\sum_{q=1}^{m}EI_p-\sum_{q=m+1}^{n-1}ES_q \quad (1\text{-}4)$$

式中　EI_0——封闭环的下偏差；

EI_p——增环的下偏差；

EI_q——减环的上偏差。

（2）概率计算公式

1）将极限尺寸换算为平均尺寸 $L_\triangle$，即

$$L_\triangle=\frac{L_{max}+L_{min}}{2} \quad (1\text{-}5)$$

式中　$L_\triangle$——平均尺寸；

L_{max}——最大极限尺寸；

L_{min}——最小极限尺寸。

2）将极限偏差换算为中间偏差△，即

$$\triangle=\frac{ES+EI}{2} \quad (1\text{-}6)$$

式中　△——中间偏差；

ES——上偏差；

EI——下偏差。

3）封闭环中间偏差的平方等于各组成环中间偏差平方之和，即

$$T_{0Q}=\sqrt{\sum_{i=1}^{n-1}T_i^2} \quad (1\text{-}7)$$

式中　T_{0Q}——封闭环的中间偏差；

T_i——组成环的中间偏差。

工作任务

1. 测量基准与设计基准不重合的工序尺寸计算

在零件加工时经常会有一些表面加工之后，设计尺寸不便直接测量的情况，此时我们需要在零件上另选一个容易测量的表面作为测基准进行测量，以间接检验设计尺寸。

问题：如图 1-5 所示的套筒零件，两端加工完毕后，加工孔底面 C 时，要保证尺寸 $16_{-0.35}^{\ 0}$ mm，因为该尺寸不便测量，试标出间接测量尺寸。

分析：由于孔深 A_2 是可以测量的，而尺寸 $A_1=80_{-0.17}^{\ 0}$ mm 在前工序加工过程中已获得，该道工序通过直接尺寸 A_1 和 A_2 间接保证尺寸 A_0，则 A_0 就是封闭环。

计算：根据图 1-5 的尺寸链

由式（1-1）得 $16=80-A_2$，则 A_2=64mm；

由式（1-3）得 $0=0-EI(A_2)$，则 $EI(A_2)$=0mm；

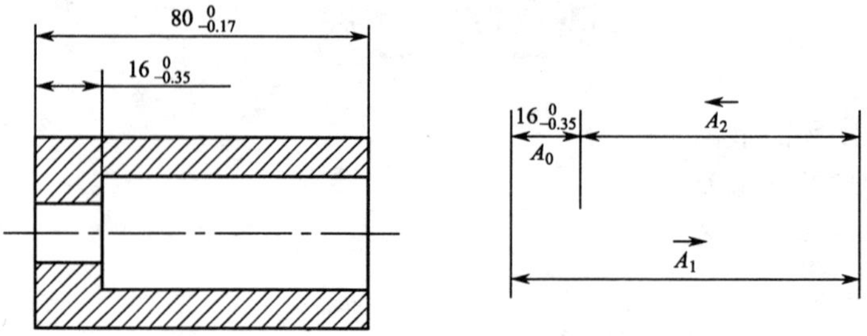

图 1-5　测量尺寸的换算

由式（1-4）得$-0.35=-0.17-ES(A_2)$，则 $ES(A_2)=+0.18$mm。

所以间接测量尺寸 $A_2=64_{\ 0}^{+0.18}$ mm。也就是说只要保证测量 $A_2=64_{\ 0}^{+0.18}$ mm，也就可以检验 $A_2=16_{-0.35}^{\ 0}$ mm。

2. 定位基准与设计基准不重合时的工序尺寸计算

在加工过程中由于加工方法的需要，加工表面的定位基准与设计基准不重合，此时就要进行尺寸换算，计算出工序尺寸。

问题：如图 1-6 所示零件，尺寸 $60_{+0.12}^{\ 0}$ mm 已经加工完成，现以 B 面定位精铣 D 面。试标注工序尺寸 A_2。

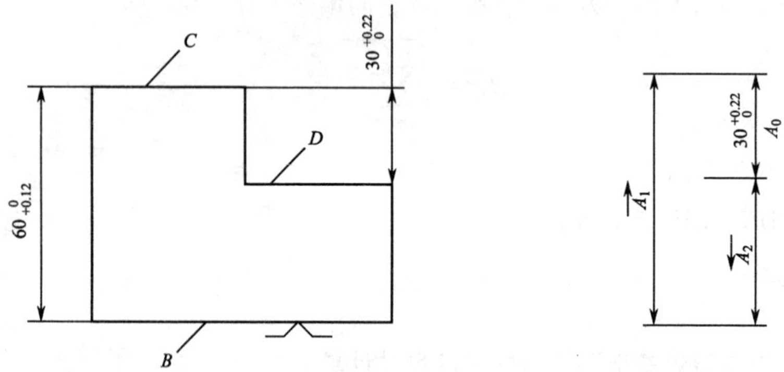

图 1-6　定位基准与设计基准不重合时的尺寸换算

分析：当以 B 面定位加工 D 面时，将按工序尺寸 A_2 进行加工，设计尺寸 $A_0=30_{\ 0}^{+0.22}$ mm 是本工序间接保证的尺寸，为封闭环。

计算：求基本尺寸：由式（1-1）得 $30=80-A_2$，则 $A_2=50$mm。

求下偏差：由式（1-3）得 $+0.22=0-EI(A_2)$，则 $EI(A_2)=-0.22$mm。

求下偏差：由式（1-4）得 $0=-0.12-ES(A_2)$，则 $ES(A_2)=-0.12$mm。

所以工序尺寸 $A_2=50_{-0.22}^{-0.12}$ mm。

模块四　工序安排

知识链接

1. 加工阶段的划分

按加工性质和作用的不同，工艺过程一般可划分为以下三个加工阶段。

①粗加工阶段。主要是切除各加工表面上的大部分余量，所用精基准的粗加工则在本阶段的最初工序中完成。

②半精加工阶段。为各主要表面的精加工做好准备，即加工达到一定精度并留有精加工余量。

③精加工阶段。使各主要加工表面达到规定的质量要求。

此外，某些精密零件加工还有精整（超精磨、镜面磨、研磨和超精加工等）或光整（滚压、抛光等）加工阶段。

2. 工序安排原则

①对于形状复杂、尺寸较大的毛坯或尺寸偏差较大的毛坯，应首先安排划线工序，为精基准加工提供找正基准。

②按“先基面后其他”的顺序，首先加工精基准面。

③在重要表面加工前应对精基准进行修正。

④按“先主后次、先粗后精”的顺序，对精度要求较高的主要表面进行粗加工、半精加工和精加工。

⑤对于与主要表面有位置精度要求的次要表面应安排在主要表面加工之后加工。

⑥对于易出废品的工序，精加工和光整加工可适当提前，一般情况主要表面的精加工和光整加工应放在最后阶段进行。

3. 工序合理组合原则

确定加工方法以后，就要按生产类型、零件结构特点、技术要求和机床设备等具体生产条件确定工艺的工序数，工序数的多少与工序合理组合密切相关，工序合理组合有两种基本原则。

①工序分散原则。本原则主要特点是工序多、工艺过程长，每个工序所包含的加工内容很少，极端情况下每个工序仅有一个工步，所使用的工艺设备与装备比较简单，易于调整和掌握，有利于选择合理的切削用量，减少基本时间，但设备数量多，生产面积大。

②工序集中原则。本原则主要特点是零件的各个表面的加工集中在少数几个工序内完成，每个工序的内容和工步都较多，有利于采用高效的数控机床，生产计划和生产组织工作得到简化，生产面积和操作工人数量减少，工件装夹次数减少，辅助时间缩短，加工表面间的位置精度易于保证，但设备、工装投资大，调整、维护复杂，生产准备工作量大。

批量小时往往采用在通用机床上工序集中原则，批量大时即可按工序分散原则组织流水线生产，也可利用高生产率的通用设备按工序集中原则组织生产。

工作任务

1. 如图 1-1 所示阶梯轴加工为小批量生产，请设计零件加工工艺过程

分析：阶梯轴加工为小批量生产，根据“工序集中原则”可以考虑将加工大小端面、钻中心孔、倒角、车削大小端外圆放在一个工序，铣键槽和去毛刺放在一个工序。工序安排如表 1-3 所示。

表 1-3 阶梯轴加工工序安排

工序号	工序内容	设备
1	加工小端面，对小端面钻中心孔，粗车小端外圆，对小端倒角；加工大端面，对大端面钻中心孔，粗车大端外圆，对大端倒角，精车大端外圆；调头装夹，精车小端外圆	车床
2	铣键槽、手工去毛刺	铣床

2. 若上述阶梯轴加工的生产纲领为 6000 件/年，请设计零件的加工工艺过程

分析：阶梯轴为大批量生产，根据“工序分散原则”可以考虑工序安排以大端面和轴中心线为定位基准加工小端面，钻小端面中心孔，对小端面倒角；以小端面、轴中心线为定位基准加工大端面并倒角和钻中心孔；以轴心线为定位基准粗、精车大、小端外圆；以小端面和轴中心线为定位基准铣削键槽；手工去毛刺。工序安排如表 1-4 所示。

表 1-4 阶梯轴加工工序安排

工序号	工序内容	设备
1	加工小端面，钻小端面中心孔，粗车小端外圆，小端倒角	车床
2	加工大端面，钻大端面中心孔，粗车大端外圆，大端倒角	
3	精车外圆	
4	铣键槽	铣床
5	手工去毛刺	

模块五 制定工艺规程

知识链接

1. 工艺文件及工艺规程

工艺文件。指导工人操作和用于生产、工艺管理的各种技术文件称为工艺文件。工艺文件种类很多，应用最广泛和最主要的工艺文件是工艺规程。

工艺规程。规定产品或零部件制造工艺过程和操作方法等的工艺文件称为工艺规程。工艺规程是指导生产的主要技术文件，同时也是生产组织和生产管理的主要技术资料。

2. 工艺规程设计的一般步骤

①分析零件图和产品装配图并进行工艺性审查；

②确定零件生产类型；

③确定毛坯种类；

④拟定零件加工工艺路线；

⑤确定机床设备和工艺装备；

⑥确定加工余量、计算工序尺寸及公差；

⑦确定各工序的技术要求和检验方法；

⑧确定各工序切削用量和工时定额；

⑨编制工艺文件。

3. 常用的工艺规程卡片

①机械加工工艺过程卡片。工艺过程卡片是以工序为单位，简要说明产品或零部件加工过程的一种工艺文件。它是机械加工生产管理的主要技术文件，广泛用于成批生产及单件小批量生产，如表 1-5 所示。

②机械加工工序卡片。机械加工工序卡片是在工艺过程卡片的基础上按每一道工序所编写的一种工艺文件，详细说明该工序的加工内容、工艺参数、操作要求及所用的机床设备与工艺装备。工序卡片主要用大批量生产中所有零件，中批量生产中的重要零件和单件小批量生产中的关键工序，如表 1-6 所示。

工作任务

1. 阅读和理解机械加工工艺过程卡片与工序卡片。

2. 图 1-7 所示为活塞零件加工：材料 HT200，铸造毛坯，生产纲领为 3000 件/年，请根据零件图，以及所学过的机械加工工艺知识设计零件加工工艺过程。

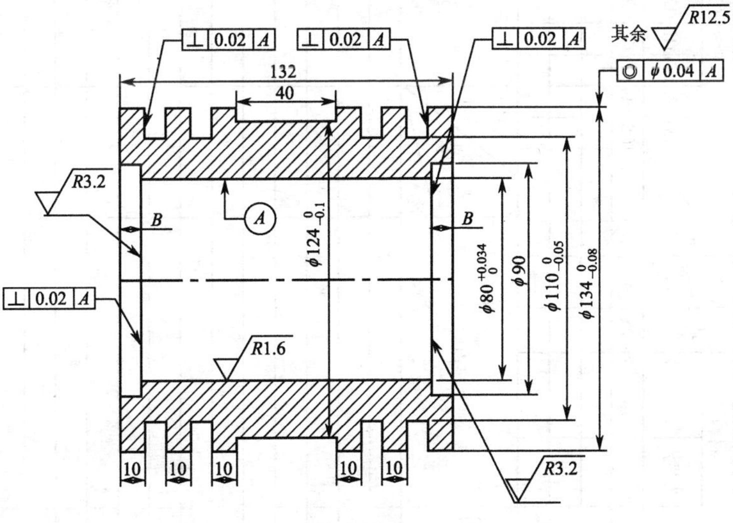

技术要求

①铸件时效处理；②入口处倒角为 C0.3，未注明倒角 C1；③活塞环槽为 $8^{+0.02}_{0}$ mm；④活塞环槽表面粗糙度 *Ra*1.6；⑤材料为 HT200。

图 1-7　活塞零件加工

表 1-5　标准零件（或典型零件）工艺过程卡片

40	（标准零件或典型零件）工艺过程卡片	典型件代号		标准件代号		（文件编号）	
		典型件名称		标准件名称		共　页	第　页

零件图号或规格	材料 牌号	材料 规格尺寸	毛坯种类	每毛坯可制件数	备注	工时定额 工序/单件											零件图号或规格	材料 牌号	材料 规格尺寸	毛坯种类	每毛坯可制件数	备注	工时定额 工序/单件										
							(8)	(9)	(10)	(11)	(12)	(13)	(14)	(15)	(16)	(17)																	
（1）	（2）	（3）	（4）	（5）	(6)	（7）	(18)	(19)	(20)	(21)	(22)	(23)	(24)	(25)	(26)	(27)																	

	工序号	工序名称	工序内容	工艺装备 设备 \ 图号或规格								
描图												
描校												
装订号												
底图号												

											设计(日期)	审核(日期)	标准化(日期)	会签(日期)	
	标记	处数	更改文件号	签字	日期	标记	处数	更改文件号	签字	日期					

表 1-6　机械加工工序卡片

	机械加工工序卡片	产品型号		零件图号			
		产品名称		零件名称		共页	第页

车　间	工序号	工序号	材料牌号
毛坯种类	毛坯外形尺寸	每毛坯可制件数	每台件数
设备名称	设备型号	改备编号	同时加工件数
夹具编号	夹具名称		切削液
工位器具编号	工位器具名称		工序工时
		准终	单件

工步号	工步内容	工艺装备	主轴转速（r/mim）	切削速度（m/min）	进给量（mm/r）	切削深度（mm）	进给次数	工步工时 机动	工步工时 辅助

描图

描校

底图号

装订号

										设计(日期)	审核(日期)	标准化(日期)	会签(日期)
标记	处数	更改文件号	签字	日期	标记	处数	更改文件号	签字	日期				

活塞零件加工工艺过程设计基本步骤如下所述。

1. 零件图样分析

①活塞环槽侧面与ϕ 80 $^{+0.034}_{0}$ mm 轴线的垂直度为 0.02mm。
②活塞外圆ϕ 134 $^{0}_{-0.08}$ mm 与ϕ 80 $^{+0.034}_{0}$ mm 轴线的同轴度为 0.04mm。
③左右两端ϕ 90mm 内端面与ϕ 80 $^{+0.034}_{0}$ mm 轴线的垂直度为 0.02mm。
④由于活塞环槽与活塞环配合精度要求较高，所以活塞环槽加工精度相对要求较高。
⑤活塞上环槽 8 $^{+0.02}_{0}$ mm 入口处的倒角为 C0.3，未注倒角为 C0.1。

2. 零件加工工艺分析

①铸件毛坯首先安排一次时效处理以消除铸件的内应力。
②零件加工精度和表面粗糙度要求都比较高，故需要安排粗车、半精车、精车三个阶段。
③在粗加工后安排一次时效处理以消除粗加工和铸件残余应力。
④零件加工为中批量生产，装夹方法可以采用心轴，以保证质量和提高生产率。

3. 活塞机械加工工艺过程卡（见表 1-7）

表 1-7 活塞机械加工工艺过程卡

工序号	工序名称	工序内容	工艺装备
1	铸造	铸造毛坯	
2	清砂	清砂、去冒口	
3	检验	检查毛坯有无缺陷	
4	热处理	时效处理	
5	粗车	夹外圆ϕ134 $^{0}_{-0.08}$ mm（毛坯），粗车ϕ80 $^{+0.034}_{0}$ mm 内孔至ϕ76mm 及端面见平，粗车外圆尺寸至 138mm，长度大于 80mm	C6140
6	粗车	掉头装夹ϕ138mm，精车外圆尺寸至 138mm，光滑接刀，车端面保证总长为 135mm	C6140
7	热处理	二次时效处理	
8	检验	检查工件有无气孔、夹渣等缺陷	
9	半精车	车ϕ90mm×8mm 凹台，保留加工余量为 1mm，以ϕ80 $^{+0.034}_{0}$ mm 内孔定位装夹，半精车外圆，保留余量为 1.5mm，按图样尺寸切槽 8 $^{+0.02}_{0}$ mm 至 6mm，车端面	C6140
10	精车	掉头装夹，夹外圆并找正，精车孔至ϕ80 $^{+0.034}_{0}$ mm，车端面保证总长为 132.5mm，车凹槽ϕ 90mm×8mm，倒角为 C1.5	C6140
11	精车	以内孔定位，掉头装夹，精车另一端面，保证总长尺寸为 132mm，精车另一凹槽为ϕ 90mm×8mm，倒角 C1，精车外圆ϕ 134 $^{0}_{-0.08}$ mm，切各槽至图样尺寸 8 $^{+0.02}_{0}$ mm，内径为ϕ 110 $^{0}_{-0.05}$，保证各槽间距为 10mm 及各入口处倒角为 C0.3，车中间环槽为 40mm×ϕ 124 $^{0}_{-0.1}$ mm	C6140
12	检验	按图样要求检验零件各部尺寸及精度	
13	入库	入库	

问题思考

1. 什么是零件的生产纲领，零件加工不同的生产类型各有什么特点？
2. 什么是工艺规程，它的作用是什么？
3. 如何选择定位基准？
4. 如何安排零件加工工序，工序安排原则有哪些？
5. 尺寸链计算有哪几种方法？
6. 如何制定零件加工工艺过程卡？

课题 2 机械加工表面质量

学习导航

本章主要介绍加工表面质量的概念、影响加工表面质量的因素。重点是影响加工表面质量的因素及其在实践中的应用。难点是各种影响因素的机理分析和规律的掌握。

模块一 概述

表面质量是零件机械加工质量的组成部分之一。零件的磨损、腐蚀和疲劳破坏都是从零件表面开始的，所以零件的表面加工质量将直接影响零件的工作性能。特别是，随着机械技术朝着高速化、精密化发展，对机器零件的表面质量要求越来越高。在高速、高应力和高温的情况下，表面层的任何缺陷不仅直接影响零件的工作性能，而且会引起应力集中、应力腐蚀等现象，加速零件的失效。因此，表面质量是机械制造业必须研究和解决的重要问题。

一、表面质量的含义

机械加工后的表面，不可能是理想的光滑表面，总会存在一定的微观几何形状的偏差，表面层的物理力学性能也会发生变化。因此，机械加工表面质量指的是机械加工后零件表面层的微观几何特征和表面层金属材料的物理力学性能。

1. 加工表面的几何特征

加工表面的微观几何形状主要包括表面粗糙度和表面波度，如图 2-1 所示。表面粗糙度是指波距 $L<1$mm 的表面微小波纹；表面波度是指波距 L 在 1～20mm 的表面波纹。通常情况下，当 $L/H<50$（波距/波高）时为表面粗糙度，当 $L/H=50\sim1000$ 时为表面波度。

①表面粗糙度主要是由刀具的形状及切削过程中塑性变形和振动等因素引起的。我国现行的表面粗糙度标准是 GB/T 1031—1994。在确定表面粗糙度时，可在 Ra、R_x 中选择，并推荐优先选用 Ra。

②表面波度主要是由加工过程中工艺系统的低频振动引起的周期性形状误差，介于形状误差（$L_1/H_1>1000$）与表面粗糙度（$L_3/H_3<50$）之间。一般以波高作为表面波度的特征参数，用测量长度上 5 个最大的波幅的算术平均值 W 表示：

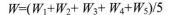

$$W=(W_1+W_2+W_3+W_4+W_5)/5$$

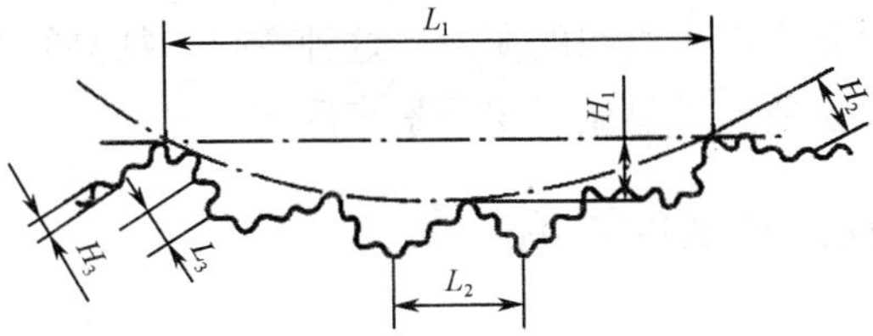

图 2-1　表面粗糙度与表面波度的关系

2. 表面层的物理力学性能

表面层的物理力学性能包括表面层加工硬化、残余应力和表面层的金相组织变化。

机械零件在加工中由于受切削力和热的综合作用，表面层金属的物理力学性能相对于基体金属的物理力学性能发生了变化。图 2-2（a）所示为零件表面层组织沿深度方向的变化。最外层生成氧化膜或其他化合物，并吸收、渗进了气体粒子，称为吸附层。吸附层下是压缩层，它是由切削力的作用造成的塑性变形区，其上部是由于刀具的挤压摩擦而产生的纤维化层。切削热的作用也会使工件表面层材料产生相变及晶粒大小的变化。图 2-2（b）、（c）分别表示随深度的变化表层显微硬度和残余应力的变化情况。

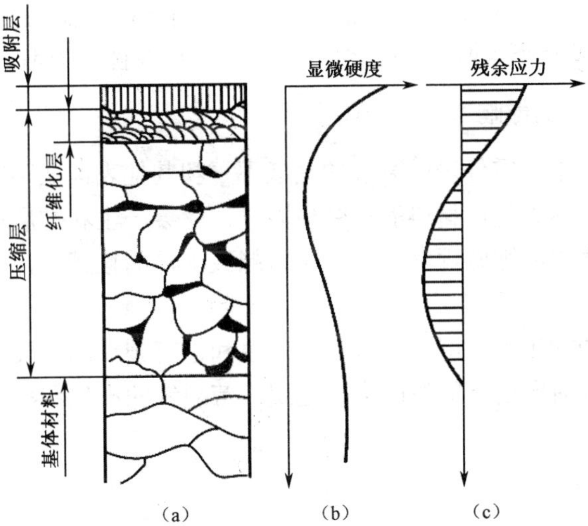

图 2-2　加工表面层的性能变化

①表面层的加工硬化一般用硬化层的深度和硬化程度 N 来评定：

$$N=[(H-H_0)/H_0]\times 100\%$$

式中　H——加工后表面层的显微硬度；

　　H_0——原材料的显微硬度。

②在加工过程中，表面层残余应力由于塑性变形、金相组织的变化和温度造成的体积变化的影响，表面层会产生残余应力。目前对残余应力的判断大多是定性的，必要时可以采用

专门的设备定量检测。

③表面层金相组织的变化是指在加工过程热的作用下，表面层会产生温度升高，当温度超过材料的相变临界点时就会产生组织的变化。这种变化包括晶粒大小、形状、析出物和再结晶等。金相组织的变化主要通过显微组织观察来确定。

二、表面质量对零件使用性能的影响

1. 对零件耐磨性的影响

零件的耐磨性主要与摩擦副的材料热处理、润滑条件和表面质量有关，在相同的情况下，零件的表面质量对零件的耐磨性能起决定性作用。

零件表面的磨损过程，一般可分为初期磨损、正常磨损和急剧磨损三个阶段。在初期磨损阶段只是零件表面的粗糙度凸峰相接触，实际接触小，磨损较快。如图 2-3 所示，初期磨损量的大小与表面粗糙度有很大关系。在一定条件下，摩擦副表面有一最佳粗糙度，过大或过小的粗糙度值都会使初期磨损增大。粗糙度值过大，凸峰间的挤裂、破碎等作用加剧，因此磨损也增加；如果零件表面粗糙度值过小，紧密接触的两个光滑表面间的储油能力很差，接触面间会产生分子的亲和力，甚至产生分子黏合，使摩擦阻力增大，磨损量也会增加。

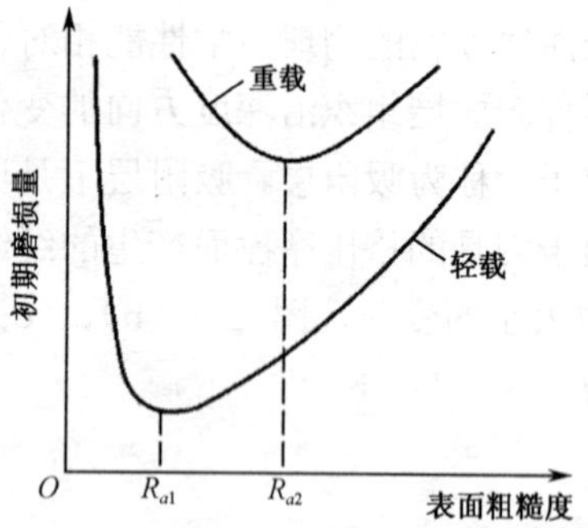

图 2-3　初期磨损量与表面粗糙度的关系

2. 对零件疲劳强度的影响

在交变载荷的作用下，零件表面微观的高低不平和其他表面缺陷（如裂纹、划痕等）一样会引起应力集中，当应力超过材料的疲劳极限时，就会产生和扩展疲劳裂纹，造成疲劳破坏。不同材料对应力集中的敏感程度不同，材料越致密，晶粒越细，则对应力集中越敏感，对疲劳强度的影响也就越严重。

表面层一定程度的加工硬化能阻止裂纹的产生和已有裂纹的扩展，表面层的残余压应力能够部分地抵消工作载荷所引起的拉应力，延缓疲劳裂纹的产生和扩展，从而提高零件的疲劳强度。

3. 对抗腐蚀性的影响

零件的耐腐蚀性主要取决于表面粗糙度，表面粗糙度值越大，腐蚀性介质越易积聚在粗糙表面的低谷处而发生化学腐蚀，或在波峰处产生电化学作用而引起电化学腐蚀。因此，降低零件的表面粗糙度，能提高零件的抗腐蚀性。

零件在应力状态下工作时，会产生应力腐蚀。零件表面有残余应力时，一般都会降低零件的耐腐蚀性。

4. 对配合精度的影响

对于间隙配合的表面，其表面粗糙度值越大，相对运动时的磨损越大，这就会使配合间隙迅速增大，影响间隙配合的精度及稳定性。对于过盈配合的表面，配合表面的部分凸峰会被挤平，这将影响实际过盈量的大小和配合的可靠性。

三、表面完整性

随着科学技术的发展，对产品的使用性能要求越来越高，一些重要零件需在高温、高压、高速的条件下工作，表面层的任何缺陷，不仅直接影响零件的工作性能，而且还会引起应力集中、应力腐蚀等现象，加速零件的失效。因此，为适应科学技术的发展，在研究表面质量的领域里提出了表面完整性的概念，主要有以下几点。

①表面形貌主要是用来描述加工后零件表面的几何特征，它包括表面粗糙度、表面波度和纹理等。

②表面缺陷是指加工表面上出现的宏观裂纹、伤痕和腐蚀现象等，对零件的使用有很大影响。

③微观组织和表面层的冶金化学性能主要包括微观裂纹、微观组织变化及晶间腐蚀等。

④表面层物理力学性能主要包括表面层硬化深度和程度、表面层残余应力的大小、分布。

⑤表面层的其他工程技术特性主要包括摩擦特性、光的反射率、导电性和导磁性等。

模块二 加工表面几何特征的形成及影响因素

加工表面几何特征包括表面粗糙度、表面波度、表面加工纹理三个方面。表面粗糙度是构成加工表面几何特征的基本单元。因此，这一节主要分析表面粗糙度的形成及其影响因素。

用金属切削刀具加工工件表面时，表面粗糙度主要受几何因素、物理因素和机械加工振动三个方面因素的作用和影响。

一、几何因素

从几何的角度考虑，刀具的形状和几何角度，特别是刀尖圆弧半径 r_ε、主偏角 k_r、副偏角 k_r'和切削用量中的进给量等对表面粗糙度有较大的影响。图 2-4（a）所示为车刀刀尖圆弧半径为零时，主偏角 k_r、副偏角 k_r'和进给量 f 对残留面积最大高度 R_{max} 的影响，由图中几何关系可推出：

$$H=R_{max}=f/(\cot k_r+\cot k_r')$$

式中 R_{max}——残留面积的高度（μm）；

f——进给量（mm/r）；

k_r——主偏角；

k_r'——副偏角。

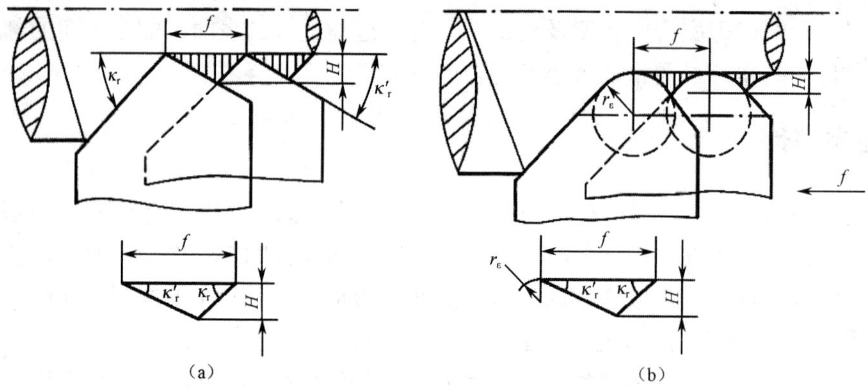

图 2-4 刀具几何参数对理论粗糙度的影响

当用圆弧刀刃切削时，刀尖圆弧半径 r_ε 和进给量 f 对残留面积高度的影响，如图 2-4（b）所示，推导可得

$$H=R_{max}=f^2/8r_\varepsilon$$

式中 r_ε——刀尖圆弧半径（mm）。

以上两式是理论计算结果，称为理论粗糙度。显然在进给量相同时，增大 r_ε、减小主偏角和副偏角，都会使理论粗糙度减小。切削加工后表面的实际粗糙度与理论粗糙度有较大的差别，这是由于存在着与被加工材料的性能及与切削机理有关的物理因素的缘故。

二、物理因素

从切削过程的物理实质考虑，刀具的刃口圆角和后刀面的挤压与摩擦会使金属材料发生塑性变形，严重恶化了表面粗糙度。在加工塑性材料而形成带状切屑时，在前刀面上容易形成硬度很高的积屑瘤。它可以代替前刀面和切削刃进行切削，使刀具的几何角度、背吃刀量发生变化。其轮廓很不规则，因而会使工件表面上出现深浅和宽窄都不断变化的刀痕，甚至有些刀瘤嵌入工件表面，更增加了表面粗糙度。

鳞刺是在已加工表面上呈鳞片状有裂口的毛刺。切削塑性金属时，若切削速度 v_c 较低、前角较小和金属材料很软，则会形成挤裂状或单元状切屑，此时，前面阻力周期性变化，会促使切屑在前面作周期性停留，由停留的切屑代替前面推挤切削层，已加工表面出现拉应力，导致切削区产生裂口。推挤切削层到一定程度后，切削力增大，切屑克服了刀具前面的摩擦与黏结，又开始沿前面流动。这时刀具已切削过去，裂口留在已加工表面上，看上去很像一片一片的鳞刺。使用圆板牙、丝锥、刨刀等刀具切削工件时，常产生鳞刺现象。

切削加工时的振动，使工件表面粗糙度值增大。关于机械加工时的振动将在 2.4 节中详细介绍。

三、工艺因素

从上述表面粗糙度的成因可知，从工艺的角度考虑，工艺因素可以分为与切削刀具有关的因素、与工件材质有关的因素和与加工条件有关的因素。现就切削加工和磨削加工分别进行介绍。

1. 切削加工

（1）刀具的几何形状、材料及刃磨质量对表面粗糙度的影响

从几何因素看，减小刀具的主、副偏角，增大刀尖圆弧半径，均能有效地降低表面粗糙度。

刀具的前角值适当增大，刀具易于切入工件，塑性变形小，有利于减小表面粗糙度值。但前角太大，刀刃会有嵌入工件的倾向，反而使表面变粗糙。

当前角一定时，后角越大，切削刃钝圆半径越小，刀刃越锋利；同时，还能减小后刀面与加工表面间的摩擦和挤压，有利于减小表面粗糙度值。但后角太大削弱了刀具的强度，容易产生切削振动，使表面粗糙度值增大。

刀具的材料及刃磨质量影响刀瘤、鳞刺的产生，如用金刚石车刀精车铝合金时，由于摩擦系数小，刀面上就不会产生切屑的黏附、冷焊现象，因此，能有效降低表面粗糙度值。

（2）工件材料性能对表面粗糙度的影响

与工件材料相关的因素包括材料的塑性、韧性及金相组织等。一般来讲，韧性较大的塑性材料，易于产生塑性变形，与刀具的黏结作用也较大，加工后表面粗糙度值大。相反，脆性材料则易于得到较小的表面粗糙度值。

（3）加工条件对表面粗糙度的影响

①切削速度 v_c。在一般情况下，低速或高速切削时，因为不会产生积屑瘤，故表面粗糙度值较小，如图 2-5 所示，但在中等速度下，塑性材料由于容易产生积屑瘤和鳞刺，因此，表面粗糙度值大。

②背吃刀量 a_p。它对表面粗糙度的影响不明显，一般可忽略，但当 $a_p<0.02\sim0.03$mm 时，刀尖与工件表面会发生挤压与摩擦，从而使表面质量恶化。

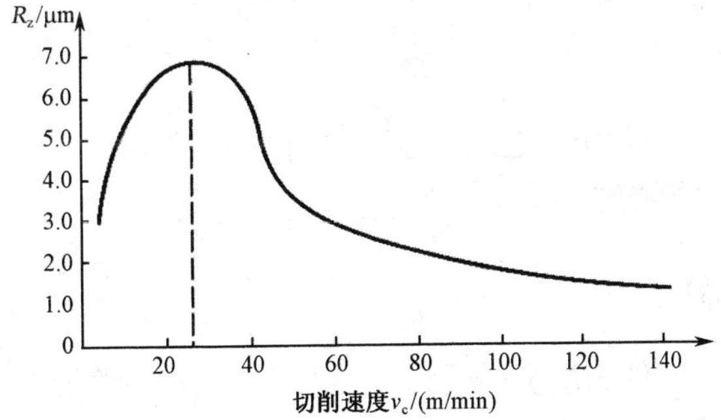

图 2-5　切削速度与表面粗糙度的关系

③进给量。减小进给量，可以减小切削残留面积高度，因而减小表面粗糙度值。但进给量太小，刀刃不能切削而形成挤压，增大了工件的塑性变形，反而会使表面粗糙度值增大。

另外，合理选择润滑液，提高冷却润滑效果，减小切削过程中的摩擦，均能抑制刀瘤和鳞刺的生成，有利于减小表面粗糙度值。选用含有硫、氯等表面活性物质的冷却润滑液，润滑性能增强，作用更加显著。

2. 磨削加工

在磨削过程中，磨粒在工件表面上耕犁和切下切屑，会把加工表面刻画出无数微细的沟槽，沟槽两边伴随着塑性隆起，形成表面粗糙度。

（1）磨削用量对表面粗糙度的影响

提高砂轮速度，可以增加在工件单位面积上的刻痕，同时，塑性变形造成的隆起量随着砂轮速度的增大而下降，所以粗糙度值减小。

在其他条件不变的情况下，提高工件速度，磨粒单位时间内在工件表面上的刻痕数减少，因而将增大磨削表面粗糙度值。

磨削深度增加，磨削过程中磨削力及磨削温度都增加，磨削表面塑性变形增大，从而增大表面粗糙度值。

（2）砂轮对表面粗糙度的影响

①砂轮的粒度。砂轮越细，单位面积上的磨粒数越多，工件表面上的刻痕密而细，则表面粗糙度值越小。但磨粒过细时，砂轮易堵塞，磨削性能下降，反而使表面粗糙度值增大。

②砂轮的硬度。硬度应大小合适。砂轮太硬，磨粒钝化后仍不能脱落，使工件表面受到强烈摩擦和挤压作用，塑性变形程度增加，表面粗糙度值增大或使磨削表面烧伤。砂轮太软，磨粒易脱落，常会产生磨损不均匀现象，而使表面粗糙度值增大。

③砂轮的修整。砂轮修整的目的是为了去除砂轮外层已钝化的或被磨屑堵塞的磨粒，保证砂轮具有足够的等高微刃。微刃等高性越好，磨出工件的表面粗糙度值越小。

（3）工件材料对表面粗糙度的影响

工件材料硬度太大，砂轮易磨钝，故表面粗糙度值变大。工件材料太软，砂轮易堵塞，磨削热增大，也得不到较小的表面粗糙度值。塑性、韧性大的工件材料，其塑性变形程度大，导热性差不易得到较小的表面粗糙度值。

模块三 加工表面物理力学性能的变化及影响因素

在机械加工过程中，工件由于受到切削力、切削热的作用，其表面与基体材料性能有很大不同，发生了物理力学性能的变化。

一、表面层的加工硬化

在机械加工过程中，工件表层金属受到切削力的作用产生强烈的塑性变形使晶体间产生剪切滑移，晶粒严重扭曲，并产生晶粒的拉长、破碎和纤维化，这时工件表面的强度和硬度提高，塑性降低，这种现象称为加工硬化，又称冷作硬化。

表面层的硬化程度决定于塑性变形的力、变形速度和变形时的温度。切削力越大，塑性变形越大，因而硬化程度越大。变形速度越大，塑性变形越不充分，硬化程度相应减小。变形时的温度不仅影响塑性变形程度，还会影响变形后的恢复，即恢复作用的速度大小取决于温度的高低、温度持续的时间及硬化程度的大小。

影响表面层加工硬化的因素从以下几个方面考虑。

①切削力。切削力越大，塑性变形越大，则硬化程度和硬化层深度就越大。例如，当进给量 f、背吃刀量 a_p 增大或刀具前角 r_o 减小时，都会增大切削力，使加工硬化严重。

②切削温度。切削温度增高时，恢复作用增加，使得加工硬化程度减小。如切削速度很高或刀具钝化后切削，都会使切削温度不断上升，部分地消除加工硬化，使得硬化程度减小。

③工件材料。被加工工件的硬化程度越低，塑性变形越大，切削后的冷硬现象越严重。

二、表面层的金相组织变化与磨削烧伤

1. 表面层金相组织变化与磨削烧伤的原因

机械加工时，切削所消耗的能量大部分转化为切削热，导致加工表面温度升高。当工件表面温度超过金相组织变化的临界点时，就会产生金相组织的变化。一般的切削加工，由于单位切削截面所消耗的功率不是太大，所以产生金相组织变化的现象很少。但对于磨削加工来说，由于单位面积上产生的切削热比一般切削方法大几十倍，易使工件表面层的金相组织发生变化，引起表面层的硬度和强度下降，产生残余应力甚至引起显微裂纹，这种现象称为磨削烧伤。根据磨削烧伤时的温度不同，有以下几种类型。

①回火烧伤。磨削淬火钢时，若磨削区温度未超过相变温度，但超过马氏体的转变温度，这时马氏体转变为硬度较低的回火屈氏体或索氏体，此现象称为回火烧伤。

②淬火烧伤。磨削淬火钢时，若磨削区的温度超过相变临界温度时，在切削液的急冷作用下，工件最外薄层金属转变为二次淬火马氏体组织。其硬度比原来的回火马氏体高，但是又脆又硬。在这层金属下面的一层金属，温度较低，冷却也较慢，会变为过回火组织，这种现象称为淬火烧伤。

③退火烧伤。干磨时，当磨削区温度超过相变临界温度时，表层金属以空冷方式冷却，冷却速度比较缓慢而形成退火组织，其强度和硬度大幅度下降，这种现象称为退火烧伤。

磨削烧伤时，表面会出现黄、褐、紫、青等烧伤色，这是工件表面在瞬时高温下产生的氧化膜颜色。不同烧伤色表明烧伤程度不同。较深的烧伤层，虽然在加工后期采用无进给磨削可除掉烧伤色，但烧伤层却未除掉，成为了将来使用中的隐患。

2. 影响磨削烧伤的因素

①磨削用量。当磨削深度 a_p 增大时，工件表面及表面下不同深度的温度都将提高，容易造成烧伤；增大砂轮速度 v_c 会加重磨削烧伤的程度。当工件纵向进给量 f 增大时，磨削区温度增高，但热源作用时间减少，因而可减轻烧伤。提高工件速度会导致其表面粗糙度值变大。提高砂轮速度可弥补此不足。实践证明，同时提高工件速度和砂轮速度可减轻工件表面烧伤。

②砂轮材料。对于硬度太高的砂轮，钝化砂粒不易脱落，砂轮容易被切屑堵塞，因此，一般用软砂轮好。砂轮结合剂最好采用具有一定弹性的材料，以保证磨粒受到过大切削力时会自动退让，如树脂、橡胶等。一般来讲，粗粒度砂轮不容易引起磨削烧伤。

③冷却方式。采用切削液带走磨削区热量可避免烧伤。但由于旋转的砂轮表面上产生强

大的气流层，切削液不易附着，以致没有多少切削液能进入磨削区，所以普通的冷却方式效果不理想。采用高压大流量冷却，一方面可增加冷却效果；另一方面可以对砂轮表面进行冲洗，使切屑不致堵塞砂轮，但机床应配有防护罩，防止冷却液飞溅。

为减轻高速旋转的砂轮表面的高压附着气流的作用，可以加装如图 2-6 所示的空气挡板，以使切削液能顺利地注射到磨削区，这种方法对于高速磨削则更为重要。

另一种方式为采用内冷却，如图 2-7 所示，由于砂轮是多孔隙、从中心通过切削液通孔 2 渗水，当切削液引入到砂轮中心腔 3 后，由于离心力的作用，切削液经过砂轮内部径向孔薄壁套 4 的孔隙从砂轮四周的边缘甩出，因此，切削液可直接进入磨削区，发挥有效的冷却作用。此外，还可采用浸油砂轮，把砂轮放在溶化的硬脂酸溶液中浸透，取出冷却后即成为含油砂轮。磨削时，磨削区的热源使砂轮边缘部分硬脂酸溶化而洒入磨削区起冷却润滑作用。

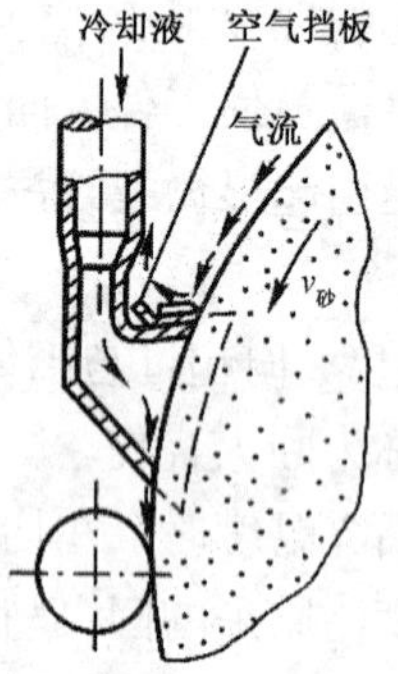

图 2-6　带空气挡板的切削液喷嘴

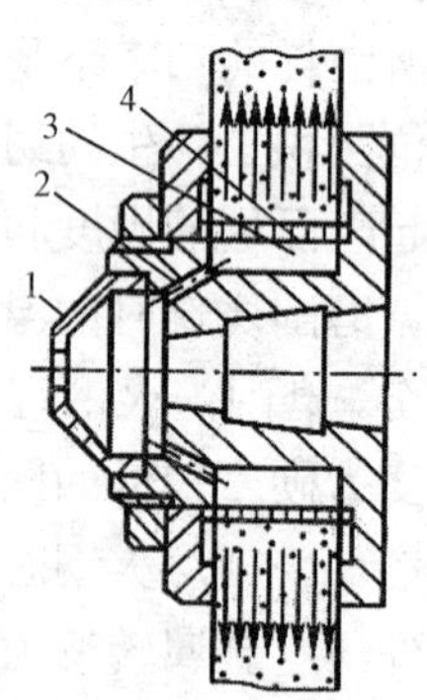

图 2-7　内冷却装置

1—锥形盖；2—切削液通孔；3—砂轮中心腔；4—径向孔薄壁套

三、表面残余应力

产生表面层残余应力的主要因素有以下三个方面。

1. 冷塑变形引起的残余应力

在机械加工过程中，因切削力的作用使工件表面受到强烈的塑性变形，尤其是切削刀具对已加工表面的挤压和摩擦，使表面产生伸长型塑性变形，表面积趋向增大，但受到里层的限制，产生了残余压应力，与里层产生的残余拉应力相平衡。

2. 热塑变形引起的残余应力

在切削加工过程中，表面受到切削热的作用使表层局部温度高于里层，因此表面层金属产生的热膨胀变形也大于里层。当切削过程结束时，表层温度下降较快，故收缩变形大于里层，由于受到里层金属的限制，工件表面将产生残余拉应力。切削温度越高，则残余拉应力越大，甚至会出现裂纹。

3. 金相组织变化引起的残余应力

切削时产生的高温会引起表面层金相组织的变化。由于不同的金相组织有不同的密度，如马氏体密度ρ_M=7.75g/cm^3，奥氏体密度ρ_A=7.96g/cm^3，珠光体密度ρ_P=7.78g/cm^3，铁素体密度ρ_F=7.88g/cm^3，表面层金相组织变化的结果造成了体积的变化，表面层体积膨胀时，因为受到基体的限制，产生了压应力；反之，则产生拉应力。以磨削淬火钢为例，淬火钢原来的组织是马氏体，磨削加工后，表面可能产生回火，马氏体变为接近珠光体的屈氏体或索氏体，密度增大而体积减小，表层产生残余拉应力。如果表层产生二次淬火层（淬火烧伤），即原表层的残余奥氏体转变为马氏体，密度减小而体积增大，工件表层就产生残余压应力。

综上所述，冷塑变形、热塑变形及金相组织变化均会引起工件表面产生残余应力。实际上，已加工表面残余应力是这三者综合作用的结果。在不同的加工条件下残余应力的大小、符号及分布规律可能有明显的差异。切削加工时起主要作用的常常是冷塑性变形，所以工件表面常产生残余压应力。磨削加工时，热塑性变形或金相组织变化通常是产生残余应力的主要因素，所以表面层常产生残余拉应力。

模块四　机械加工振动简介

在机械加工中，刀具与工件之间常常产生机械加工振动。它不仅改变了刀具与工件之间的正确位置，使工件表面产生振纹，降低加工精度；而且还会缩短刀具、机床的寿命。同时振动产生的噪声污染环境，会恶化工人的劳动条件。

为了消除机械加工中产生的振动，生产中常常采用降低切削用量的办法，以换取必要的加工质量，我国目前机床加工效率只有国外平均先进水平的一半，机械加工振动问题没有很好解决是其中一个重要原因。同时，它也是机械设备实现高速化、精密化和自动化必须解决的一个问题。

机械加工中产生的振动主要有受迫振动和自激振动两类。本节主要介绍这两类振动的特点及控制方式。

一、受迫振动

1. 受迫振动及其特性

受迫振动是一种由工艺系统内部或外部周期交变的激振力作用引起的振动。

理论研究表明，受迫振动的特性如下所述。

①由周期性激振力引起的，不会被阻尼衰减掉，振动本身也不能使激振力变化。

②振动频率与外界激振力的频率相同，而与系统的固有频率无关。

③幅值既与激振力的幅值有关，又与工艺系统的动态特性有关。

2. 受迫振动产生的原因及控制方式

受迫振动产生的原因通常有以下几点。

①系统外部的周期性干扰力。如机床附近的振动源经过地基传给正在加工的机床，从而

引起工艺系统的振动。

②机床高速旋转件的不平衡。例如，联轴节、皮带轮、卡盘等由于形状不对称、材质不均匀或其他原因造成质量偏心产生的离心力而引起受迫振动。

③机床传动机构的缺陷。如制造不精确或安装不良的齿轮会产生周期性干扰力，有可能成为机械加工受迫振动的根源。

④往复运动的部件引起的惯性力。具有往复运动部件的机床，当它们换向时的惯性力及液压系统中液压件的冲击现象都会引起振动。

⑤切削过程中的冲击。在铣削、拉削过程中，刀齿在切入工件和切出工件时，或加工断续表面等出现的断续切削现象所引起的冲击力，也会引起振动。

减小受迫振动的途径主要有消除工艺系统中回转零件的不平衡，提高传动件的制造精度和装配质量，改进传动机构与隔振，合理安排固有频率和避开共振区，提高工艺系统的刚性及增加阻尼等。

二、自激振动

1. 自激振动及特点

由激振系统本身引起的交变力作用而产生的振动，称为自激振动，通常又称颤振。其振动频率与系统的固有频率相近。由于维持振动所需的交变力是由振动过程本身产生的，所以振动系统的运动一停止，交变力也随之消失，工艺系统的自激振动也就停止。因此，通常将自激振动看成由振动系统（工艺系统）和调节系统（切削过程）两个环节组成的一个闭环系统，如图 2-8 所示。

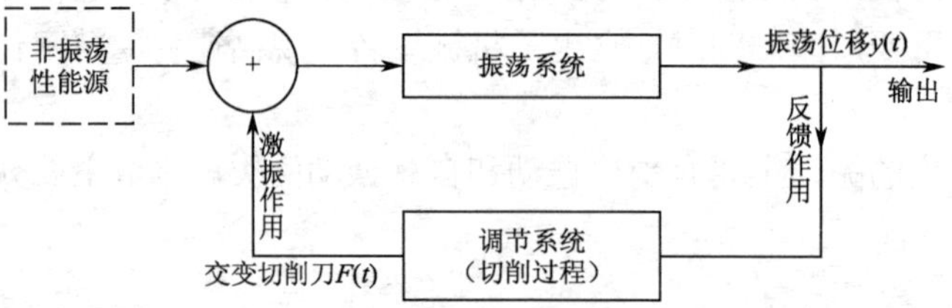

图 2-8　自激振动系统框图

由此可见，自激振动系统是一个由振动系统和调节系统组成的闭环系统，自激振动系统维持稳定振动的条件是在一个振动周期内，从能源经调节系统输入到振动系统的能量，等于系统阻尼所消耗的能量。

2. 自激振动的控制

1）合理选择切削用量。如采用高速或低速切削可以避免自激振动，增大进给量可使振幅减小，在加工表面粗糙度允许的情况下，可以选择较大的进给量以避免自激振动。切削深度增大，振动增强。

2）合理选择刀具几何参数。适当地增大前角、主偏角能减小垂直于加工表面的法向分力，从而减小振动。后角尽可能取小，但在精加工中，如果后角过小，刀刃不容易切入工件，后刀面与加工表面间的摩擦可能过大，反而容易引起自激振动。

3）增加切削阻尼适当减小刀具后角（α_0=2°～3°）可以增大工件和刀具后刀面之间的摩擦阻尼；必要时可在后刀面上磨出带有负后角的消振棱。

4）提高工艺系统的刚度。为提高机床结构的动刚度，应找出其薄弱环节，采取刮研结合面、增强连接刚度以提高其抗振性。如为提高刀具和工件夹持系统的动刚度，可采用死定尖代替活定尖、减小尾座套筒的悬伸长度等方法。

5）采用减振装置。在采用上述措施后仍然不能达到减振要求时，可考虑使用减振装置。

①摩擦式减振器。它是利用固体或液体的摩擦阻尼来消耗振动的能量。在机床主轴系统中附加阻尼减振器，如图 2-9 所示，它相当于间隙很大的滑动轴承，通过阻尼套和阻尼间隙中的黏性油的阻尼作用来减振。

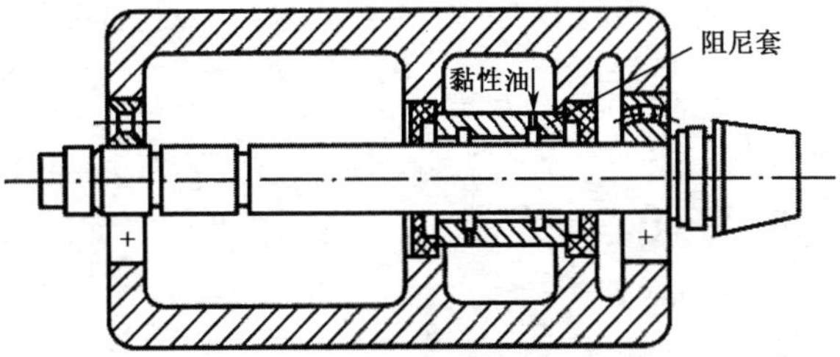

图 2-9　摩擦式减振器

②冲击式减振器。如图 2-10 所示，它是由一个与振动系统刚性相连的壳体和一个在壳体内自由冲击的冲击块所组成的。当系统振动时，自由冲击块反复冲击振动系统，消耗振动的能量，达到减振效果。

③动力式减振器。在振动体 m_1 上另外加上一个附加质量 m_2，用弹性阻尼元件使附加质量 m 系统和振动体 m_1 相连，如图 2-11 所示。当振动体振动时，与振动体相连的附加质量系统也随之产生振动，利用附加质量系统的动力作用，产生一个与主振系统激振力大小相等、方向相反的附加激振力，以抵消主振系统激振力的作用，从而达到减小振动的目的。

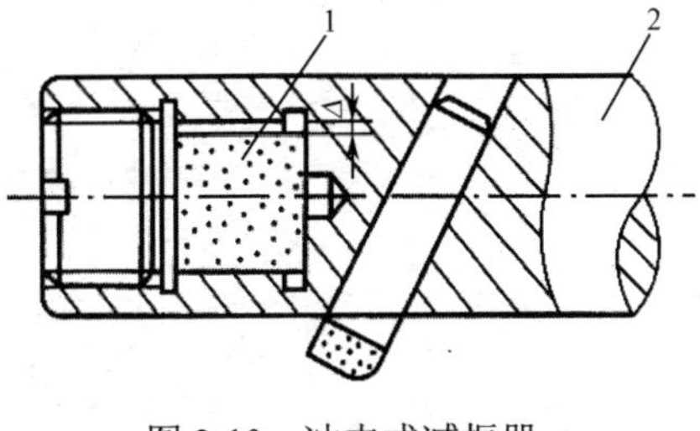

图 2-10　冲击式减振器

1—冲击块；2—镗杆

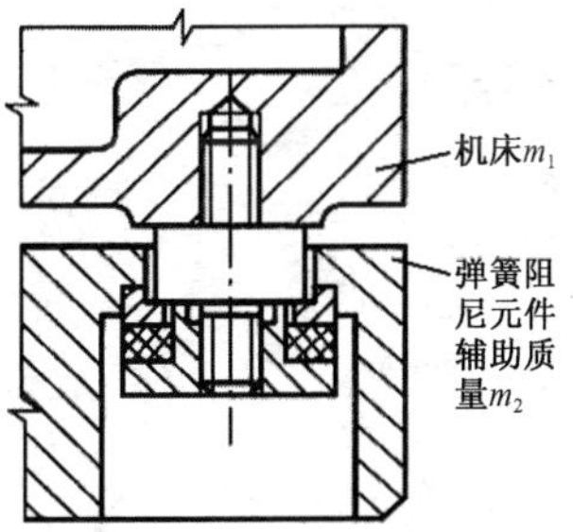

图 2-11　动力式减振器

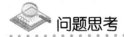

问题思考

1. 加工表面的几何特征包括哪些方面？
2. 零件的表面质量是如何影响零件的使用性能的？

3. 试述影响零件表面粗糙度的几何因素。

4. 采用粒度为 30 号的砂轮磨削钢件和采用粒度为 60 号的砂轮磨削钢件，哪一种情况表面粗糙度 *Ra* 值更小？

5. 什么是加工硬化？评定加 I 硬化的指标有哪些？

6. 试述磨削烧伤的原因。

7. 为什么表面层金相组织的变化会引起残余应力？

8. 受迫振动与自激振动的区别是什么？

9. 消除或减小自激振动的方法有哪些？

课题3 车削工艺

学习导航

外圆表面是各种轴类零件、套类零件和盘类零件的主要表面，在机械加工中占有很大的比例。车削是在车床上利用工件的旋转运动和刀具的移动来改变毛坯形状和尺寸，将其加工成所需要的一种切削加工方法。车削加工外圆表面是最经济有效的加工方法，一般适用于外圆表面粗加工和半精加工。

本课题的学习目标主要是要求掌握车削加工的工作内容与工艺特点、车削加工工艺系统的组成、车削用量及其选用、车削加工工艺的制定。

任务描述

锥度心轴如图 3-1 所示。毛坯为 45 热轧圆钢，毛坯尺寸为ϕ40mm×160mm，车削数量每次为 8～10 件。

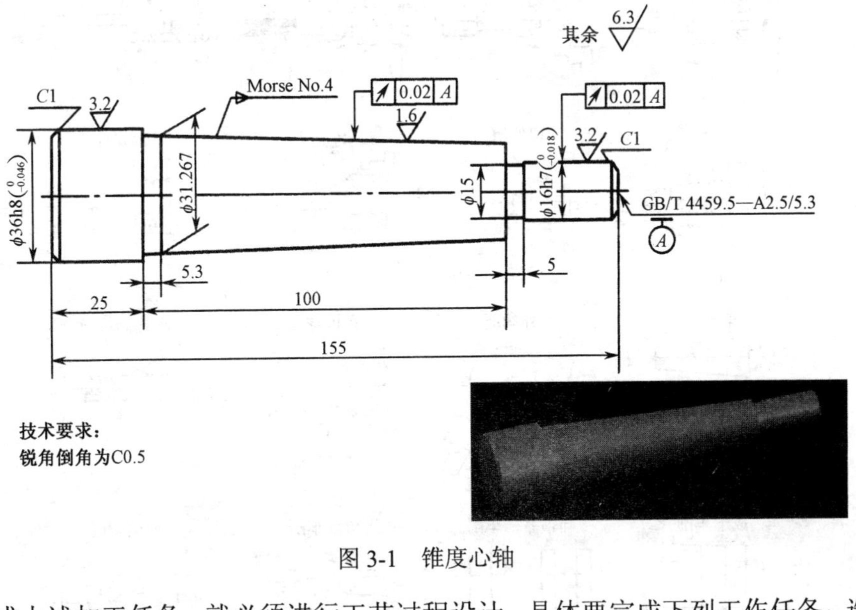

图 3-1　锥度心轴

要完成上述加工任务，就必须进行工艺过程设计，具体要完成下列工作任务：选用车床、装夹工件、选用车刀、选用切削用量、确定车削方法、选用切削液和制定车削工艺。

模块一　选用车床

知识链接

一、车削加工方法

1. 车削的工作内容

机械加工过程中的大部分回转类零件（如轴、套、盘、盖类零件）的切削加工都是在车床上完成的。车削的基本内容有车削外圆、车削端面、切槽和切断、钻中心孔、钻孔、镗孔、铰孔、车削各种螺纹、车削内外圆锥面、车削成形面、滚花及盘绕弹簧等，如图 3-2 所示。车削加工的公差等级：粗车达 IT12～IT11，*Ra*12.5～50μm；半精车达 IT10～IT9，*Ra*3.2～6.3μm；精车达 IT8～IT7，*Ra*0.8～1.6μm；精细车达 IT6～IT5，*Ra*0.1～0.4μm。

车削可以加工各种回转表面，如内外圆柱面、内外圆锥面、螺纹、沟槽、端面、成形面等，其具体应用如图 3-2 所示。

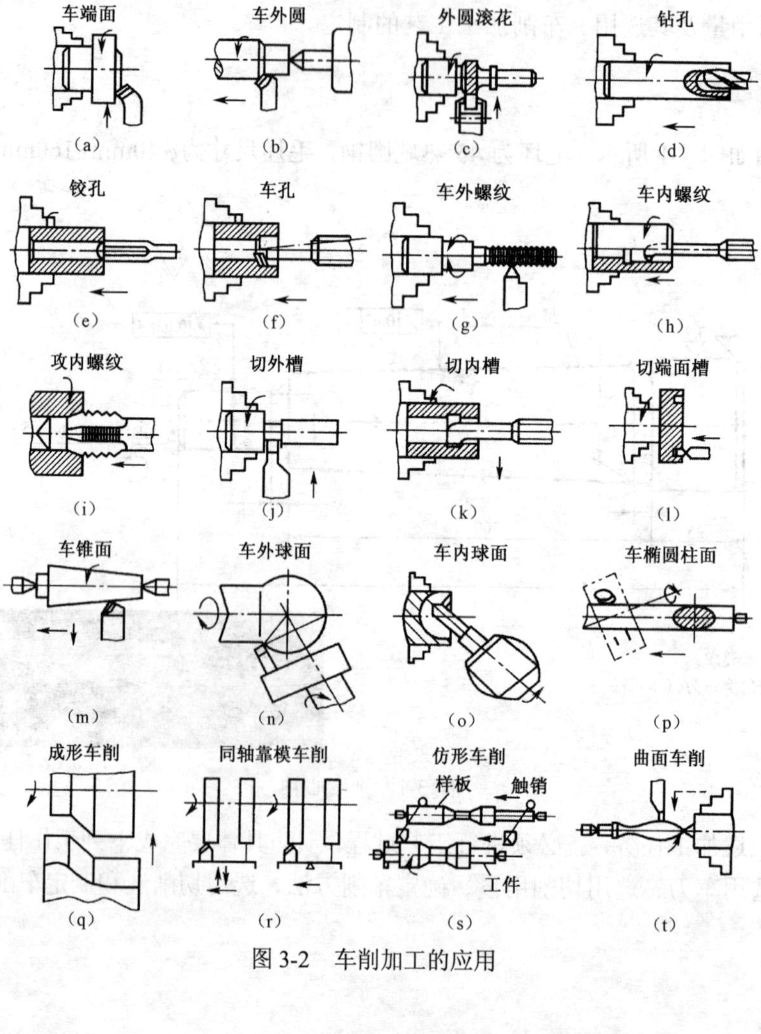

图 3-2　车削加工的应用

2. 车削加工的工艺特点

①易于保证工件各个加工表面间的位置精度。车削加工时，工件绕同一固定轴线旋转，各个表面加工时具有同一回转轴线，因此易于保证外圆面之间的同轴度及外圆面与端面之间的垂直度。

②切削过程平稳。除了加工断续表面外，一般情况下车削加工是连续的，不像铣削和刨削加工有刀齿的切入和切出的冲击。车削加工时，切削力基本恒定，切削过程平稳，可以采用较大的切削用量和较高的切削速度进行高速切削以提高生产率。

③刀具简单。车刀的制造、刃磨和安装都很方便，可以根据具体要求灵活选择刀具角度，这有助于加工质量和生产效率的保证。

④适合有色金属的精加工。有色金属本身的硬度低，塑性大，若采用砂轮磨削则容易堵塞砂轮，难以获得光洁的表面。因此，当有色金属表面粗糙度要求较低时，可以使用切削性能较好的刀具以较小的背吃刀量和进给量及较高的切削速度进行精细车。

二、车床

车床主要是用于对工件进行车削加工，通常由工件旋转完成主运动，而由刀具沿平行或垂直于工件旋转轴线移动完成进给运动。与工件旋转轴线平行的进给运动称为纵向进给运动；垂直的称为横向进给运动。

车床的种类很多，按其用途和结构的不同，主要可分为卧式车床及落地车床、立式车床、转塔车床、多刀半自动车床、仿形车床及仿形半自动车床、单轴自动车床、多轴自动车床及多轴半自动车床、数控车床、车削加工中心等。此外，还有各种专门化车床，如凸轮轴车床、曲轴车床、铲齿车床等。在大批量生产的工厂中还有各种专用车床。表3-1所示为车床的主要类型、工作方法和应用范围。

表3-1 车床的主要类型和应用范围

类型	应用范围	示意图
卧式车床	主轴水平位置，主轴车速和进给量调整范围大——主要由工人手动操作，用于车削圆柱面、圆锥面、端面、螺纹、成形面和切断等。其使用范围广、生产效率低，适于单件小批量生产和修配车间	
立式车床	主轴垂直布置，工件装夹在水平面内旋转的工作台上，刀架在横梁或立柱上移动，适于加工回转直径较大、较重、难以在卧式车床上安装的工件	

续表

类型	应用范围	示意图
回轮车床	机床上有回转轴线与主轴线平行的多工位回轮刀架，刀架上可安装多把刀具，并能纵向移动。在工件一次装夹中，由工人依次用不同刀具完成多种车削工序，适用于成批生产中加工尺寸不大且形状较复杂的工件	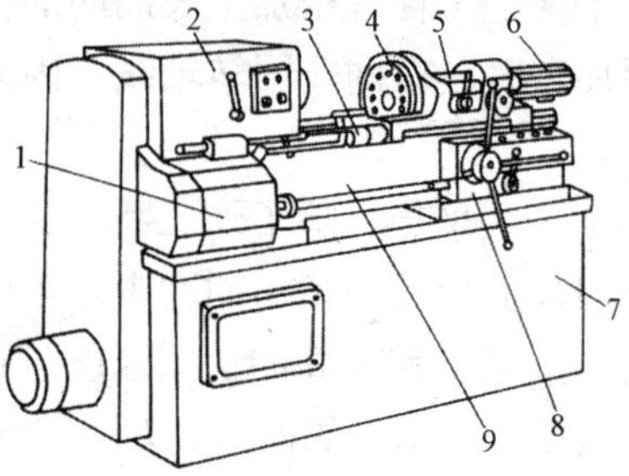 1—进给箱；2—主轴箱；3—前刀架；4—转塔刀架；5—纵向溜板；6—定程装置；7—床身；8—转塔刀架溜板箱；9—前刀架溜板箱
转塔车床 （六角车床）	机床上具有回转轴线与主轴轴线垂直或倾斜的转塔刀架，另外还带有横刀架。刀架上安装多把刀具，在工件一次装夹中，由工人依次使用不同刀具完成多种车削工序。它适用于成批生产中加工形状较复杂的工件	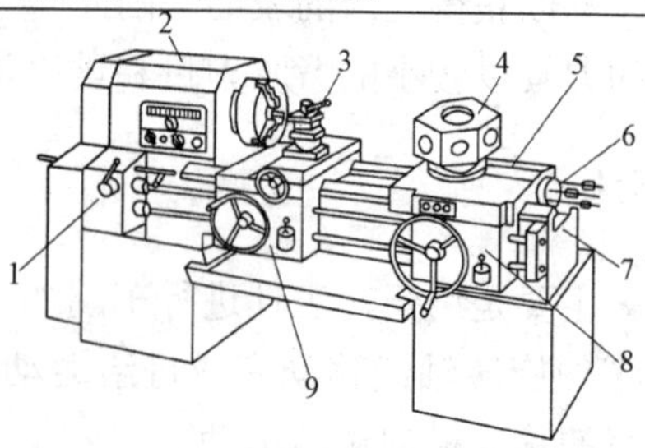 1—进给箱；2—主轴箱；3—刚性纵向定程机构；4—回转刀架；5—纵向刀架溜板；6—纵向定程机构；7—底座；8—溜板箱；9—床身
单轴 自动车床	机床只有一根主轴，经调整和装料后，能按一定程序自动上下料、自动完成工件的多工序加工循环，重复加工一批同样的工件。它主要用于对棒料或盘状线材进行加工，适用于大批量生产	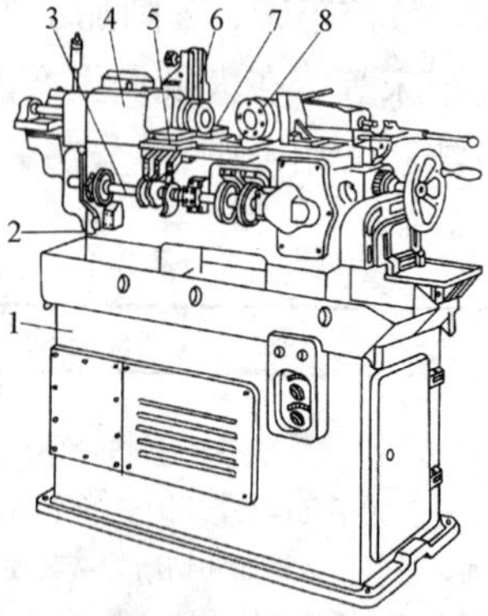 1—底座；2—床身；3—分配轴；4—主轴箱；5—前刀架；6—上刀架；7—后刀架；8—转塔刀架
车削 加工中心	机床具有刀库。它对一次装夹的工件，能按加工要求预先编制的程序，由控制系统发出数字信息指令，自动选择更换刀具，自动改变车削切削用量和刀具相对工件的运动轨迹及其他辅助机能，依次完成多工序的车削加工。它适用于工件形状较复杂、精度要求高、工件品种更换频繁的中小批量生产	

模块二　装夹工件

一、装夹轴类零件

根据轴类工件的形状、大小和加工数量不同，常用以下几种装夹方法。

1. 三爪自定心卡盘装夹

三爪自定心卡盘的结构形状如图 3-3 所示，当卡盘扳手插入方孔内转动时，可带动三个卡爪做向心运动或离心运动。其三个卡爪是同步运动的，能自动定心，工件装夹后一般不需要找正。但是，在装夹较长的工件时，工件离卡盘较远处的旋转轴线不一定与车床主轴的旋转轴线重合，这时就必须找正。当三爪自定心卡盘使用时间较长导致精度下降，而工件的加工精度要求较高时，也需要对工件进行找正。

三爪自定心卡盘装夹方便、迅速，但夹紧力较小，适用于装夹外形规则的中小型工件。

2. 四爪单动卡盘装夹

四爪单动卡盘的结构如图 3-4 所示。四爪单动卡盘有四个各不相关的卡爪，每个卡爪背面有一半瓣内螺纹与夹紧螺杆啮合，四个夹紧螺杆的外端有方孔，用来安装插卡盘扳手的方榫。用扳手转动某一夹紧螺杆时，跟其啮合的卡爪就能单独移动，以适应工件大小的需要。

由于四爪单动卡盘的四个卡爪各自独立运动，装夹时不能自动定心，必须使工件加工部分的旋转轴线与车床主轴旋转轴线重合后才可车削。四爪单动卡盘的找正比较费时，但夹紧力比三爪自定心卡盘大，因此适用于装夹大型或形状不规则的工件。

三爪自定心卡盘和四爪单动卡盘统称卡盘，卡盘均可装成正爪或反爪两种形式，反爪用来装夹直径较大的工件。

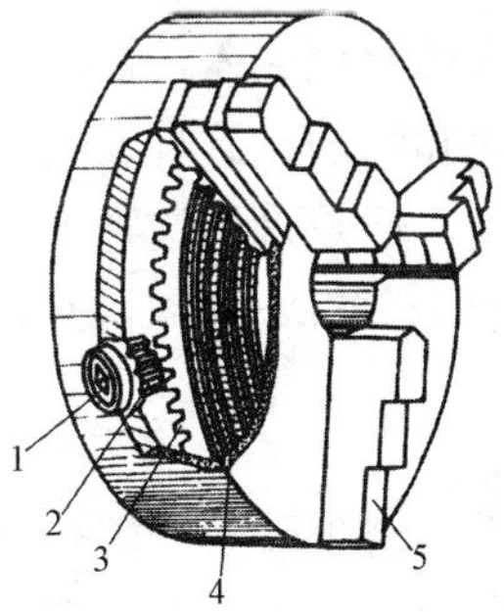

图 3-3　三爪自定心卡盘

1—方孔；2—小锥齿轮；3—大锥齿轮；4—平面螺纹；5—卡爪

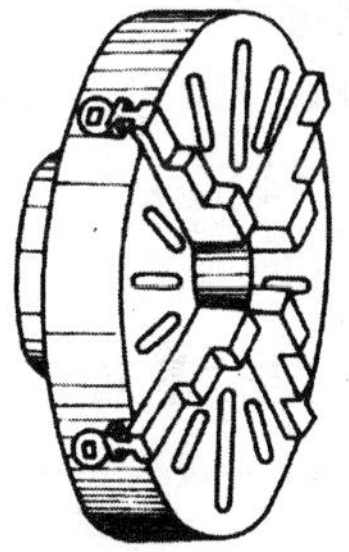

图 3-4　四爪单动卡盘

3. 一夹一顶装夹

车削轴类工件，尤其是较重的工件时，可将工件的一端用三爪自定心或四爪单动卡盘夹紧，另一端用后顶尖支顶（见图 3-5），这种装夹方法称为一夹一顶装夹。为了防止由于进给力的作用而使工件产生轴向位移，可以在主轴前端锥孔内安装一限位支撑（见图 3-5（a）），也可利用工件的台阶进行限位（见图 3-5（b））。用这种方法装夹较安全可靠，能承受较大的进给力，因此应用广泛。

4. 两顶尖装夹

对于较长的工件或必须经过多次装夹才能加工好的工件（如长轴、长丝杠等），以及工序较多，在车削后还要铣削或磨削的工件，为了保证每次装夹时的装夹精度，可用车床的前后顶尖（即两顶尖）装夹。其装夹形式如图 3-6 所示，工件由前顶尖 1 和后顶尖 4 定位，用鸡心夹头 2 夹紧并带动工件 3 同步运动。采用两顶尖装夹不需要找正，装夹方便，装夹精度高；但比一夹一顶装夹的刚度低，影响了切削用量的提高。

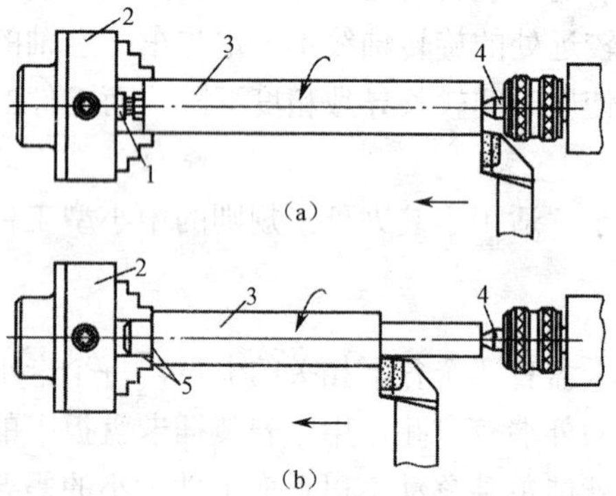

图 3-5　一夹一顶装夹

1—限位支撑；2—卡盘；3—工件；4—顶尖；5—定位台阶

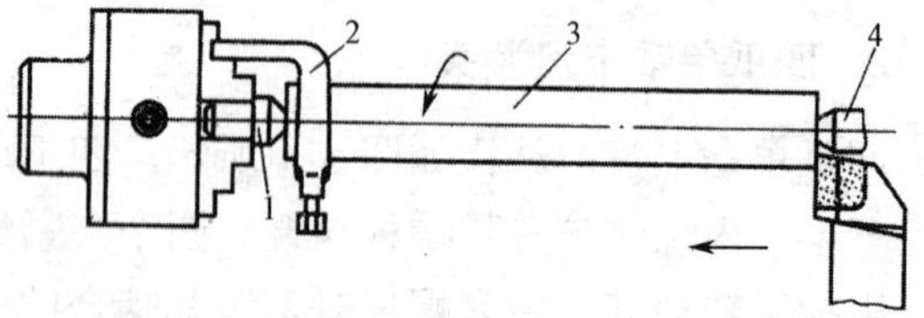

图 3-6　两顶尖装夹

1—前顶尖；2—鸡心夹头；3—工件；4—后顶尖

二、套类工件的装夹

1. 一次装夹

在单件小批量生产中，为了避免由于多次装夹而造成的定位误差，保证工件各加工表面间的相互位置精度，可以在卡盘上一次装夹车削内外表面和端面，这种装夹方法没有定位误差。如果车床精度较高，可以获得较高的同轴度和垂直度。但是采用这种装夹方法车削时需要经常转换刀架和装卸刀具，尺寸较难掌握，切削用量也要经常改变，对操作水平要求较高。

2. 以外圆为定位基准

当工件的外圆和一个端面在一次装夹中车削完后，可以用车好的外圆和端面为定位基准来装夹工件。当工件的位置精度要求不太高及卡盘比较准确时，可以把工件与反卡爪端面靠实，夹紧后车削，如图 3-7（a）所示。将端面挡铁的锥柄插入机床主轴锥孔后，把挡铁精车一刀，然后把工件装上，使工件端面与挡铁端面靠平，夹紧后车削，如图 3-7（b）所示。

软卡爪装夹工件。软卡爪是未经淬硬的卡爪，形状与硬卡爪相同（见图 3-8）。使用时，把硬卡爪的前半部分卸下，换上软卡爪 1，用螺钉 2 紧固在卡爪的下半部分，然后把卡爪车成需要的形状和尺寸，用于装夹工件 3。如果卡爪是整体式的，可用旧卡爪在夹持面上焊上一块钢料，再将卡爪装入卡盘内，根据工件外径的大小，将卡爪车削完成。

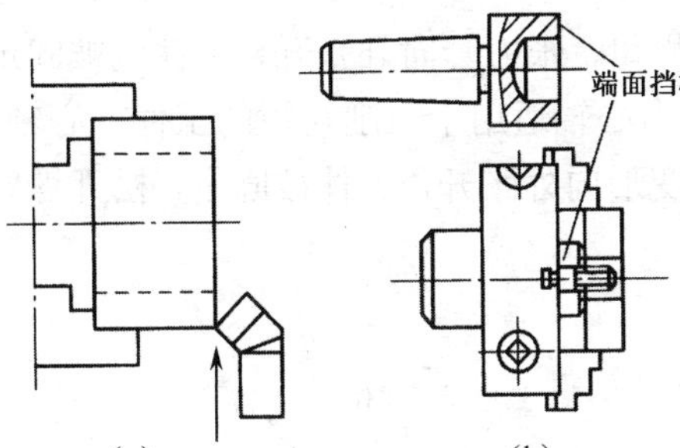

图 3-7 以外圆和端面定位装夹工件

（a）反卡爪装夹；（b）挡铁法装夹

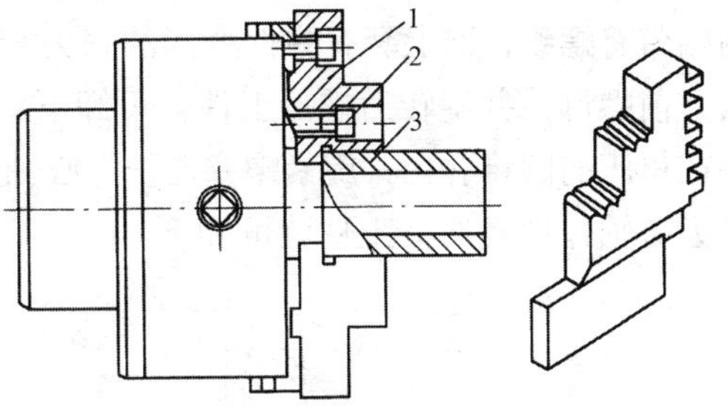

图 3-8 应用软卡爪装夹工件

（a）装配式软卡爪；（b）焊接式软卡爪

1—软卡爪；2—螺钉；3—工件

3. 以内孔为定位基准

在生产中，为了提高工作效率，通常把工件分数次装夹进行车削各表面。对一些中小型的套类零件一般用三爪自定心卡盘或四爪单动卡盘装夹工件，先车出内孔、外圆，再精车内孔，最后以内孔为定位基准，把工件装夹在心轴上精车外圆。由于心轴制造容易，使用方便，因此在生产中应用广泛。

台阶式心轴装夹如图 3-9 所示，台阶式心轴的圆柱部分与工件内孔保持较小的内孔间隙，工件靠螺母来压紧，为了使工件装夹方便，最好应用开口垫圈（见图 3-9（c）），压紧开口垫圈的螺母直径应小于工件孔径。图 3-9（a）所示为悬臂式台阶心轴，心轴利用锥柄直接插入主轴锥孔内。当车削的套类零件较多，而且内孔尺寸公差较小时，可以把几个零件同时装夹在心轴上（见图 3-9（b）），然后把心轴装夹在两顶尖间进行车削。台阶式心轴装卸工件方便，生产效率较高。但工件定心精度较差，只能用于车削位置精度要求不高的零件。

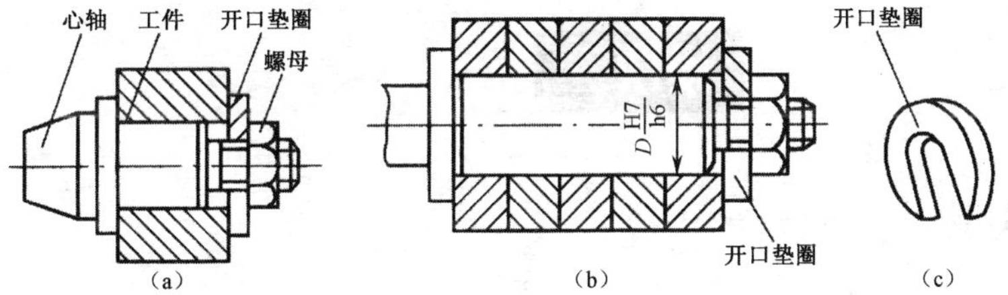

图 3-9 台阶式心轴装夹

小锥度心轴如图 3-10 所示，当车削同轴度要求较高的套类零件时，可采用小锥度心轴。小锥度心轴有 1:1000～1:5000 的锥度（即心轴 100mm 长度内两端直径相差 0.10～0.50mm），当工件装上心轴以后，由于弹性变形的关系，使工件内孔紧紧地套在心轴上，避免了由于径向间隙而造成的同轴度误差。小锥度心轴的主要缺点是工件轴向无法定位，不能承受较大的切削力。当车削小型套类零件时，还可采用悬臂式小锥度心轴（见图 3-10（b）），该心轴上的螺母是用来拆卸工件的。

张力心轴依靠张力套的弹性变形所产生的力来固定工件，张力心轴装卸方便，精度较高，适用于孔径较大的套类零件。张力心轴有两顶尖装夹的张力心轴（见图 3-11（a））和悬臂式张力心轴（见图 3-11（b））两种。两顶尖装夹的张力心轴适用于车削较长的工件。该心轴的两端带有螺纹，轴上套有弹性变形的张力套，旋紧前螺母，张力套向外张开，工件就被固定；松开前螺母，并旋转后螺母工件就可卸下。悬壁式张力心轴适用于车削较短的工件。心轴装夹在机床的圆锥孔内，旋紧螺塞，张力心轴产生弹性变形向外张开，工件被固定，松开螺塞，张力心轴弹性复原，工件就可卸下。

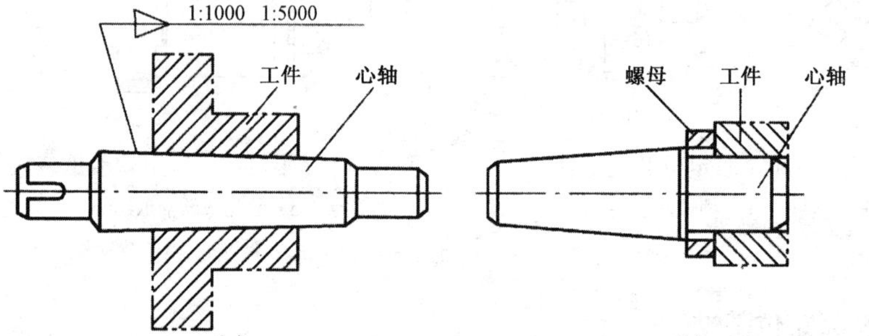

（a） （b）

图 3-10 小锥度心轴

（a）两顶尖装夹的小锥度心轴；（b）悬壁式小锥度心轴

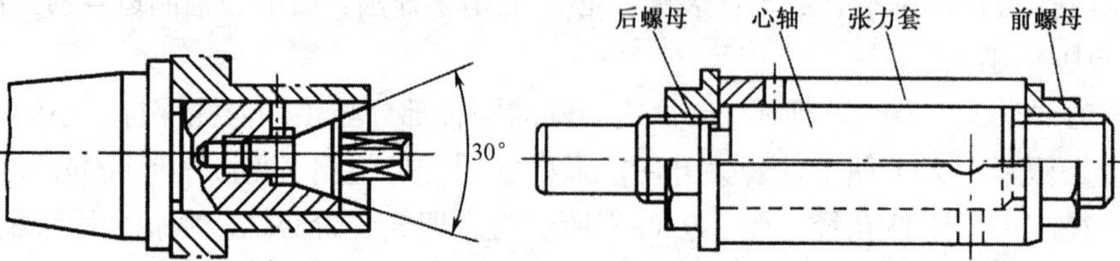

（a） （b）

图 3-11 张力心轴

（a）两顶尖装夹的张力心轴；（b）悬臂式张力心轴

模块三 选用车刀

一、车刀的类型

车刀是金属切削加工中使用最广的刀具。车刀可用于普通车床、转塔车床、立式车床、自动和半自动车床上，加工外圆、内孔、端面、螺纹、切槽或切断等不同的加工工序。车刀按其用途不同可分为外圆车刀、端面车刀、内孔车刀和切断刀等类型。表 3-2 所示为加工不同表面所用的车刀。

表 3-2 车刀的类型及用途

车刀类型		示意图	说明
外圆车刀	直头外圆车刀	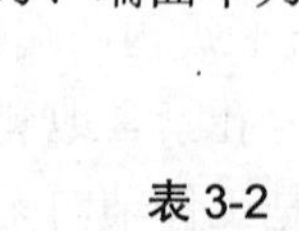	用于车削外圆柱和外圆锥表面。主偏角与副偏角基本对称，一般在 45° 左右，前角可在 5°～30° 之间选用，后角一般为 6°～12°

续表

车刀类型		示意图	说明
外圆车刀	弯头外圆车刀	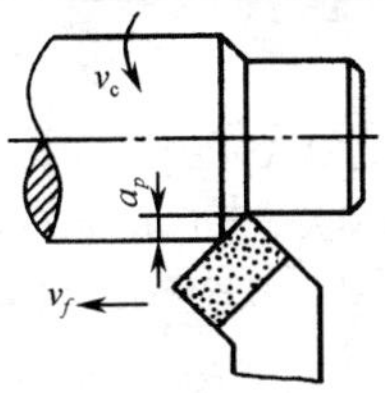	通用性好，应用广，用于车削外圆柱、外圆锥表面、端面和倒棱，适用于粗车加工余量大、表面粗糙、有硬皮或形状不规则的零件，能承受较大的冲击力，刀头强度高，耐用度高，主偏角为45°、75°
	90°外圆车刀	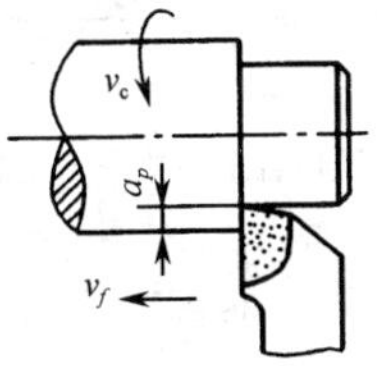	用于精加工，加工细长轴和刚性不好的轴类零件、阶梯轴、凸肩或端面。偏刀分为左偏刀和右偏刀两种，常用的是右偏刀，主偏角为90°
端面车刀		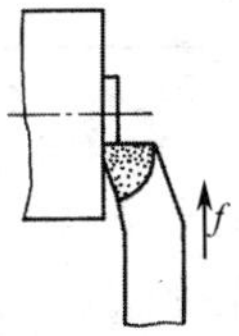	专门用于加工工件的端面，一般由工件外圆向中心推进，加工带孔的工件端面时，也可由中心向外圆进给
内孔车刀		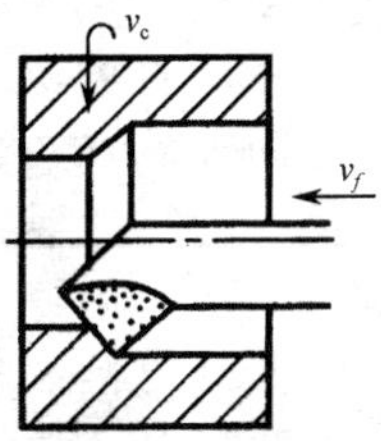	用来加工内孔，它可以分为通孔刀和不通孔刀两种。通孔刀的主偏角小于90°，一般为45°～75°，副偏角为20°～45°；不通孔刀的主偏角应大于90°，刀尖在刀杆的最前端，为了使内孔底面车平，刀尖与刀杆外端距离应小于内孔的半径。扩孔刀的后角应比外圆车刀稍大，一般为10°～20°
切断刀和切槽刀		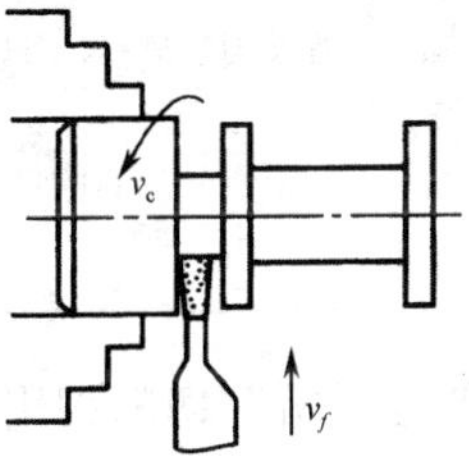	专门用于切断工件或切窄槽。切断刀和切槽刀结构形式相同，不同点在于：切断刀的刀头伸出较长（一般大于工件5mm），且宽度很小（一般为2～6mm），因此，切断刀狭长，刚性差；切槽刀刀头伸出长度和宽度取决于所加工工件上槽的深度和宽度
螺纹车刀		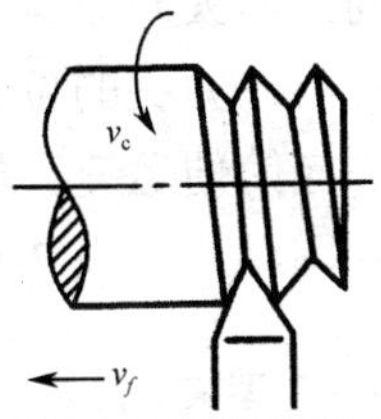	螺纹按牙形有三角形、方形和梯形等，使用的螺纹车刀有三角形螺纹车刀、方形螺纹车刀和梯形螺纹车刀等。螺纹的种类很多，其中以三角形螺纹应用最广。采用三角形螺纹车刀车削公制螺纹时，其刀尖角必须为60°，前角取0

二、车刀结构及适用场合

车刀按其结构又可分为四种形式，即整体式车刀、焊接式车刀、机夹式车刀和可转位式车刀，如表3-3所示。

表 3-3 车刀结构及适用场合

车刀结构	示意图	说明
整体式车刀		整体式车刀用整体高速钢制造，刃口可磨得较锋利，刀杆截面大都为正方形或矩形，使用时其刀刃和切削角度可根据不同用途进行修磨，主要用于成形车刀和螺纹车刀
焊接式车刀		硬质合金焊接车刀是将硬质合金刀片用铜或其他焊料将刀片钎焊在普通碳钢（通常为 45 钢、55 钢）刀杆上，再经刃磨而成，结构紧凑，使用灵活，用于各类车刀特别是小刀具
机夹式车刀	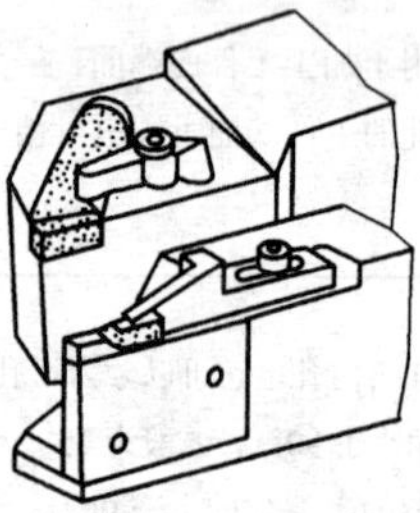	机夹式车刀是将标准硬质合金刀片用机械夹固的方法安装在刀杆上。 刀片夹固方法可分为上压式和侧压式两种。机夹式车刀避免了焊接产生的应力、裂纹等缺陷，刀杆利用率高。刀片可集中刃磨获得所需参数，使用灵活方便，用于外圆、端面、镗孔、切断、螺纹车刀等
可转位式车刀	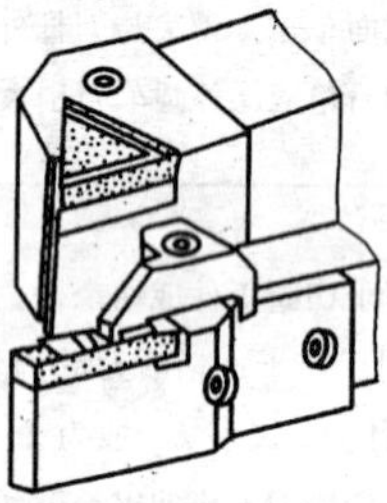	可转位式车刀是利用可转位刀片以实现不重磨快换刀刃的机械夹固式车刀，通常由刀杆、刀片、刀垫和夹固元件组成，避免了焊接刀的缺点。刀片可快换转位，生产率高，断屑稳定，可使用涂层刀片，应用广泛，特别适用于自动线、数控机床、大中型车床加工外圆、端面、镗孔等

可转位式车刀因要通过刀片转位来更换切削刃或所有切削刃用钝后更换新刀片，因此刀片的夹固结构与其他机夹车刀的夹固结构有所不同，其夹固结构除要求夹固可靠、结构简单外，还需满足定位精度高，即刀片转位或更换刀片后，刀尖的位置变化应在工件精度允许的范围内；操作简便，即刀片转位或更换刀片时操作应简便迅速；排屑流畅，即夹固元件不应妨碍切屑的流出的要求。可转位式车刀刀片典型夹固结构如表 3-4 所示。

表 3-4 可转位式车刀刀片典型夹固形式

形式	结构简图	结构特点
上压式	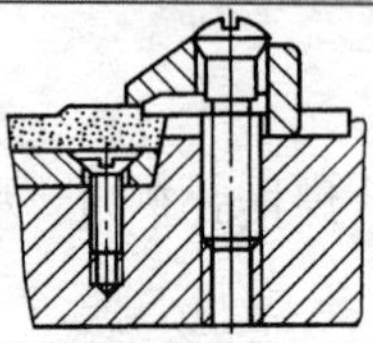	利用桥形压板或鹰爪形压板通过螺钉从上面将刀片夹紧，结构简单，夹紧可靠，定位精度高，但压板会妨碍切屑的流出，主要用于不带孔的刀片夹紧

续表

形式	结构简图	结构特点
楔块式	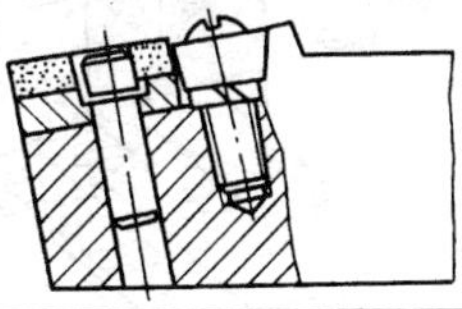	利用圆柱销定位，通过螺钉将楔块下压使楔块侧面将刀片压紧，结构简单，夹紧可靠，但定位精度较低
偏心式	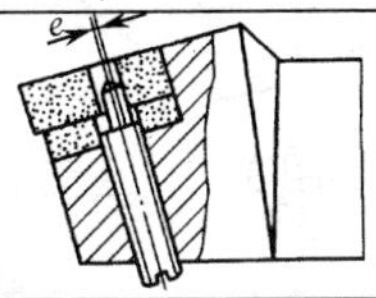	利用螺钉上端的偏心销将刀片夹紧，结构简单，装卸方便，切屑流出顺畅，但定位精度不高，夹紧力较小，适于中、小机床上的连续平稳切削
杠杆式	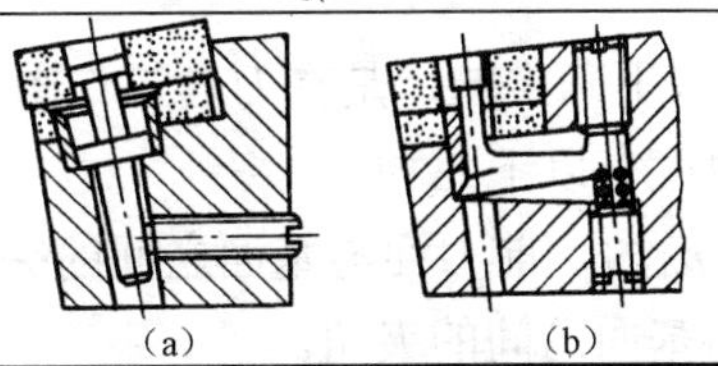 (a) (b)	利用侧面螺钉使杠销以中部的鼓形柱面为支点倾斜，从而使杠销上端的鼓形柱面将刀片向刀槽定位面夹紧，刀片装卸简单，使用方便，夹紧力大，定位精度较高，但制造较为复杂

三、刀具几何参数的合理选择

1. 刀具几何角度

刀具几何角度是确定刀具切削部分几何形状的重要参数，它的变化直接影响金属加工的质量。本节主要介绍反映了各种刀具基本形态的车刀几何角度，另外也对铣刀作了介绍。

（1）刀具基本概念

如图3-12所示，刀具切削部分主要由以下几个部分组成。

前刀面 A_γ——切屑沿其流出的表面。

主后刀面 A_α——与过渡表面相对的面。

副后刀面 A'_α——与已加工表面相对的面。

主切削刃——前刀面与主后刀面相交形成的刀刃。

副切削刃——前刀面与副后刀面相交形成的刀刃。

刀具的几何角度是在一定的平面参考系中确定的，一般有正交平面参考系、法平面参考系和假定工作平面参考系。如图3-13所示采用的是正交平面参考系，各参考面如下所述。

基面 p_r——过切削刃选定点平行或垂直刀具安装面（或轴线）的平面。

切削平面 p_s——过切削刃选定点与切削刃相切并垂直于基面的平面。

正交平面 p_o——过切削刃选定点同时垂直于切削平面和基面的平面。

对于法平面参考系，则由 p_r、p_s、p_n 三平面组成，各参考面如下所述。

法平面 p_n——过切削刃选定点并垂直于切削刃的平面。

对于假定工作平面参考系，则由 p_r、p_f、p_p 三平面组成，各参考面如下所述。

假定工作平面 p_f——过切削刃选定点平行于假设进给运动方向并垂直于基面的平面。

背平面 p_p——过切削刃选定点和假定工作平面与基面都垂直的平面。

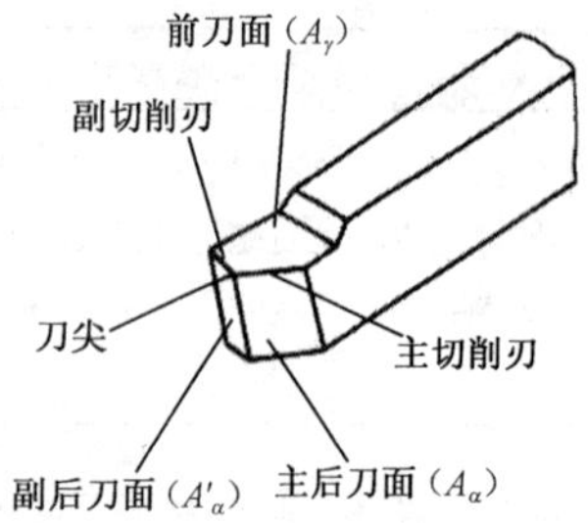

图 3-12 车刀的切削部分

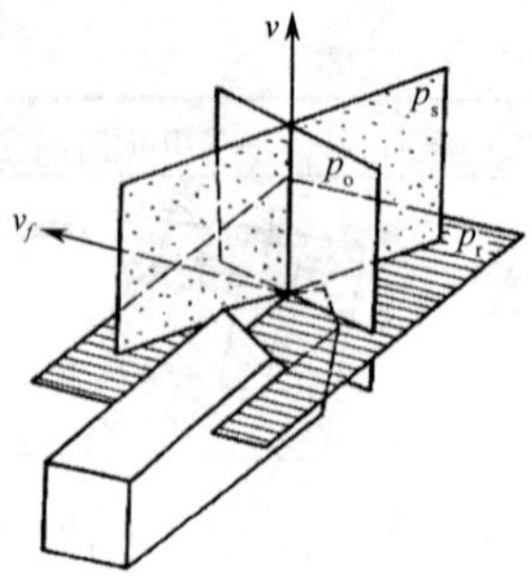

图 3-13 正交平面参考系

（2）刀具的标注角度

这里所讲刀具几何角度是在正交平面参考系下确定的，是在刀具工作图上标注的角度，也称标注角度，如图 3-14 所示，车刀各标注角度有以下几种。

前角 γ_o——在主切削刃选定点的正交平面 p_o 内，前刀面与基面之间的夹角。

后角 α_o——在正交平面 p_o 内，主后刀面与基面之间的夹角。

主偏角 κ_r——主切削刃在基面上的投影与进给方向的夹角。

刃倾角 λ_s——在切削平面 p_s 内，主切削刃与基面 p_r 的夹角。

以上四角中，前角 γ_o 与后角 α_o 分别是确定前刀面与后刀面方位的角度，而主偏角 κ_r 与刃倾角 λ_s 是确定主切削刃方位的角度。和以上四个角度相对应，又可定义确定副后刀面和副切削刃的以下四角：副前角 γ_o'、副后角 α_o'、副偏角 κ_r'、副倾角 λ_s'。

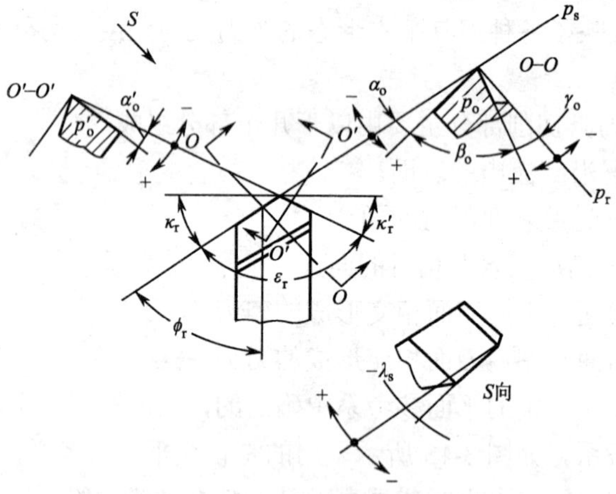

图 3-14 车削刀具几何角度

（3）刀具的工作角度

刀具在工作状态下的切削角度称为刀具的工作角度。刀具的工作角度是在刀具工作参考系下确定的。工作正交参考系下的参考平面有以下几种。

工作基面 p_{re}——过切削刃选定点与合成切削速度 v_e 垂直的平面。

工作切削平面 p_{se}——过切削刃选定点与切削刃相切并垂直于工作基面的平面。

工作正交平面 p_{oe}——过切削刃选定点并与工作基面和工作正交面都垂直的平面。

和标注角度类似，在其他参考系下也定义了相应的参考平面，如法平面参考系下的 p_{re}、

p_{se}、p_{ne}；工作平面参考系下的 p_{re}、p_{fe}、p_{pe}；同样也定义了与标注角度相对应的工作角度 γ_{oe}、α_{oe}、κ_{re}、λ_{se}、γ_{fe}、α_{fe} 等。

刀具的安装位置与进给运动都会影响刀具工作角度。

1）刀刃安装高低对工作前、后角的影响

如图 3-15 所示，当切削点高于工件中心时，此时工作基面与工作切削面与正常位置相应的平面成 θ 角，由图可以看出，此时工作前角增大 θ 角，而工作后角减小 θ 角，即

$$\sin\theta=2h/d$$

如刀尖低于工件中心，则工作角度变化与之相反。内孔镗削时与加工外表面情况相反。

2）导杆中心与进给方向不垂直对工作主、副偏角的影响

如图 3-16 所示，当刀杆中心与正常位置偏 θ 角时，刀具标注工作角度的假定工作平面与现工作平面 p_{fe} 成 θ 角，因而工作主偏角 κ_{re} 增大（或减小），工作副偏角 κ_{re}' 减小（或增大），角度变化值为 θ 角，有

$$\kappa_{re}=\kappa_r\pm\theta \qquad \kappa_{re}'=\kappa_r\pm\theta$$

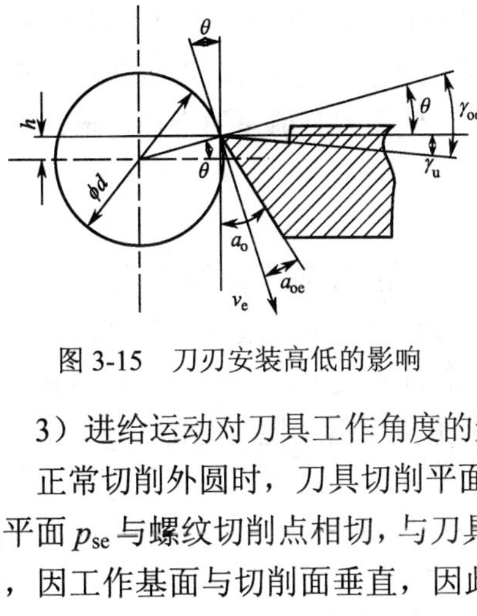

图 3-15 刀刃安装高低的影响

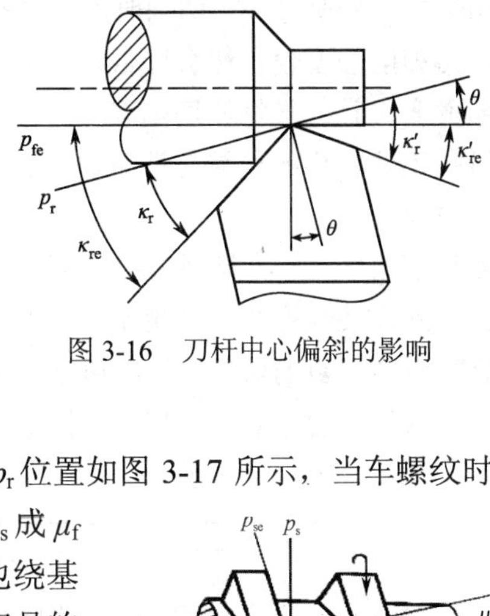

图 3-16 刀杆中心偏斜的影响

3）进给运动对刀具工作角度的影响

正常切削外圆时，刀具切削平面 p_s 与基面 p_r 位置如图 3-17 所示，当车螺纹时，工作切削平面 p_{se} 与螺纹切削点相切，与刀具切削平面 p_s 成 μ_f 角，因工作基面与切削面垂直，因此工作基面也绕基面旋转 μ_f 角。从图可以看到，在正交平面内，刀具的工作角度为

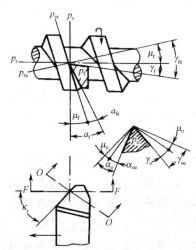

$$\gamma_{oe}=\gamma_o+\mu_o \qquad \alpha_{oe}=\alpha_o-\mu_o$$

$$\tan\mu_f=f/\pi d_w$$

$$\tan\mu_o=\tan\mu_f\sin\kappa_r=f\sin\kappa_r/\pi d_w$$

式中 f——纵向进给量，对单头螺纹 f 为螺距；

d_w——工件直径即螺纹外径。

由上式右螺纹的车削可看出，刀具工作前角增大，工作后角减小；如车左螺纹，则与之相反。同时，可知当进给量 f 较小时，纵向进给对刀具工作角度的影响可忽略，因此在一般的外圆车削中，因进给量小，常不考虑其对工作角度的影响。

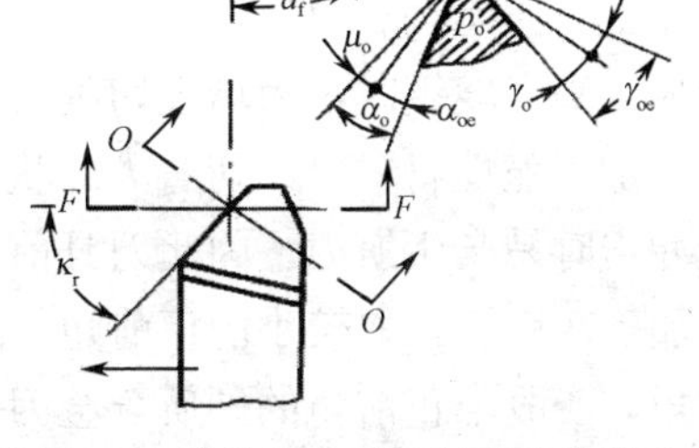

图 3-17 进给运动对刀具角度的影响

2. 刀具几何参数的合理选择

刀具几何参数的合理选择是指在保证加工质量的前提下，选择能提高切削效率，降低生产成本，获得最高刀具耐用度的刀具几何参数。

刀具几何参数包括刀具几何角度（如前角、后角、主偏角等）、刀面形式（如平面前刀面、倒棱前刀面等）和切削刃形状（直线形、圆弧形）等。

选择刀具考虑的因素很多，主要有工件材料、刀具材料、切削用量、工艺系统刚性等工艺条件及机床功率等。

（1）前角和前刀面形状的选择

1）前角的选择

刀具前角是一个重要的刀具几何参数。在选择刀具前角时，首先应保证刀刃锋利，同时也要兼顾刀刃的强度与耐用度。但两者又是相互矛盾的，需要根据生产现场的条件，考虑各种因素，以达到一个平衡点。

刀具前角增大，刀刃变锋利，可以减小切削的变形，减小切屑流出刀前面的摩擦阻力，从而减小切削力和切削功率，切削时产生的热量也减小，提高刀具耐用度。但由于刀刃锋利，楔角过小，刀刃的强度也自然会降低。而且，刀具前角增大到一定程度时，刀头散热体积减小，这种因素变大时，又将使切削温度升高，刀具耐用度降低。刀具前角的合理选择，主要由刀具材料和工件材料的种类与性质决定。

①刀具材料。

由于刀具前角增大，将降低刀刃强度，因此在选择刀具前角时，应考虑刀具材料的性质。刀具材料的不同，其强度和韧性也不同，强度和韧性大的刀具材料可以选择大的前角，而脆性大的刀具甚至会取负的前角。如高速钢前角可比硬质合金刀具大 5°～10°；陶瓷刀具，前角常取负值，其值一般在 0°～−15°。图 3-18 所示为不同刀具材料韧性的变化。

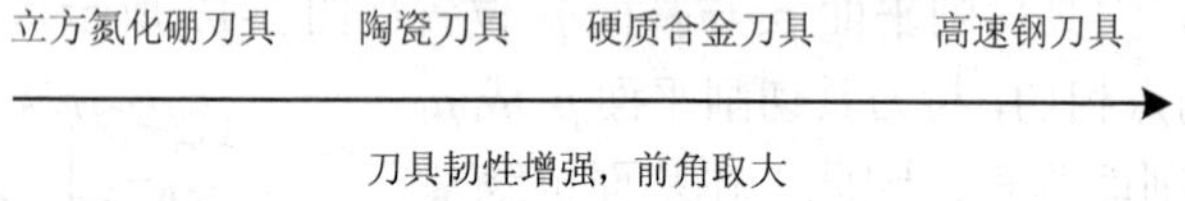

图 3-18　不同刀具材料韧性的变化

②工件材料。

工件材料的性质也是前角选择考虑的因素之一。加工钢件等塑性材料时，切屑沿前刀面流出时和前刀面接触长度长，压力与摩擦较大，为减小变形和摩擦，一般采用选择大的前角。如加工铝合金取 γ_o=25°～35°，加工低碳钢取 γ_o=20°～25°，正火高碳钢取 γ_o=10°～15°，当加工高强度钢时，为增强切削刃，前角取负值。

加工脆性材料时，切屑为碎状，切屑与前刀面接触短，切削力主要集中在切削刃附近，受冲击时易产生崩刃，因此刀具前角相对塑性材料取得小些或取负值，以提高刀刃的强度。如加工灰铸铁，取较小的正前角。加工淬火钢或冷硬铸铁等高硬度的难加工材料时，宜取负前角。一般用正前角的硬质合金刀具加工淬火钢时，刚开始切削就会发生崩刃。

③加工条件。

刀具前角选择与加工条件也有关系。粗加工时，因加工余量大，切削力大，一般取较小的前角；精加工时，宜取较大的前角，以减小工件变形与表面粗糙度；带有冲击性的断续切削比连续切削前角取得小。机床工艺系统好，功率大，可以取较大的前角。但用数控机床加工时，为使切削性能稳定，宜取较小的前角。

④其他刀具参数。

前角的选择还与刀具其他参数和刀面形状有关系，特别是与刃倾角有关。例如，负倒棱（见图 3-19（b）中角度 γ_{o1}）的刀具可以取较大的前角。大前角的刀具常与负刃倾角相匹配以保证切削刃的强度与抗冲击能力。一些先进的刀具就是针对某种加工条件改进而设计的。

总之，前角选择的原则是在满足刀具耐用度的前提下，尽量选择较大前角。

刀具的合理前角参考值如表 3-5 和表 3-6 所示。

表 3-5　硬质合金刀具合理前角参考值

工件材料		合理前角（°）	工件材料		合理前角（°）
碳钢 σ_b/GPa	≤0.445	20～25	不锈钢	奥氏体	15～30
	≤0.558	15～20			
	≤0.784	12～15		马氏体	15～-5
	≤0.98	5～10	淬硬钢	≥HRC40	-5～-10
40Cr	正火	13～18		≥HRC50	-10～-15
	调质	10～15			
灰铸铁	≤HBS220	10～15	高强度钢		8～-10
	＞HBS200	5～10	钛及钛合金		5～15
铜	纯铜	25～35	变形高温合金		5～15
	黄铜	15～35	铸造高温合金		0～10
	青铜（脆黄铜）	5～15	高锰钢		8～-5
铝及铝合金		25～35	铬锰钢		-2～-5
软橡胶		50～60			

2）前刀面形状、刃区形状及其参数的选择

①前刀面形状。

前刀面形状的合理选择，对防止刀具崩刃、提高刀具耐用度和切削效率、降低生产成本都有重要意义。图 3-19 所示为几种前刀面形状及刃区剖面形式。

● 正前角锋刃平面型（见图 3-19（a））。

特点是刃口较锋利，但强度差，γ_o 不能太大，不易折屑。主要用于高速钢刀具，精加工铸铁、青铜等脆性材料。

表 3-6　不同刀具材料加工钢时的前角

刀具材料 / σ_b(GPa)	高速钢	硬质合金	陶瓷
≤0.784	25°	12°～15°	10°
＞0.784	20°	10°	5°

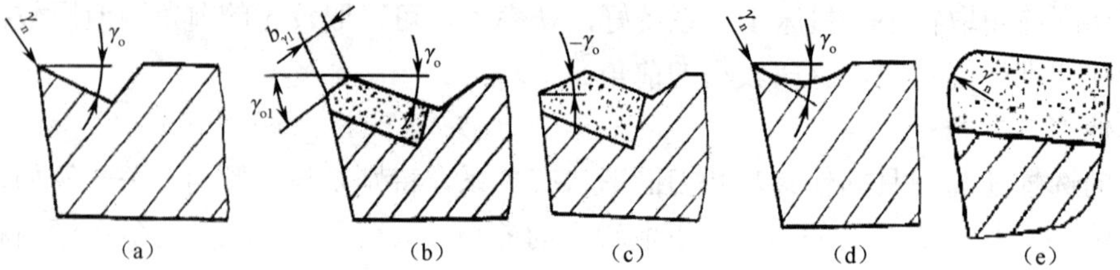

图 3-19　前刀面形状及刃区剖面形式

（a）正前角锋刃平面型；（b）带倒棱的正前角平面型；（c）负前角平面型；（d）曲面型；（e）钝圆切削刃型

- 带倒棱的正前角平面型（见图 3-18（b））。

特点是切削刃强度及抗冲击能力强，同样条件下可以采用较大的前角，提高了刀具耐用度。主要用于硬质合金刀具、陶瓷刀具和加工铸铁等脆性材料。

- 负前角平面型（见图 3-19（c））。

特点是切削刃强度较好，但刀刃较钝，切削变形大。主要用于硬脆刀具材料，加工高强度高硬度材料，如淬火钢。

图示类型负前角后部加有正前角，有利于切屑流出，许多刀具并无此角，只有负角。

- 曲面型（见图 3-19（d））。

特点是有利于排屑、卷屑和断屑，而且前角较大，切削变形小，所受切削力也较小。

- 钝圆切削刃型（见图 3-19（e））。

特点是切削刃强度和抗冲击能力增加，具有一定的消振作用。适用于陶瓷等脆性材料。

②刃区形状。

从以上可以看出，为了提高刀具性能，一些前刀面与倒棱和刃部形状相结合。

倒棱是提高刀刃强度的有效措施。由图 3-19 可以看出，倒棱是沿切削刃研磨出很窄的负前角棱面。当倒棱选择合理时，棱面将形成滞留金属三角区。切屑仍沿正前角面流出，切削力增大不明显，而切削刃加强并受到三角区滞留金属的保护，同时散热条件改善，刀具寿命明显提高。特别对于硬质合金和陶瓷等脆性刀具，粗加工时，效果更显著，可提高刀具耐用度 1～5 倍。另外，倒棱也使切削力的方向发生变化，在一定程度上改善刀片的受力状况，减小对切削刃产生的弯曲应力分量，从而提高刀具耐用度。

倒棱参数的最佳值与进给量有密切关系。通常取 $b_{\gamma1}$=0.2～1mm 或 $b_{\gamma1}$=(0.3～0.8)f。粗加工时取大值，精加工时取小值。加工低碳钢、灰铸铁、不锈钢时，$b_{\gamma1} \leqslant 0.5f$，$\gamma_{o1}$=−5°～−10°。加工硬皮的锻件或铸钢件时，在机床刚度与功率允许的情况下，倒棱负角可减小到−30°，高速钢倒棱前角 γ_{o1}=0°～5°，硬质合金刀具 γ_{o1}=−5°～−10°。冲击比较大，负倒棱宽度可取 $b_{\gamma1}$=(1.5～2)f。

对于进给量很小（$f \leqslant 0.2$mm/r）的精加工刀具，为使切削刃锋利和减小刀刃钝圆半径，一般不磨倒棱。加工铸铁、铜合金等脆性材料的刀具，一般也不磨倒棱。

钝圆切削刃是在负倒棱的基础上进一步修磨而成，或直接钝化处理而成的。切削刃钝圆半径比锋刃增大了一定的值，在切削刃强度方面获得了与负倒棱一样的效果，但比负倒棱更有利于消除刃区微小裂纹，使刀具获得较高耐用度。而且刃部钝圆对加工表面有一定的整轧和消振作用，有利于提高加工表面质量。

钝圆半径r_n有小型（r_n=0.025～0.05mm）、中型（r_n=0.05～0.1mm）和大型（r_n=0.1～0.15mm）三种。需要根据刀具材料、工件材料和切削条件三方面选择。

刀具材料强度和韧性影响钝圆半径选择。高速钢刀具一般采用正前角锋刃或小型切削刃，陶瓷刀片一般要求负倒棱且带大型钝圆切削刃。WC 基硬质合金刀具一般采用中型钝圆刀刃。TiC 基硬质合金刀具在中型与大型之间选择。

工件材料的性质也影响钝圆半径的选择。易切削金属的加工，一般采用锋刃或小型钝圆半径；切削灰铸铁和球墨铸铁等材质分布不均而容易产生冲击的加工材料，通常采用中型钝圆半径刀具加工；切削高硬度合金材料，一般采用中型或大型钝圆半径刀具加工。

3. 后角及形状的选择

（1）后角的选择

后角的主要作用是减小刀具后刀面与加工表面的摩擦，当前角固定时，后角的增大与减小能增大和减小刀刃的锋利程度，改变刀刃的散热，从而影响刀具的耐用度。

后角的选择主要考虑因素是切削厚度和切削条件。

1）切削厚度

试验表明，合理的后角值与切削厚度有密切关系。当切削厚度h_D（和进给量f）较小时，切削刃要求锋利，因而后角α_o应取大些，如高速钢立铣刀，每齿进给量很小，后角取到16°。车刀后角的变化范围比前角小，粗车时，切削厚度h_D较大，为保证切削刃强度，取较小后角，α_o=4°～8°；精车时，为保证加工表面质量，α_o=8°～12°。车刀合理后角在$f \leqslant$0.25mm/r时，可选α_o=10°～12°；在$f >$0.25mm/r 时，α_o=5°～8°。

2）工件材料

工件材料强度或硬度较高时，为加强切削刃，一般采用较小后角。对于塑性较大材料，已加工表面易产生加工硬化时，或者后刀面摩擦对刀具磨损和加工表面质量影响较大时，一般取较大后角。如加工高温合金时，α_o=10°～15°。

选择后角的原则是，在不产生摩擦的条件下，应适当减小后角。

（2）后面形状的选择

为减少刃磨后面的工作量，提高刃磨质量，在硬质合金刀具和陶瓷刀具上通常把后面做成双重后面，如图 3-20（a）所示。沿主切削刃和副切削刃磨出的窄棱面称为刃带。对定尺寸刀具磨出刃带的作用是为制造刃磨刀具时有利于控制和保持尺寸精度，同时在切削时提高切削的平稳性和减小振动。一般刃带宽在b_{a1}=0.1～0.3mm，超过一定值将增大摩擦，降低表面加工质量。当工艺系统刚性较差，容易出现振动时，可以在车刀后面磨出b_{a1}=0.1～0.3mm，α_o=−5°～−10°的消振棱，如图 3-20（b）所示。

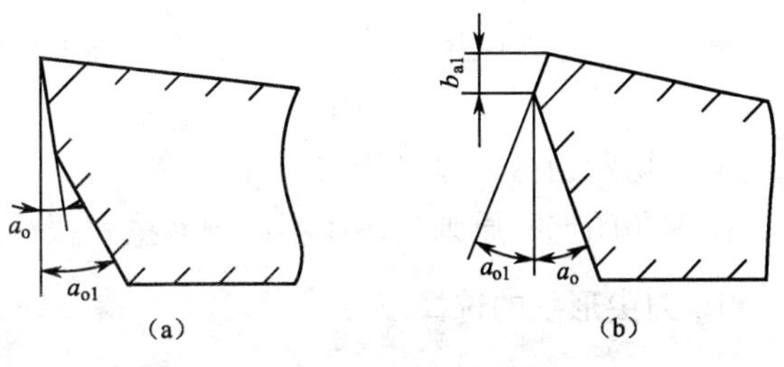

图 3-20 后面形状

（a）双重后面；（b）负后角刃带消振

4. 主偏角、副偏角的选择

（1）主偏角的选择

主偏角的选择对刀具耐用度影响很大。因为根据切削层参数内容可知，在背吃刀量 a_p 与进给量 f 不变时，主偏角 κ_r 减小将使切削厚度 h_D 减小，切削宽度 b_D 增加，参加切削的切削刃长度也相应增加切削宽度 b_D，切削刃单位长度上的受力减小，散热条件也得到改善。而且，主偏角 κ_r 减小时，刀尖角增大，刀尖强度提高，刀尖散热体积增大，所以，主偏角 κ_r 减小，能提高刀具耐用度。但主偏角的减小也会产生不良影响。因为根据切削力分析可以得知，主偏角 κ_r 减小，将使背向力 F_p 增大，从而使切削时产生的挠度增大，降低加工精度。同时背向力的增大将引起振动，因此对刀具耐用度和加工精度产生不利影响。

由上述分析可知，主偏角 κ_r 的增大或减小对切削加工既有有利的一面，也有不利的一面，在选择时应综合考虑。其主要选择原则有以下几点。

①工艺系统刚性较好时（工件长径比 $L_w/d_w<6$），主偏角 κ_r 可以取小值。例如，当在刚度好的机床上加工冷硬铸铁等高硬度高强度材料时，为减轻刀刃负荷，增加刀尖强度，提高刀具耐用度，一般取比较小的值，$\kappa_r=10°\sim30°$。

②工艺系统刚性较差时（工件长径比 $L_w/d_w=6\sim12$）或带有冲击性的切削，主偏角 κ_r 可以取大值，一般 $\kappa_r=60°\sim75°$，甚至主偏角 κ_r 可以大于 90°，以避免加工时振动。硬质合金刀具车刀的主偏角多为 60°～75°。

③根据工件加工要求选择。当车阶梯轴时，$\kappa_r=90°$；同一把刀具加工外圆、端面和倒角时，$\kappa_r=45°$。

（2）副偏角的选择

副偏角 κ_r' 的大小将对刀具耐用度和加工表面粗糙度产生影响。副偏角的减小，可降低残留物面积的高度，提高理论表面粗糙度值，同时刀尖强度增大，散热面积增大，提高刀具耐用度。但副偏角太小又会使刀具副后刀面与工件产生摩擦，使刀具耐用度降低，另外还会引起加工中振动。

因此，副偏角的选择也需综合各种因素。

- 工艺系统刚性好时，加工高强度高硬度材料，一般 $\kappa_r'=5°\sim10°$；加工外圆及端面，$\kappa_r'=45°$。
- 工艺系统刚度较差时，粗加工、强力切削时，$\kappa_r'=10°\sim15°$；车台阶轴、细长轴、薄壁件，$\kappa_r'=5°\sim10°$。
- 切断切槽，$\kappa_r'=1°\sim2°$。

副偏角的选择原则是，在不影响摩擦和振动的条件下，应选择较小的副偏角。

5. 刀尖形状的选择

主切削刃与负切削刃连接的地方称为刀尖。该处是刀具强度和散热条件都很差的地方。切削过程中，刀尖切削温度较高，非常容易磨损，因此增强刀尖，可以提高刀具耐用度。刀尖对已加工表面粗糙度有很大影响。

通过前面讲述的主偏角与副偏角的选择可知，主偏角 κ_r 和副偏角 κ_r' 的减小，都可以增强刀尖强度，但同时也增大了背向力 F_p，使得工件变形增大并引起振动。但如在主、副切削刃之间磨出倒角刀尖。则既可增大刀尖角，又不会使背向力 F_p 增加多少，如图 3-21（a）所示。

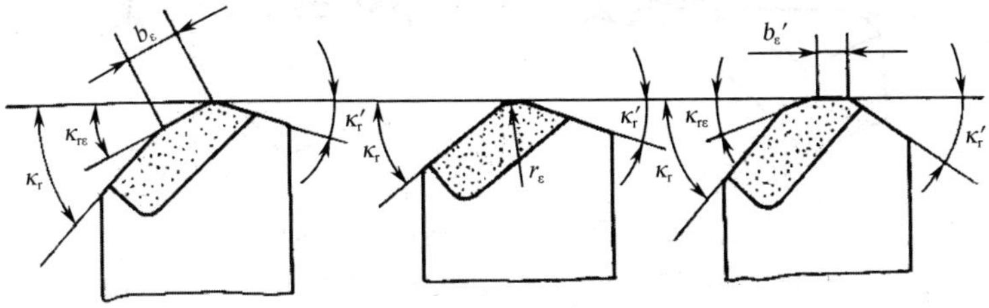

（a）　　（b）　　（c）

图 3-21　刀具的过渡刃

（a）倒角刃；（b）圆弧刃；（c）修光刃

倒角刀尖的偏角一般取 $\kappa_{r\varepsilon}=\frac{1}{2}\kappa_r$，$b_\varepsilon=(\frac{1}{5}\sim\frac{1}{4})a_p$。刀尖也可修成圆弧状，如图 3-21（b）所示。对于硬质合金车刀和陶瓷车刀，一般 r_ε=0.5～1.5mm；对高速钢刀具，r_ε=1～3mm。增大 r_ε，刀具的磨损和破损都可减小，不过，此时背向力 F_p 也会增大，容易引起振动。考虑到脆性大的刀具对振动敏感因素，一般硬质合金刀具和陶瓷刀具的刀尖圆弧半径 r_ε 值较小；精加工 r_ε 选择比粗加工小。精加工时，还可修磨出 $\kappa_{r\varepsilon}$=0、宽度 $b_\varepsilon'=(1.2\sim1.5)f$ 与进给方向平行的修光刃，切除掉残留面积，如图 3-21（c）所示。这种修光刃能在进给量较大时，还能获得较高的表面加工质量。如用阶梯端铣刀精铣平面时，采用 1～2 个带修光刃的刀齿，既可简化刀齿调整，又可提高加工效率和加工表面质量。

6. 刃倾角的选择

刃倾角 λ_s 是在主切削平面 p_s 内，主切削刃与基面 p_r 的夹角。因此，主切削刃的变化，能控制切屑的流向。当 λ_s 为负值时，切屑将流向已加工表面，并形成长螺卷屑，容易损害加工表面。但切屑流向机床尾座，不会对操作者产生大的影响，如图 3-22（a）所示。例如，当 λ_s 为正值时，切屑将流向机床床头箱，影响操作者工作，并容易缠绕机床的转动部件，影响机床的正常运行，如图 3-22（b）所示。但精车时，为避免切屑擦伤工件表面，λ_s 可采用正值。另外，刃倾角 λ_s 的变化能影响刀尖的强度和抗冲击性能。当 λ_s 取负值时，刀尖在切削刃最低点，切削刃切入工件时，切入点在切削刃或前刀面，保护刀尖免受冲击，增强刀尖强度。所以，一般大前角刀具通常选用负的刃倾角，既可以增强刀尖强度，又可避免刀尖切入时产生的冲击。

车削刃倾角主要根据刀尖强度和流屑方向来选择，其合理数值如表 3-7 所示。

表 3-7　车削刃倾角合理参考值

适用范围	精车细长轴	精车有色金属	粗车一般钢和铸铁	粗车余量不均、淬硬钢等	冲击较大的断续车削	大刃倾角薄切屑
λ_s 值	0°～5°	5°～10°	0°～-5°	-5°～-10°	-5°～-15°	45°～75°

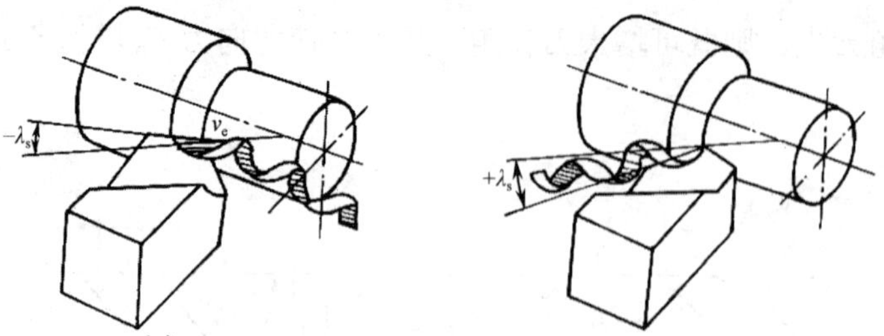

（a）　　　　　　　　　　　　　　（b）

图 3-22　刃倾角对切屑流向的影响

（a）$-\lambda_s$ 切屑流向已加工表面方向；（b）$+\lambda_s$ 切屑流向待加工表面方向

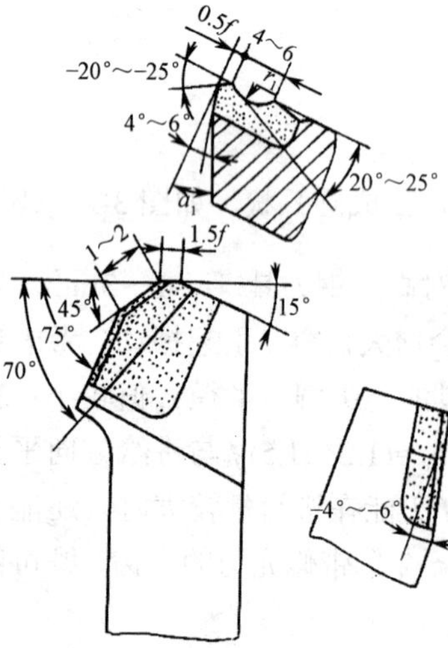

图 3-23　75° 大切深强力车刀

以上各种刀具参数的选择原则只是单独针对该参数而言，必须注意的是，刀具各个几何角度之间是互相联系互相影响的。在生产过程中，应根据加工条件和加工要求，综合考虑各种因素，合理选择刀具几何参数。如在加工硬度较高的工件材料时，为增加切削刃强度，一般取较小后角，但加工淬硬钢等特硬材料时，常常采用负前角，但楔角较大，如适当增加后角，则既有利于切削刃切入工件，又可提高刀具耐用度。以下一例详细讲解了某刀具各种刀具参数的选用。

工作任务如图 3-23 所示 75° 大切深强力车刀，刀具材料 YT15，一般用于中等刚性车床上，加工热轧和锻制的中碳钢。切削用量为背吃刀量 a_p=15～20mm，进给量 f= 0.25～0.4mm/r。试对该刀具的刀具几何参数进行分析。

此刀具主要几何参数及作用如下。

①取较大前角，γ_o=20°～25°，能减小切削变形，减小切削力和切削温度。主切削刃采用负倒棱，b_{r1}=0.5 f，γ_{o1}=−20°～−25°，可提高切削刃强度，改善散热条件。

②后角值较小，α_o=4°～6°，而且磨制成双重后角，主要是为提高刀具强度，提高刀具的刃磨效率和允许刃磨次数。

③主偏角较大，κ_r=70°，副偏角也较大，κ_r'=15°，以降低切削力 F_c 和背向力 F_p，避免产生振动。

模块四　选用切削用量

切削用量是切削加工过程中切削速度、进给量和背吃刀量的总称。切削用量的选择，对加工效率、加工成本和加工质量都有重大的影响。切削用量的选择需要考虑机床、刀具、工件材料和工艺等多种因素。

一、切削用量

切削用量是表示主运动及进给运动大小的参数，是背吃刀量、进给量和切削速度三者的总称。

1. 背吃刀量 a_p

工件上已加工表面和待加工表面间的垂直距离称为背吃刀量，如图 3-24 中的尺寸 a_p。背吃刀量也是每次进给时车刀切入工件的深度，又称切削深度。车外圆时，背吃刀量可用下式计算：

$$a_p = \frac{d_w - d_m}{2}$$

式中 a_p——背吃刀量（mm）；

d_w——工件待加工表面直径（mm）；

d_m——工件已加工表面直径（m）。

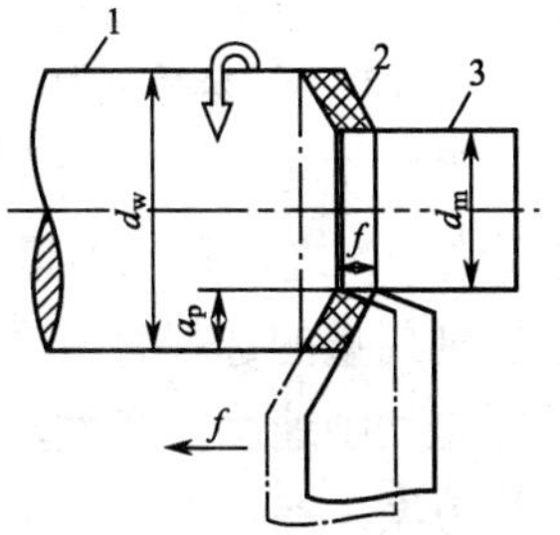

图 3-24 背吃刀量和进给量

1—待加工表面；2—过渡表面；3—已加工表面

2. 进给量 f

工件每转一周，车刀沿进给方向移动的距离称为进给量，如图 3-25 中的纵进给量 f，单位为 mm/r。

根据进给方向的不同，进给量又分为纵进给量和横进给量，如图 3-25 所示。纵进给量是指沿车床床身导轨方向的进给量，横进给量是指垂直于车床床身导轨方向的进给量。

3. 切削速度 v_c

车削时，刀具切削刃上某选定点相对于待加工表面在主运动方向上的瞬时速度，称为切削速度。切削速度也可理解为车刀在 1min 内车削工件表面的理论展开直线长度（假设切屑没有变形或收缩），如图 3-26 所示，单位为 m/min。

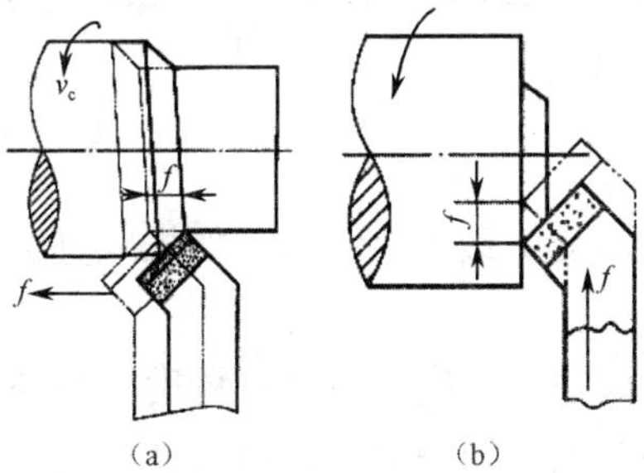

图 3-25 纵、横进给量

（a）纵向进给量；（b）横向进给量

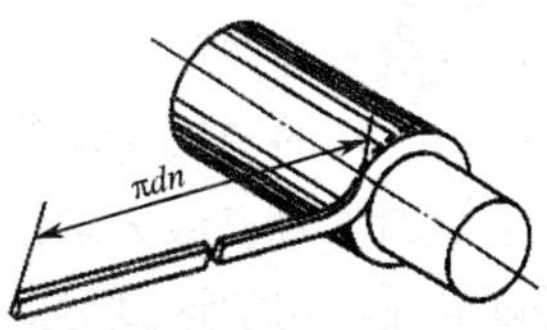

图 3-26 切削速度示意图

在实际生产中，往往是已加工直径，根据工件材料、刀具材料和加工要求等因素选定切削速度，再将切削速度换算成车床主轴转速，以便调整车床，计算公式转换为

$$n = \frac{1000 v_c}{\pi d}$$

式中　v_c——切削速度（m/min）；

d——工件（或刀具）的直径，一般取最大直径（mm）；

n——车床主轴转速（r/min）。

二、切削用量的选择原则和方法

合理的切削用量是指充分利用机床和刀具的性能，并在保证加工质量的前提下，获得高的生产率与低加工成本的切削用量。在切削生产率方面，在不考虑辅助工时情况下，有生产率公式 $P=A_0 vfa_p$，其中 A_0 为与工件尺寸有关的系数，从中可以看出，切削用量三要素 v、f 和 a_p 任何一个参数增加一倍，生产率均相应提高一倍。但从刀具寿命与切削用量三要素之间的关系式 $T=C_T/(v^{1/m}f^{1/n}a_p^{1/p})$ 来看，当刀具寿命一定时，切削速度 v 对生产率影响最大，进给量 f 次之，背吃刀量 a_p 最小。因此，在刀具耐用度一定时，从提高生产率角度考虑，对于切削用量的选择有一个总的原则：首先选择尽量大的背吃刀量；其次选择最大的进给量；最后是切削速度。当然，切削用量的选择还要考虑各种因素，最后才能得出一种比较合理的最终方案。

以下对切削用量三要素选择方法分别论述。

1. 背吃刀量的选择

背吃刀量的选择根据加工余量来确定。切削加工一般分为粗加工、半精加工和精加工几道工序，各工序有不同的选择方法。

粗加工时（表面粗糙度 Ra50～12.5μm），在允许的条件下，尽量一次切除该工序的全部余量。中等功率机床，背吃刀量可达 8～10mm。但对于加工余量大，一次走刀会造成机床功率或刀具强度不够；或加工余量不均匀，引起振动；或刀具受冲击严重出现打刀这几种情况，需要采用多次走刀。如分两次走刀，则第一次背吃刀量尽量取大，一般为加工余量的 2/3～3/4；第二次背吃刀量尽量取小些，第二次背吃刀量可取加工余量的 1/3～1/4。

半精加工时（表面粗糙度 Ra6.3～3.2μm），背吃刀量一般为 0.5～2mm。精加工时（表面粗糙度 Ra1.6～0.8μm），背吃刀量为 0.1～0.4mm。

2. 进给量的选择

粗加工时，进给量主要考虑工艺系统所能承受的最大进给量，如机床进给机构的强度、刀具强度与刚度、工件的装夹刚度等。

精加工和半精加工时，最大进给量主要考虑加工精度和表面粗糙度。另外还要考虑工件材料、刀尖圆弧半径、切削速度等。如当刀尖圆弧半径增大、切削速度提高时，可以选择较大的进给量。

在生产实际中，进给量常根据经验选择。粗加工时，根据工件材料、车刀导杆直径、工件直径和背吃刀量按表 3-8 进行选择，表中数据是经验所得，其中包含了导杆的强度和刚度、工件的刚度等工艺系统因素。如从表可以看到，在背吃刀量一定时，进给量随着导杆尺寸和工件尺寸的增大而增大。加工铸铁时，切削力比加工钢件时小，所以铸铁可以选择较大的进给量。精加工与半精加工时，可根据加工表面粗糙度要求按表选择，同时考虑切削速度和刀尖圆弧半径因素，如表 3-9 所示。有些情况下，还要对所选进给量参数进行强度校核，最后根据机床说明书确定。

表 3-8 硬质合金车刀粗车外圆及端面的进给量参考值

工件材料	车刀刀杆尺寸（mm）	工件直径（mm）	背吃刀量 a_p（mm）				
			≤3	>3～5	>5～8	>8～12	>12
			进给量 f（mm/r）				
碳素结构钢、合金结构钢耐热钢	16×25	20	0.3～0.4	—	—	—	—
		40	0.4～0.5	0.3～0.4	—	—	—
		60	0.5～0.7	0.4～0.6	0.3～0.5	—	—
		100	0.6～0.9	0.5～0.7	0.5～0.6	0.4～0.5	—
		400	0.8～1.2	0.7～1.0	0.6～0.8	0.5～0.6	—
	20×30 25×25	20	0.3～0.4	—	—	—	—
		40	0.4～0.5	0.3～0.4	—	—	—
		60	0.6～0.7	0.5～0.7	0.4～0.6	—	—
		100	0.8～1.0	0.7～0.9	0.5～0.7	0.4～0.7	—
		400	1.2～1.4	1.0～1.2	0.8～1.0	0.6～0.9	0.4～0.6
铸铁及合金钢	16×25	40	0.4～0.5	—	—	—	—
		60	0.6～0.8	0.5～0.8	0.4～0.6	—	—
		100	0.8～1.2	0.7～1.0	0.6～0.8	0.5～0.7	—
		400	1.0～1.4	1.0～1.2	0.8～1.0	0.6～0.8	—
	20×30 25×25	40	0.4～0.5	—	—	—	—
		60	0.6～0.9	0.5～0.8	0.4～0.7	—	—
		100	0.9～1.3	0.8～1.2	0.7～1.0	0.5～0.78	—
		400	1.2～1.8	1.2～1.6	1.0～1.3	0.9～1.0	0.7～0.9

表 3-9 按表面粗糙度选择进给量的参考值

工件材料	表面粗糙度（μm）	切削速度范围（m / min）	刀尖圆弧半径 r（mm）		
			0.5	1.0	2.0
			进给量 f（mm/r）		
铸铁、青铜、铝合金	*Ra* 10～5	不限	0.25～0.40	0.40～0.50	0.50～0.60
	Ra 5～2.5		0.15～0.25	0.25～0.40	0.40～0.60
	Ra 2.5～1.25		0.10～0.15	0.15～0.20	0.20～0.35
碳钢及合金钢	*Ra* 10～5	<50	0.30～0.50	0.45～0.60	0.55～0.70
		>50	0.40～0.55	0.55～0.65	0.65～0.70
	Ra 5～2.5	<50	0.18～0.25	0.25～0.30	0.30～0.40
		>50	0.25～0.30	0.30～0.35	0.35～0.50
	Ra 2.5～1.25	<50	0.10	0.11～0.15	0.15～0.22
		50～100	0.11～0.16	0.16～0.25	0.25～0.35
		>100	0.16～0.20	0.20～0.25	0.25～0.35

在数控加工中最大进给量受机床刚度和进给系统的性能限制。选择进给量时，还应注意零件加工中的某些特殊因素。例如，在轮廓加工中，选择进给量时，应考虑轮廓拐角处的超程问题。特别是在拐角较大、进给速度较高时，应在接近拐角处适当降低进给速度，再在拐角后逐渐升速，以保证加工精度。

加工过程中，由于切削力的作用，机床、工件、刀具系统会产生变形，可能会使刀具运动滞后，从而在拐角处可能产生“欠程”。因此，拐角处的欠程问题，在编程时应给予足够的重视。此外，还应充分考虑切削的自然断屑问题，通过选择刀具几何形状和对切削用量的调整，使排屑处于最顺畅状态，严格避免长屑缠绕刀具而引起故障。

3. 切削速度的选择

切削速度速度也可通过表 3-10 得出。半精加工和精加工时，切削速度 v_c，主要受刀具耐用度和已加工表面质量限制，在选择切削速度 v_c 时，要尽可能避开积屑瘤的速度范围。

工作任务工件形状及尺寸如图 3-27 所示。工件材料为 35Cr 的 ϕ80mm 棒料，$\sigma_b = 550\text{MPa}$，加工用机床为 CA6140 车床。试确定加工 ϕ68mm 外圆的刀具及车削用量。

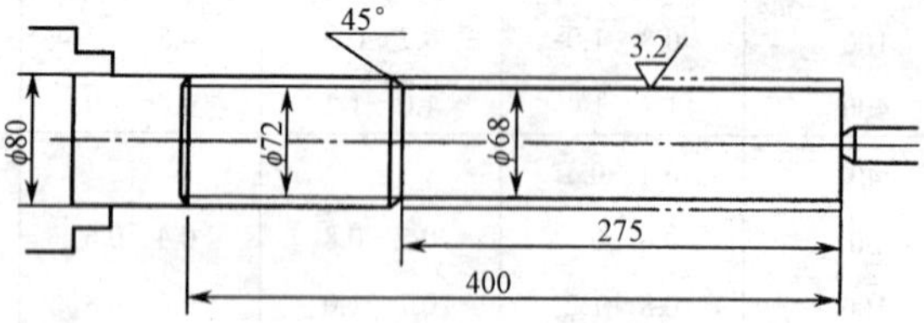

图 3-27　工件形状及尺寸

分析：由于加工余量较大（12mm），要求表面粗糙度为 Ra3.2μm，故采用两次走刀完成加工。余量分配：粗加工余量定为 10mm，半精加工余量定为 2mm。

1）选择刀具

选用可硬质合金刀片 YT5，刀杆尺寸 $H\times B$=25mm×16mm。

车刀几何参数选择：选用断屑槽带倒棱型前刀面，车刀的几何参数为 $\gamma_o = 15°$，$\alpha_o = 6°$，$\kappa_r = 45°$，$\kappa_r' = 10°$，$\lambda_s = -5°$，$\gamma_{o1} = -10°$，$b_{r1} = 0.5f$，$r_\varepsilon = 1.2\text{mm}$。

2）选择粗车车削用量（按以下顺序进行）

①确定背吃刀量 a_p：粗加工 $a_p = 5\text{mm}$。

②确定进给量 f：根据表 3-8，暂取 f= 0.5mm/r。

③确定车削速度 v_c：可根据车削速度公式 v_c 进行计算，也可查阅手册表格直接选择。根据本例条件直接查表选择。查表 3-10 得

$$v_c = 105\text{m/min}$$

④计算转速 n：$n = \dfrac{1000v_c}{\pi d} = \dfrac{1000\times 82}{\pi\times 80} = 326\text{r/min}$，

结合机床说明书，取 n=320r/min，f= 0.51r/min。

3）选择半精车车削用量。选择方法同粗加工，车削用量为

$$a_p = 1\text{mm}，\ f = 0.3\text{mm/r}，\ v_c = 156\text{m/min}，\ n=710\text{r/min}$$

表 3-10 车削加工常用钢材的切削速度参考值

加工材料		硬度 HBS	背吃刀量 a_p(mm)	高速钢刀具		硬质合金刀具						陶瓷（超硬材料）刀具		
						未涂层				涂层				
				v (m/min)	f (mm/r)	v（m/min）焊接式	v（m/min）可转位	f (mm/r)	材料	v (m/min)	f (mm/r)	v (m/min)	f (mm/r)	说明
易切碳钢	低碳	100～200	1	55～90	0.18～0.2	185～240	220～275	0.18	YT15	320～410	0.18	550～700	0.13	切削条件较好时可用冷压 Al_2O_3 陶瓷，切削条件较差时宜用 Al_2O_3＋TiC 热压混合陶瓷
			4	41～70	0.40	135～185	160～215	0.50	YT14	215～275	0.40	425～580	0.25	
			8	34～55	0.50	110～145	130～170	0.75	YT5	170～220	0.50	335～490	0.40	
	中碳	175～225	1	52	0.2	165	200	0.18	YT15	305	0.18	520	0.13	
			4	40	0.40	125	150	0.50	YT14	200	0.40	395	0.25	
			8	30	0.50	100	120	0.75	YT5	160	0.50	305	0.40	
碳钢	低碳	125～225	1	43～46	0.18	140～150	170～195	0.18	YT15	260～290	0.18	520～580	0.13	
			4	34～33	0.40	115～125	135～150	0.50	YT14	170～190	0.40	365～425	0.25	
			8	27～30	0.50	88～100	105～120	0.75	YT5	135～150	0.50	275～365	0.40	
	中碳	175～275	1	34～40	0.18	115～130	150～160	0.18	YT15	220～240	0.18	460～520	0.13	
			4	23～30	0.40	90～100	115～125	0.50	YT14	145～160	0.40	290～350	0.25	
			8	20～26	0.50	70～78	90～100	0.75	YT5	115～125	0.50	200～260	0.40	
	高碳	175～275	1	30～37	0.18	115～130	140～155	0.18	YT15	215～230	0.18	460～520	0.13	
			4	24～27	0.40	88～95	105～120	0.50	YT14	145～150	0.40	275～335	0.25	
			8	18～21	0.50	69～76	84～95	0.75	YT5	115～120	0.50	185～245	0.40	
合金钢	低碳	125～225	1	41～46	0.18	135～150	170～185	0.18	YT15	220～235	0.18	520～580	0.13	
			4	32～37	0.40	105～120	135～145	0.50	YT14	175～190	0.40	365～395	0.25	
			8	24～27	0.50	84～95	105～115	0.75	YT5	135～145	0.50	275～335	0.40	
	中碳	175～275	1	34～41	0.18	105～115	130～150	0.18	YT15	175～200	0.18	460～520	0.13	
			4	26～32	0.40	85～90	105～120	0.40～0.50	YT14	135～160	0.40	280～360	0.25	
			8	20～24	0.50	67～73	82～95	0.50～0.75	YT5	105～120	0.50	220～265	0.40	
	高碳	175～275	1	30～37	0.18	105～115	135～145	0.18	YT15	175～190	0.18	460～520	0.13	
			4	24～27	0.40	84～90	105～115	0.50	YT14	135～150	0.40	275～335	0.25	
			8	18～21	0.50	66～72	82～90	0.75	YT5	105～120	0.50	215～245	0.40	
高强度钢		225～350	1	20～26	0.18	90～105	115～135	0.18	YT15	150～185	0.18	380～440	0.13	＞300HBS 时宜用 W12Cr4V5Co5 及 W2MoCr4VCo8
			4	15～20	0.40	69～84	90～105	0.40	YT14	120～135	0.40	205～265	0.25	
			8	12～15	0.50	53～66	69～84	0.50	YT5	90～105	0.50	145～205	0.40	

模块五 车削方法

1. 车外圆

车外圆一般采用粗车和精车两步进行。粗车后留 0.5～1mm 作为精车余量。为了准确控制尺寸，一般采用试切法车削。试切法的方法与步骤如表 3-11 所示。

表 3-11 试切法车外圆的步骤

序号	操作简图	操作要领	序号	操作简图	操作要领
1	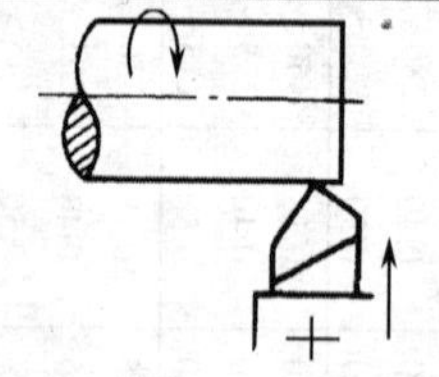	对刀：启动车床，使刀尖与工件外圆表面轻微接触	4	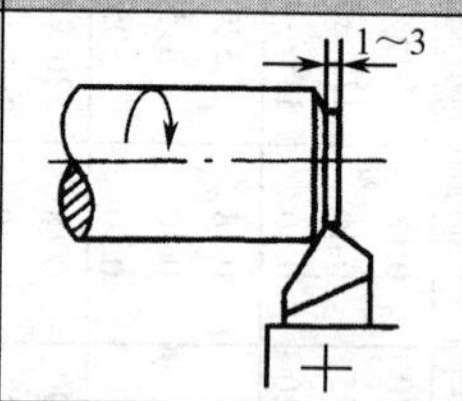	试切：摇动溜板箱手柄，向左移试切 1～3mm
2	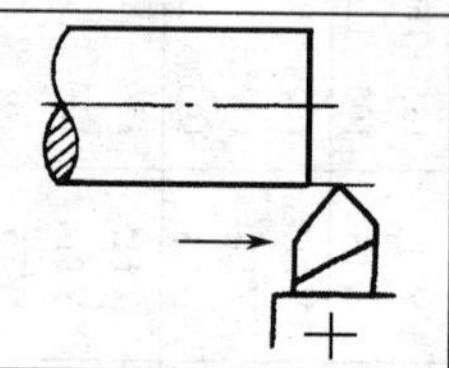	退刀：摇动溜板箱手轮，使刀具右移离开工件	5	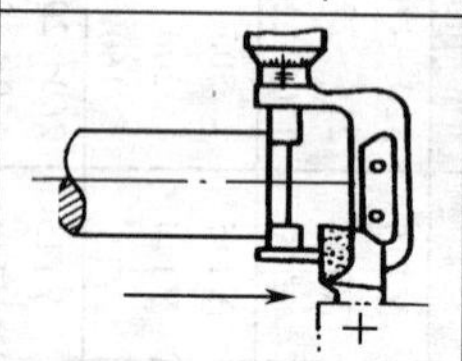	测量：向右退刀、停车，测量试切部位尺寸
3	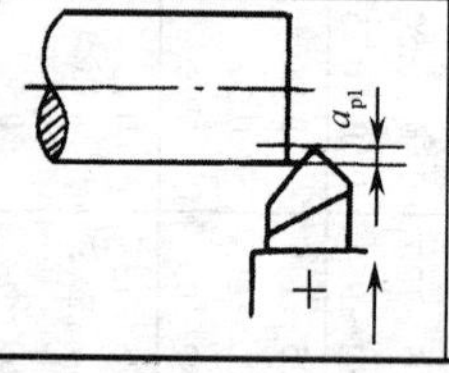	进刀：顺时针转动中滑板手柄，根据刻度盘调整切深 α_{p1}	6	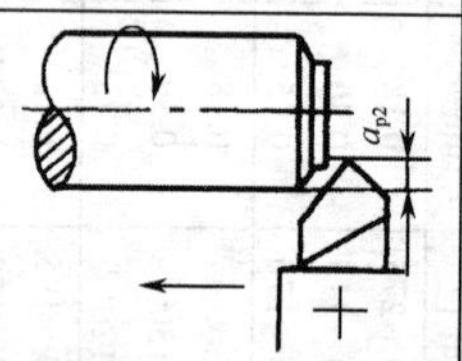	重复调整切深 α_{p2}，以机动进给车出外圆

2. 车端面

适合车削端面的车刀有多种，常用刀具和车削方法如图 3-28 所示。要特别注意的是，端面的切削速度由外到中心是逐渐减小的。故车刀接近中心时应放慢进给速度，否则易损坏车刀。

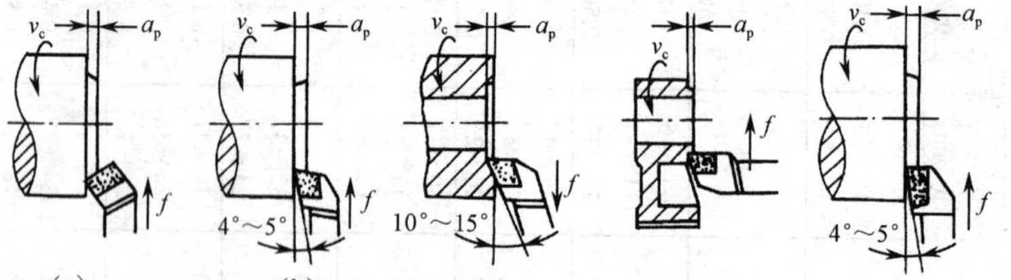

（a） （b） （c） （d） （e）

图 3-28 车端面

（a）弯头刀车端面；（b）右偏刀从外向中心车端面；（c）右偏刀从中心向外车端面；（d）左偏刀车端面；（e）端面车刀车端面

3. 车台阶

车台阶实质上是车外圆与车端面的组合加工。

①车低台阶（<5mm）时，应使车刀主切削刃垂直于工件的轴线，台阶可一次车出（见图 3-29（a）），装刀时可用 90° 角尺对刀（见图 3-29（b））。

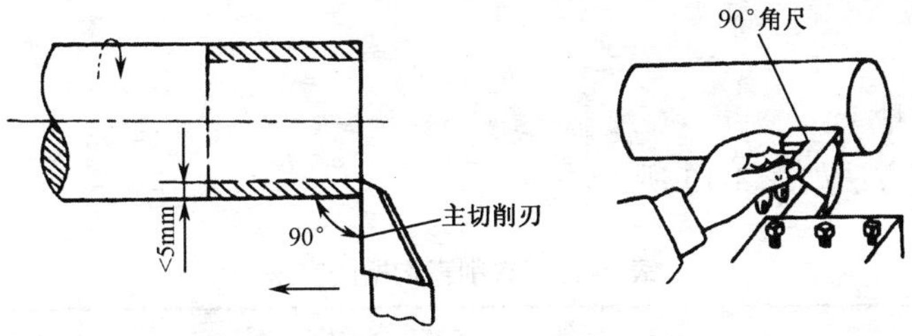

（a）　　（b）

图 3-29　车低台阶

（a）一次车出；（b）用 90° 角尺对刀

②车高台阶时（>5mm）时，应使车刀主切削刃与工件轴线约成 95° 角，分层纵向进给切削（见图 3-30），最后一次纵向进给时，车刀刀尖应紧贴台阶端面横向退出，以车出 90° 角台阶。

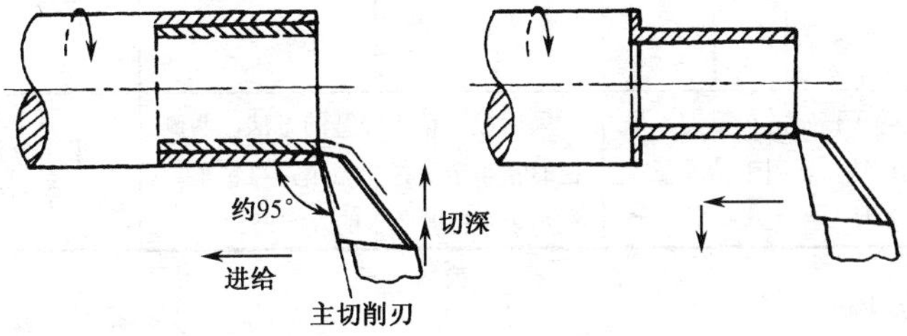

（a）　　（b）

图 3-30　车高台阶

（a）主切削刃与工件轴线成约 95° 角，分多次车削；（b）末次进给后，车刀横向退出，车出 90° 角台阶

4. 切断

在车床上将较长的棒料切成两段称为切断。切断是切削加工中很重要的技术之一，切断刀的几何形状、几何参数的选择及合理的选用切削用量是掌握切断方法的关键技术。切断的方法如表 3-12 所示。

表 3-12　切断的方法

切断方法	直进法车断	左右借刀法车断	反切法车断
示意图	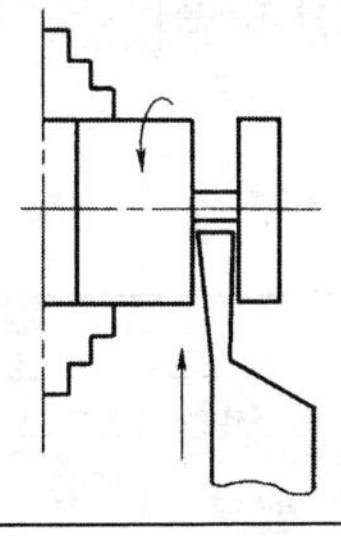	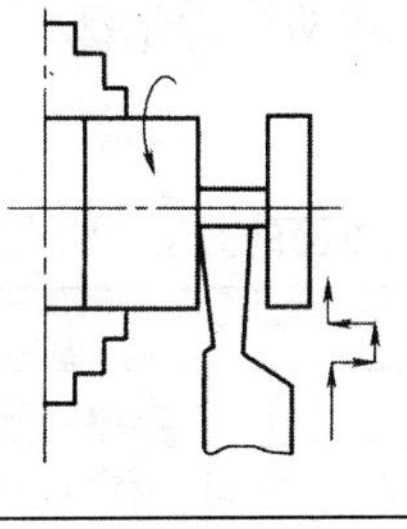	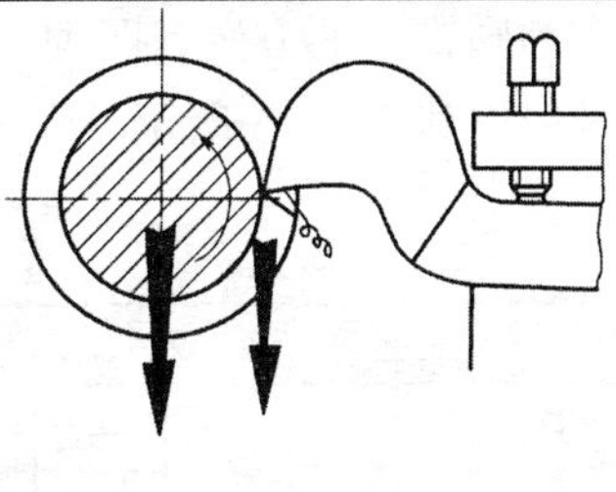
说明	直进法是指垂直于工件轴线方向车断，这种车断方法车断效率高，但对车床刀具刃磨、装夹有较高的要求，否则容易造成车断刀的折断	在切削系统（刀具、工件、车床）刚性等不足的情况下，可采用左、右借刀法车断工件，这种方法是指车断刀在径向进给的同时，车刀在轴线方向反复的往返移动直至工件车断	反切法是指车床主轴和工件反转，车刀反向装夹进行车削。这种车断方法适用于较大直径工件的车断

5. 车槽

（1）车削直沟槽

车削直沟槽的方法如表 3-13 所示。

表 3-13 车削直沟槽的方法

车槽类型	车削窄沟槽	车削宽沟槽	车削宽沟槽
示意图	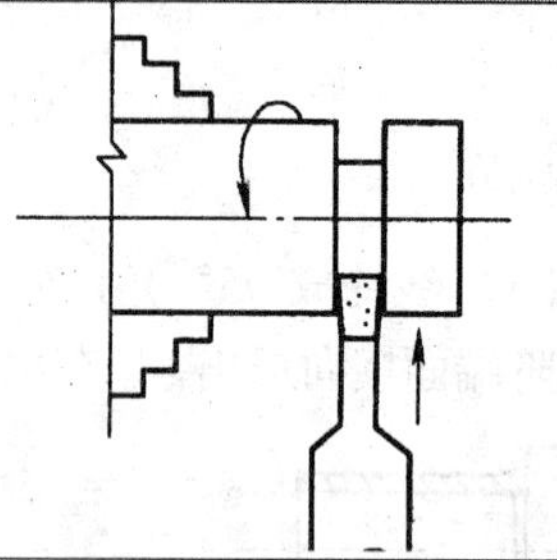	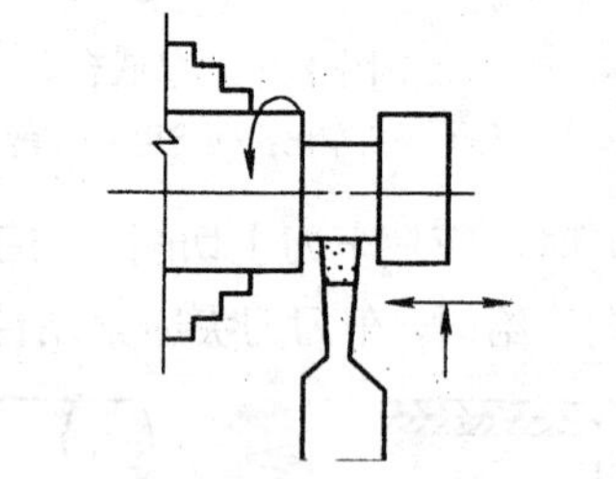	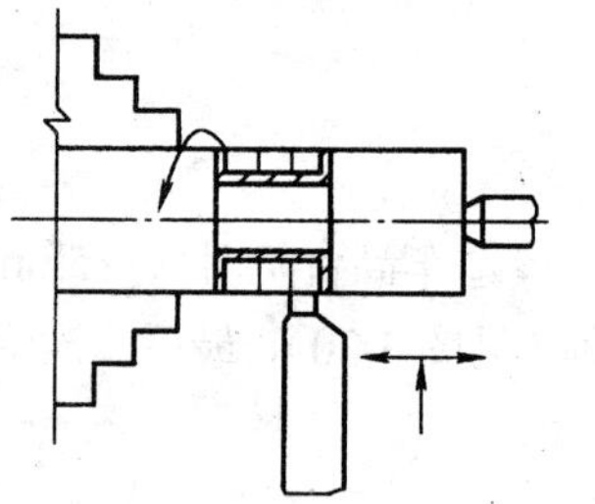
说明	用刀宽等于槽宽的车槽刀，采用一次直进法，适用于精度要求不高的外沟槽	采用粗、精车分开的方法，两侧留有精车余量，先粗车，再精车。适用于有精度要求的外沟槽	采用分刀直进法，适用于尺寸较大而宽的外沟槽

（2）车削其他沟槽

车削其他沟槽的方法如表 3-14 所示。

表 3-14 车削其他沟槽的方法

车槽类型	车削 45° 外沟槽	车削梯形槽	车削端面槽
示意图	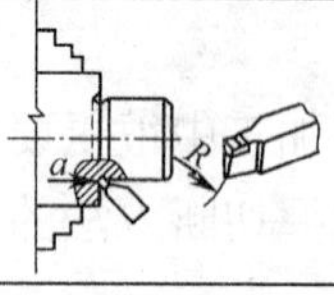	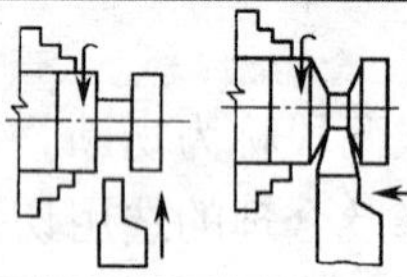	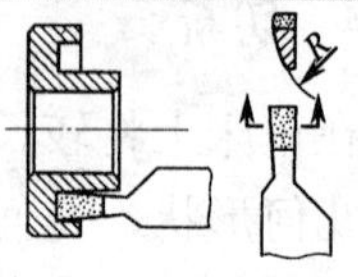
说明	采用转动小滑板 45° 方向进刀完成	先切直槽，再用成形车刀车削	使用端面槽刀，纵向切削

6. 车圆锥面

车削圆锥面的方法有四种：宽刀法、转动小刀架法、偏移尾座法和靠模法，其加工原理、特点及应用如表 3-15 所示。

表 3-15 车圆锥面的方法、特点及应用

加工方法	加工原理简图	加工特点和应用
宽刀法	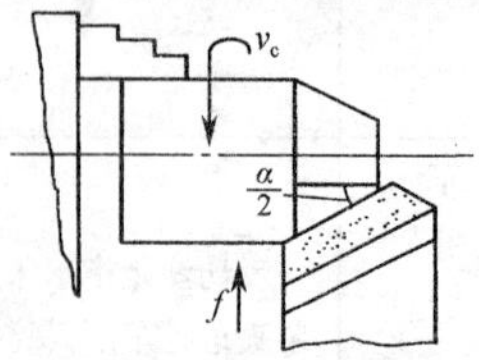	①车刀只作横向进给而不作纵向进给； ②加工迅速，生产率高； ③能车任意角度的圆锥； ④能加工内、外锥；要求系统刚性好； ⑤受刀刃长度限制不能加工长锥

续表

加工方法	加工原理简图	加工特点和应用
转动小刀架法	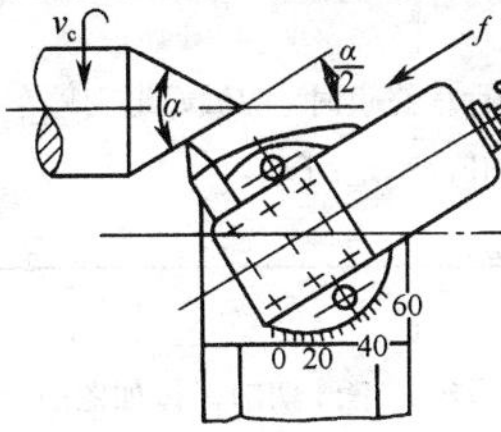	①调整方便，操作简单； ②加工质量好； ③能加工内、外任意锥角的圆锥面； ④受小刀架行程所限，只能加工短锥； ⑤只能手动进给
偏移尾座法	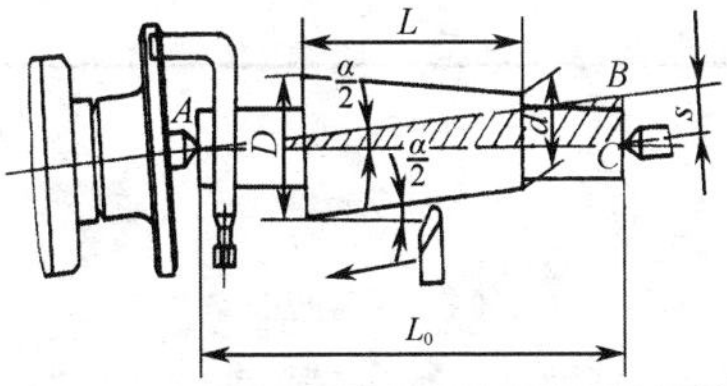	①能自动进给车削较长的圆锥面； ②不能加工大锥角和内锥孔（一般取 $\alpha<8°$ ）； ③精确调整尾座偏量较费时； ④加工质量好
靠模法	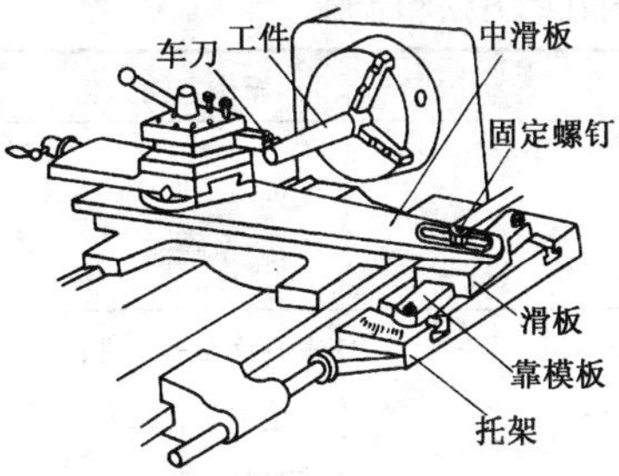	①加工质量好，生产率高，适合批量生产； ②操作技能要求不高； ③靠模装置的可调节范围较小，适合加工较小锥角（$\alpha<8°$ ）的长锥体； ④需专用靠模板

7. 车螺纹

车削外螺纹的常用操作方法和步骤如表 3-16 所示。

表 3-16　车削外螺纹的方法和步骤

序号	加工简图	操作方法
1	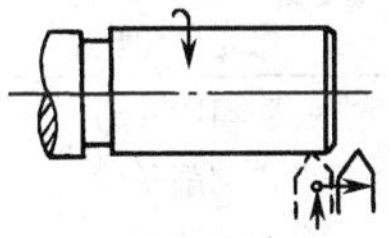	开车，使车刀工件轻微接触，记下刻度盘读数，向右退出车刀
2	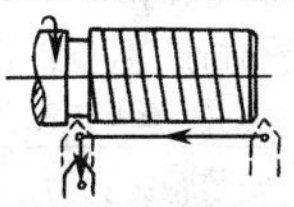	合上对开螺纹，在工件表面上车出一条浅螺旋线，横向退出车刀，停车
3	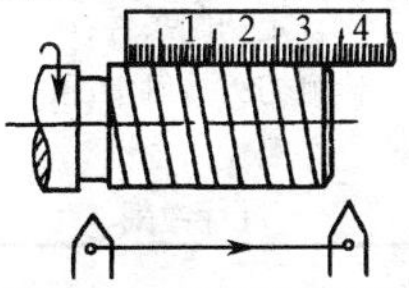	开反车使车刀退到工件右端，停车，用钢尺检查螺距是否正确
4	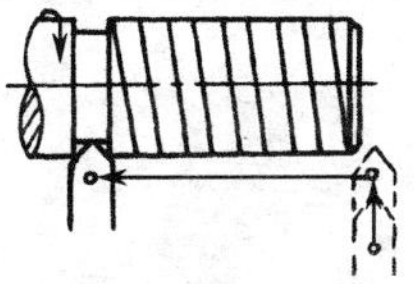	利用刻度盘调整切深，开车切削，车钢料时加机油润滑

续表

序号	加工简图	操作方法
5	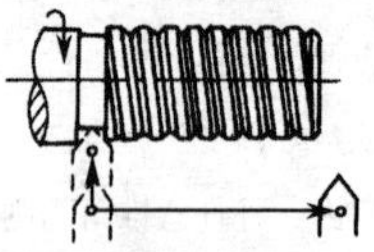	车刀将至行程终点时，应做好退刀停车准备，先快速退出车刀，然后停车，开反车退回刀架
6	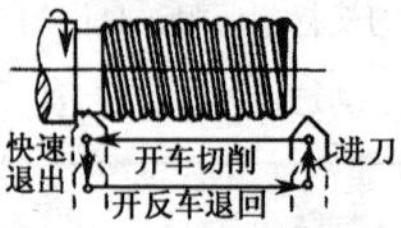	再次横向进给，继续切削，按如图所示路线循环

8. 车削内孔

车削内孔的方法和步骤如表 3-17 所示。

表 3-17　车削内孔的方法和步骤

序号	加工简图	操作方法
1	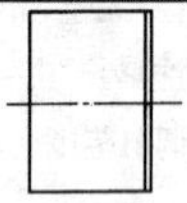	粗车端面； 精车端面
2	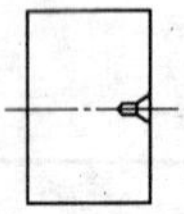	使中心钻靠近工件； 钻中心孔； 将尾座退出； 拆下中心钻
3	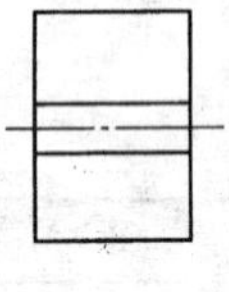	将钻头柄敲入变径套； 将钻头柄装到尾座上； 钻头靠近工件； 紧固尾座； 钻孔； 将尾座退出
4	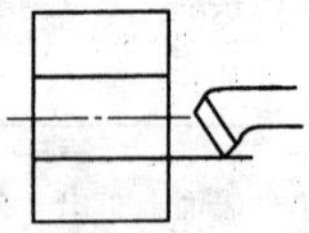	安装粗镗孔刀； 设定切削条件； 对镗孔刀； 进行试镗削； 测量内径
5	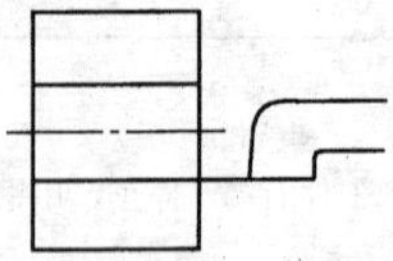	安装精镗孔刀； 设定切削条件； 检测刀刃接触情况； 测量内径； 进行镗削

模块六　选用切削液

切削液的主要功能是润滑和冷却作用，它对于减小刀具磨损，提高加工表面质量，降低切削区温度，提高生产效率都有非常重要的作用。

一、切削液的作用

1. 润滑作用

切削液能在刀具的前、后刀面与工件之间形成一层润滑薄膜，可减少或避免刀具与工件或切屑间的直接接触，减轻摩擦和黏结程度，因而可以减轻刀具的磨损，提高工件表面的加工质量。

切削速度对切削液的润滑效果影响最大，一般速度越高，切削液的润滑效果越低。切削液的润滑效果还与切削厚度、材料强度等切削条件有关。切削厚度越大，材料强度越高，润滑效果越差。

2. 冷却作用

流出切削区的切削液带走大量的热量，从而降低工件与刀具的温度，提高刀具耐用度，减少热变形，提高加工精度。不过切削液对刀具与切屑界面的影响不大，试验表明，切削液只能缩小刀具与切屑界面的高温区域，并不能降低最高温度，一般的浇注方法主要为冷却切屑。切削液如果喷注到刀具副后面处，将对刀具和工件的冷却效果更好。

切削液的冷却性能取决于它的导热系数、比热容、汽化热、气化速度及流量、流速等。切削热的冷却作用主要靠热传导，因为水的导热系数为油的3～5倍，且比热也大一倍，所以水溶液的冷却性能比油好。

切削液自身温度对冷却效果影响很大。切削液温度太高，冷却作用小，切削液温度太低，切削油黏度大，冷却效果也不好。

3. 清洗作用

在车、铣、磨削、钻等加工时，常浇注和喷射切削液来清洗机床上的切屑和杂物，并将切屑和杂物带走。

4. 防锈作用

一些切削液中加入了防锈添加剂，它能与金属表面起化学反应而生成一层保护膜，从而起到防锈作用。

二、切削液添加剂及切削液分类

1. 切削液添加剂

①油性添加剂。单纯矿物油与金属的吸附力差，润滑效果不好，如在矿物油中添加油性添加剂，将改善润滑作用。动植物油、皂类、胺类等与金属吸附力强，形成的物理吸附油膜较牢固，是理想的油性添加剂。不过物理吸附油膜在温度较高时将失去吸附能力，因此一般油性添加剂切削液在200℃以下使用。

②极压添加剂。这种添加剂主要利用添加剂中的化合物，在高温下与加工金属快速反应

形成化学吸附膜，从而起固体润滑剂作用。目前常用的添加剂中一般含氯、硫和磷等化合物。由于化学吸附膜与金属结合牢固，一般在400～800℃高温仍起作用。硫与氯的极压切削油分别对有色金属和钢铁有腐蚀作用，应注意合理使用。

③表面活性剂。表面活性剂是一种有机化合物，它使矿物油微小颗粒稳定分散在水中，形成稳定的水包油乳化液。表面活性剂除起乳化作用外，还能吸附在金属表面，形成润滑膜，起润滑作用。

乳化液中除加入适量的乳化稳定剂（如乙二醇、正丁醇）外，还添加防锈添加剂（如亚硝酸钠等）、抗泡沫剂（如二甲基硅油等）、防霉添加剂（如苯酚等）。

2. 切削液的种类

切削液可分为水溶性和非水溶性两类。

①切削油。切削油分为两类：一类以矿物油为基体加入油性添加剂的混合油，一般用于低速切削有色金属及磨削中；另一类是极压切削油，是在矿物油中添加极压添加剂制成的，适用于重切削和难加工材料的切削。

②乳化液。乳化液是用乳化油加70%～98%的水稀释而成的乳白色或半透明状液体，它由切削油加乳化剂制成。乳化液具有良好的冷却和润滑性能。乳化液的稀释程度根据用途而定。浓度高润滑效果好，但冷却效果差；反之，冷却效果好，润滑效果差。

③水溶液。水溶液的主要成分是水，为具有良好的防锈性能和一定的润滑性能，常加入一定的添加剂（如亚硝酸钠、硅酸钠等）。常用的水溶液有电介质水溶液和表面活性水溶液。电介质水溶液是在水中加入电介质作为防锈剂；表面活性水溶液是在水中加入皂类等表面活性物质，增强水溶液的润滑作用。

三、切削液的选用原则

切削液的效果除由本身的性能决定外，还与工件材料、刀具材料、加工方法等因素有关，应该综合考虑、合理选择，以达到良好的效果，表3-18为常用切削液选用表。以下是一般的选用原则。

1. 粗加工

粗加工时，切削用量大，产生的切削热量多，容易使刀具迅速磨损。此类加工一般采用冷却作用为主的切削液，如离子型切削液或3%～5%乳化液。切削速度较低时，刀具以机械磨损为主，宜选用润滑性能为主的切削液；速度较高时，刀具主要是热磨损，应选用冷却为主的切削液。

硬质合金刀具耐热性好，热裂敏感，可以不用切削液。如果采用切削液，必须连续、充分浇注，以免冷热不均产生热裂纹而损伤刀具。

2. 精加工

精加工时，切削液的主要作用是提高工件表面加工质量和加工精度。

加工一般钢件，在较低的速度（6.0～30m/min）情况下，宜选用极压切削油或10%～12%极压乳化液，以减小刀具与工件之间的摩擦和黏结，抑制积屑瘤。

表 3-18 常用切削液选用表

加工类型		工件材料					
		碳钢	合金钢	不锈钢及耐热钢	铸铁及黄铜	青铜	铝及合金
车、铣及镗孔	粗加工	3%～5%乳化液	1.5%～15%乳化液；2.5%石墨或硫化乳化液；3.5%氯化石蜡油制乳化液	①10%～30%乳化液；②10%硫化乳化液	①一般不用；②3%～5%乳化液	一般不用	①一般不用；②中性或含有游离酸小于4mg的弱性乳化液
	精加工	①石墨化或硫化乳化液；②5%乳化液（高速时）；③10%～15%乳化液（低速时）		①氧化煤油；②煤油 75%、油酸或植物油 25%；③煤油 60%、松节油 20%、油酸 20%	①黄铜一般不用；②铸铁用煤油	7%～10%乳化液	①煤油；②松节油；③煤油与矿物油的混合物
切断及切槽		①15%～20%乳化液；②硫化乳化液；③活性矿物油；④硫化油		①氧化煤油；②煤油 75%、油酸或植物油 25%；③硫化油 85%～87%、油酸或植物油 13%～15%	①7%～10%乳化液；②硫化乳化液		
钻孔及镗孔		①7%硫化乳化液；②硫化切削油		①3%肥皂+2%亚麻油（不锈钢钻孔）；②硫化切削油（不锈钢镗孔）	①一般不用；②煤油（用于铸铁）；③菜油（用于黄铜）	①7%～10%乳化液；②硫化乳化液	①一般不用；②煤油；③煤油与菜油的混合油
铰孔		①硫化乳化液；②10%～15%极压乳化液；③硫化油与煤油混合液（中速）		①10%乳化液或硫化切削油；②含硫氯磷切削油		①2 号锭子油；②2 号锭子油与蓖麻油的混合物；③煤油和菜油的混合物	
车螺纹		①硫化乳化液；②氧化煤油；③煤油 75%，油酸或植物油 25%；④硫化切削油；⑤变压器油 70%，氯化石蜡 30%		①氧化煤油；②硫化切削油；③煤油 60%、松节油 20%、油酸 20%；④硫化油 60%、煤油 25%、油酸 15%；⑤四氯化碳 90%、猪油或菜油 10%	①一般不用；②煤油（铸铁）；③菜油（黄铜）	①一般不用；②菜油	①硫化油 30%、煤油 15%、2 号或 3 号锭子油 55%；②硫化油 30%、煤油 15%、油酸 30%、2 号或 3 号锭子油 25%
滚齿插齿		①20%～25%极压乳化液；②含硫（或氯、磷）的切削油			①煤油（铸铁）；②菜油（黄铜）	①10%～15%极压乳化液；②含氯切削油	①10%～15%极压乳化液；②煤油
磨削		①电解水溶液；②3%～5%乳化液；③豆油+硫磺粉			3%～5%乳化液		磺化蓖麻油 1.5%、浓度 30%～40%的氢氧化钠，加至微碱性，煤油 9%，其余为水

精加工铜及其合金、铝及合金或铸铁时，宜选用粒子型切削液或 10%～12%乳化液及10%～12%极压乳化液，以降低加工表面粗糙度。注意加工铜材料时，不宜采用含硫切削液，因为硫对铜有腐蚀作用。另外，加工铝时，也不适于采用含硫与氯的切削液，因为这两种元素宜与铝形成强度高于铝的化合物，反而增大刀具与切屑间的摩擦。也不宜采用水溶液，因高温时水流强度使铝产生针孔。

3. 难加工材料的切削

难加工材料硬质点多，热导率低，切削液不易散出，刀具磨损较快。此类加工一般处于高温高压的边界润滑摩擦状态，应选用润滑性能好的极压切削油或高浓度的极压乳化液。当用硬质合金刀具高速切削时，可选用冷却作用为主的低浓度乳化液。

模块七 制定车削工艺

一、图样分析

圆锥体为莫氏 4 号锥度，最大圆锥直径为ϕ31.267mm，圆锥面对两端中心孔公共轴线的径向圆跳动允差为 0.02mm。表面粗糙度值为 Ra1.6μm。

两端外圆为$\phi 36^{0}_{-0.046}$、$\phi 16^{0}_{-0.018}$mm，表面粗糙度为 Ra3.2μm。

外圆ϕ16h7 对两端中心孔公共轴线的径向圆跳动允差为 0.02mm。

二、制定加工工艺

1. 车削莫氏 4 号圆锥面时，可用偏移尾座法车削

尾座偏移量可用公式计算，查表莫氏 4 号的锥度 C=0.05149。

则尾座偏移量 $S=C/2\times L_0$=0.05149/2×155mm=4.03mm

尾座的偏移量可用来控制。方法是把百分表固定在刀架上，使百分表的测量头垂直接触尾座套筒，并与机床中心等高，调整百分表指针至零位，然后偏移尾座，偏移值就能从百分表上具体读出，然后将尾座固定，如图 3-31 所示。

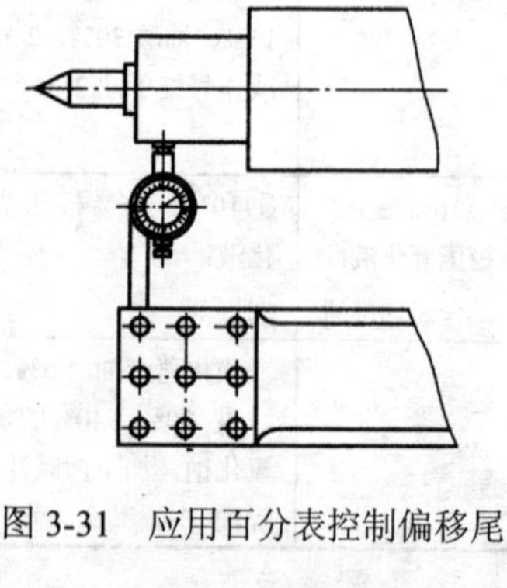

图 3-31 应用百分表控制偏移尾

2. 锥度心轴的车削顺序

车端面、钻中心孔→粗车莫氏 4 号圆锥、外圆ϕ16h7→调头车端面、钻中心孔→精车外圆→车莫氏 4 号圆锥。

3. 工件的定位与夹紧

①车削端面与钻中心孔时，以毛坯外圆为粗基准，用三爪自定心卡盘装夹。

②粗车莫氏 4 号圆锥及外圆时，采用一夹一顶的装夹方法。

③精车外圆及圆锥面时，为保证其位置精度，可以装夹在两顶尖间车削。

4. 选择刀具

工件材料为45钢，切削性能较好，精车外圆与圆锥面时，可选用YT15牌号硬质合金常用90°车刀。

5. 选择设备

选用C6140型卧式车床。

6. 锥度心轴的车削加工工艺过程卡

<table>
<tr><td colspan="4" rowspan="1"></td><td colspan="2">零（部）件名称</td><td colspan="2">锥度心轴</td></tr>
<tr><td colspan="4">机械加工过程卡片</td><td colspan="2">共1页</td><td colspan="2">第1页</td></tr>
<tr><td>材料牌号</td><td>45钢</td><td>毛坯种类</td><td>圆钢</td><td>毛坯外形尺寸</td><td></td><td>每毛坯可制件数</td><td></td></tr>
<tr><td rowspan="2">工序号</td><td rowspan="2">工序名称</td><td rowspan="2">工序内容</td><td rowspan="2">设备</td><td colspan="3">工艺装备</td></tr>
<tr><td>夹具</td><td>刀具</td><td>量具</td></tr>
<tr><td>30</td><td>备料</td><td>下料ϕ40mm×160mm</td><td>锯床</td><td></td><td>锯条</td><td>钢板尺</td></tr>
<tr><td>10</td><td>热</td><td>调质：HRC24～HRC30</td><td></td><td></td><td></td><td></td></tr>
<tr><td>50</td><td>车</td><td>夹ϕ40外圆，毛坯车出即可
钻中心孔A型ϕ2.5mm</td><td>CA6140</td><td>三爪卡盘</td><td>90°外圆车刀</td><td>游标卡尺</td></tr>
<tr><td>70</td><td>车</td><td>一端夹住，一端顶牢
粗车莫氏4号圆锥至ϕ32.5mm，长度129mm
车外圆ϕ16h7
倒角C1</td><td>CA6140</td><td>三爪卡盘尾座顶尖</td><td>45°弯头刀
中心钻</td><td></td></tr>
<tr><td>90</td><td>车</td><td>调头，夹住外圆至ϕ32.5mm
车端面，长度尺寸155mm
钻中心孔A型ϕ2.5mm</td><td>CA6140</td><td>三爪卡盘</td><td>90°外圆车刀</td><td rowspan="2">游标卡尺
钢直尺</td></tr>
<tr><td>110</td><td>车</td><td>两顶尖装夹
车外圆至尺寸
控制尺寸25mm，车外圆至尺寸
控制尺寸100mm，车外圆至尺寸
车槽5mm×15mm
倒角C1</td><td>CA6140</td><td>两顶尖</td><td>切断刀</td></tr>
<tr><td>130</td><td>车</td><td>两顶尖装夹
粗、精车莫氏4号圆锥至尺寸
倒角C0.5</td><td>CA6140</td><td>两顶尖</td><td>螺纹车刀</td><td>螺纹环规</td></tr>
<tr><td></td><td></td><td></td><td></td><td></td><td></td><td></td></tr>
<tr><td></td><td></td><td></td><td></td><td></td><td></td><td></td></tr>
<tr><td></td><td></td><td></td><td></td><td rowspan="3">设计
（日期）</td><td rowspan="3">审核
（日期）</td><td rowspan="3">会签
（日期）</td></tr>
<tr><td></td><td></td><td></td><td></td></tr>
<tr><td></td><td></td><td></td><td></td></tr>
<tr><td>标记</td><td>处数</td><td>更改文件号</td><td>签字</td><td>日期</td><td></td><td></td></tr>
</table>

三、精度检验及误差分析

①莫氏 4 号圆锥的检验用莫氏 4 号圆锥套规综合测量，圆锥度用涂色法检验，检验方法按图 3-31 方法检验。最大圆锥直径根据套规上的台阶来判断。

②两端外圆ϕ36h8，ϕ16h7 尺寸精度检验可用外径千分尺。

③莫氏 4 号圆锥、外圆ϕ16h7 对两端中心孔公共轴线的径向圆跳动误差的检验将工件装夹于中心架的两顶尖间，测量方法如图 3-32 所示。测量时，将百分表测量头与圆锥表面接触，在工件回转一周过程中，百分表指针读数最大差值即为单个测量平面上的径向圆跳动。再按上述方法，测量若干个截面，取各截面上测得的跳动量中的最大值作为工件圆锥面的径向圆跳动。

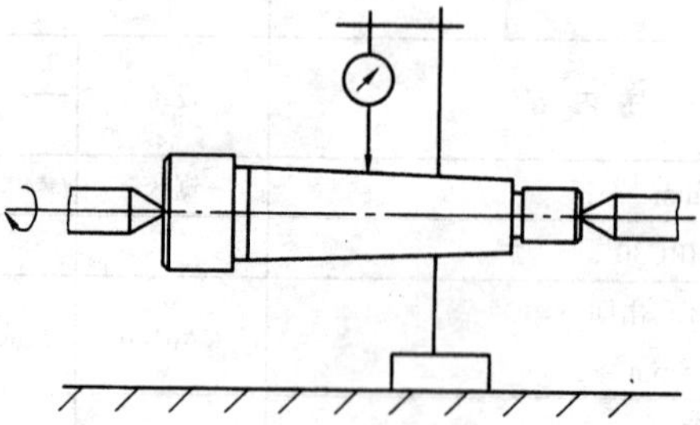

图 3-32　测量径向圆跳动

问题思考

1. 试叙述车削加工工艺范围。

2. 车削时为什么要分粗、精车？

3. 车床上工件定位有几种方法？夹紧时应注意哪几个问题？

4. 常用的车刀材料牌号有哪几种？各种牌号有什么特点？

5. 车刀有哪几个主要角度？各有什么作用？

6. 前角的大小根据什么原则来选择？

7. 车轴类零件时，工件的装夹方法有几种？各适合在什么条件下使用？

8. 车削外圆时的切削用量怎么选择？

9. 用两顶尖装夹工件，应注意哪些事项？

10. 若一次进给将ϕ60mm 的轴车到ϕ6mm，选用切削速度 100m/min，计算背吃刀量及车床的主轴转速。

11. 车削ϕ50mm 的轴，选用车床主轴转速为 500r/min。如果用相同的切削速度车削ϕ25mm 的轴，求主轴转速。

12. 试制定如图 3-33 所示的台阶轴的加工工艺。

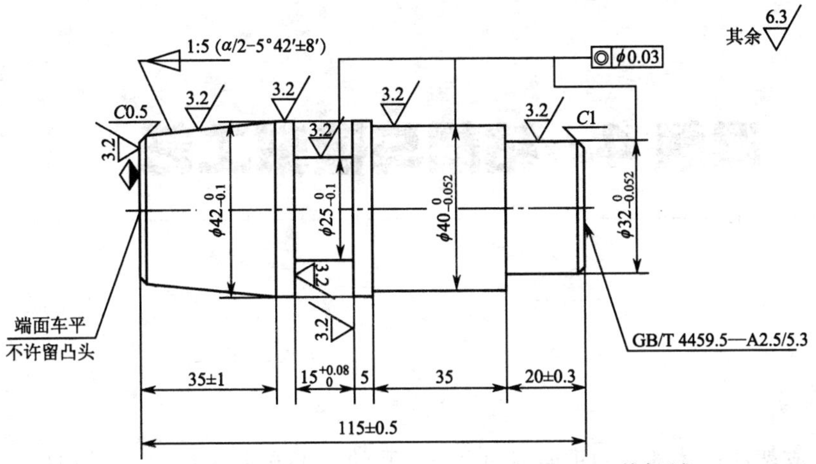

技术要求：
1. 左端面车平作为圆锥角测量基准。
2. ◆为打号处。

图3-33 台阶轴

课题 4　钻削与镗削工艺

学习导航

孔是盘套、支架和箱体零件的重要表面之一。孔的加工方法很多，常用的加工方法有钻孔、扩孔、铰孔、镗孔等。

本课程将通过钻削和镗削两个工作任务，掌握钻削、扩孔、铰孔、镗孔等常用孔加工方法的工艺特点与应用，并能初步确定孔加工工艺路线。

任务描述

图 4-1 所示零件为冲槽模具上固定冲头的固定板。外形、内部槽形已加工完成，现要求加工固定板上的各孔。材料：Q235A；生产数量：1 件。

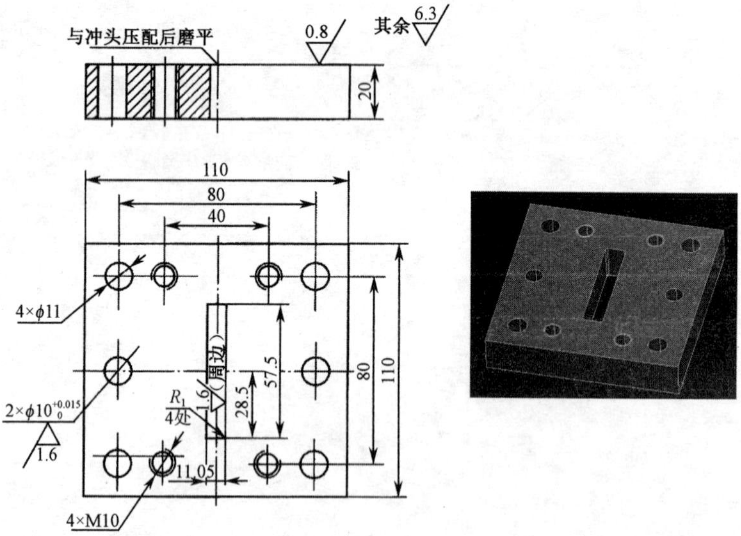

图 4-1　固定板

模块一 选用钻床

知识链接

用钻头在实体材料上加工孔的方法称为钻孔；用扩孔钻或钻头对已有的孔眼（铸孔、锻孔、预钻孔等）再进行扩大，以提高其精度或降低其表面粗糙度的工序为扩孔；用铰刀对孔进行半精加工和精加工的工序称为铰孔。

以上统称为钻削加工。钻削加工是孔加工工艺中最常用的方法，在钻床上加工孔的方法如图 4-2 所示。

孔的加工按照它和其他零件之间的连接关系来区分，可分为非配合孔加工和配合孔加工。前者一般在毛坯上直接钻、扩出来；而后者则必须在钻孔、扩孔等粗加工的基础上，根据不同的精度和表面质量的要求，以及零件的材料、尺寸、结构等具体情况，做进一步的铰、锪等加工。

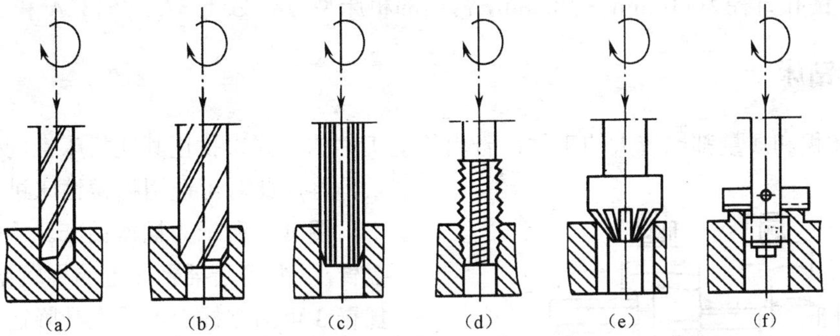

图 4-2 钻削加工方法

（a）钻孔；（b）扩孔；（c）铰孔；（d）攻螺纹；（e）钻埋头孔；（f）刮平面

一、台式钻床

台式钻床简称台钻，是一种体积小巧，操作简便，通常安装在专用工作台上使用的小型孔加工机床，如图 4-3 所示。

台式钻床钻孔直径一般在 13mm 以下。其主轴变速一般通过改变三角带在塔型带轮上的位置来实现，主轴进给靠手动操作。由于其最低转速较高，因此不适于铰孔和锪孔。

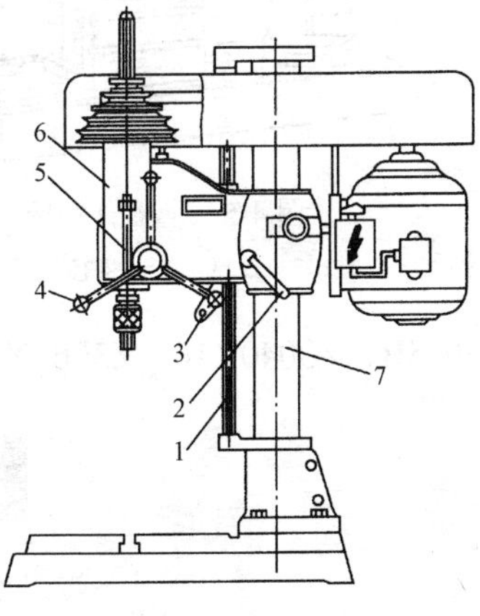

图 4-3 台钻

1—丝杆；2—紧固手柄；3—升降手柄；4—进给手柄；5—标尺杆；6—头架；7—立柱

二、立式钻床

立式钻床又分为圆柱立式钻床、方柱立式钻床和可调多轴立式钻床三个系列。图 4-4 所示为方柱立式钻床（简称立钻），机床的主轴垂直布置，并且其位置固定不动，被加工孔位置的找正，必

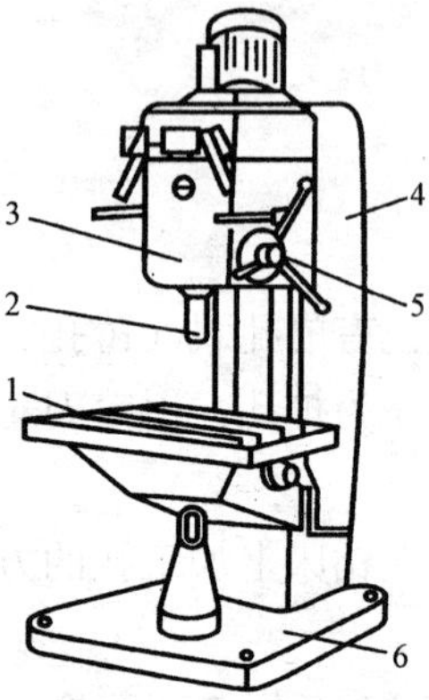

图 4-4　方柱立式钻床
1—工作台；2—主轴；3—进给箱；4—变速箱；5—立柱；6—底座

须通过工件的移动。

立式钻床主要有主轴 2、变速箱 4、进给箱 3、立柱 5、工作台 1 和底座 6 等部件组成。加工时，工件直接或利用夹具安装在工作台 1 上，主轴既旋转（由电动机经变速箱 4 传动）又做轴向进给运动。进给箱 3、工作台 1 可沿立柱 5 的导轨调整上下位置，以适应加工不同高度的工件。

主轴回转方向的变换，靠电动机的正反转来实现。钻床的进给量常用主轴每转一转时，主轴的轴向位移来表示，单位为 mm/r。

工作台在水平面内既不能移动，也不能转动。因此，当钻头在工件上钻好一个孔而需要钻第二个孔时，就必须移动工件的位置，使被加工孔的中心线与刀具回转轴线重合。

立式钻床生产效率不高，大多用于单件小批量生产的中小型工件加工，钻孔直径为ϕ16mm～ϕ80mm，常用的机床型号有 Z5125A、Z5132A 和 Z5140A 等。

三、摇臂钻床

对于体积和质量都比较大的工件，若用移动工件的方式来找正其在机床上的位置，则非常困难，此时可选用摇臂钻床进行加工。

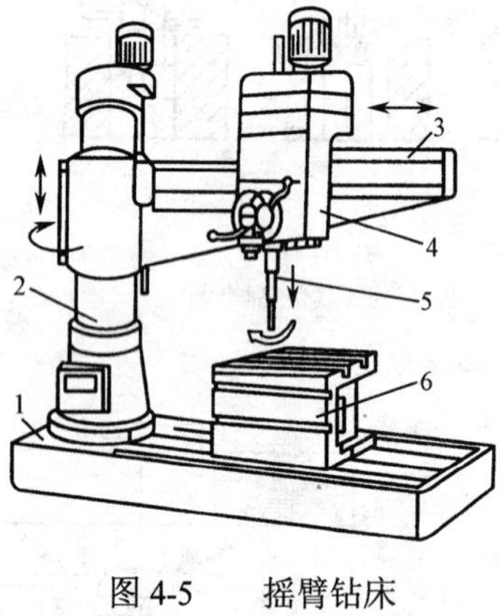

图 4-5　摇臂钻床
1—底座；2—立柱；3—摇臂；4—主轴箱；5—主轴；6—工作台

图 4-5 所示为摇臂钻床。主轴箱 4 装在摇臂上，并可沿摇臂 3 上的导轨做水平移动。摇臂 3 可沿立柱 2 做垂直升降运动，设计这一运动的目的是为了适应高度不同的工件需要。此外，摇臂还可以绕立柱轴线回转。为使钻削时机床有足够的刚性，并使主轴箱的位置不变，当主轴箱在空间的位置调整好后，应对立柱、摇臂和主轴箱快速锁紧。

在摇臂钻床（基本型）上钻孔的直径为ϕ25mm～ϕ125mm，一般用于单件和中小批量生产时在大中型工件上钻削，常用的型号有 Z3035B、Z3040X16、Z3063X20 等。

模块二　选用钻头

一、钻孔刀具

钻头的种类较多，常见的有麻花钻、扁钻、深孔钻、中心钻等。麻花钻是最常用的一种钻头。

1. 麻花钻

麻花钻主要由柄部、颈部和工作部分组成，其结构如图4-6所示。

柄部：钻头的柄部是与钻孔机械的连接部分。钻孔时用来传递所需的转矩和轴向力。柄部有圆柱形和圆锥形（莫氏圆锥）两种形式，钻头直径小于13mm的采用圆柱形，钻头直径大于13mm的一般都采用圆锥形。

颈部：钻头的颈部在磨制钻头时供砂轮退刀用，一般也用来打印商标和规格。

工作部分：工作部分由切削部分和导向部分组成。切削部分由两条主切削刃、一条横刃、两个前刀面和两个后刀面组成，如图4-7所示，其作用主要是切削工件。

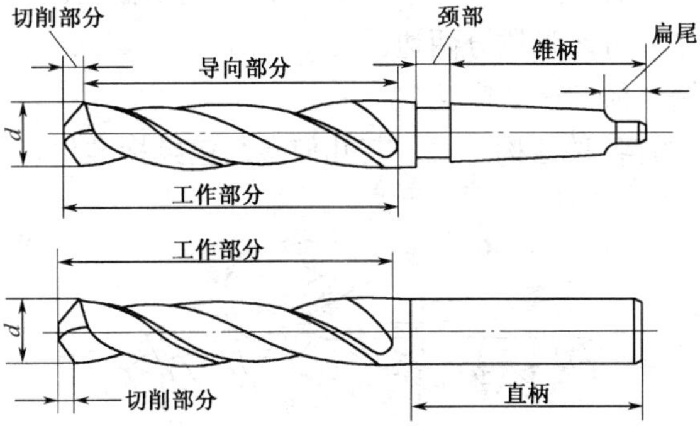

图4-6 麻花钻结构示意图

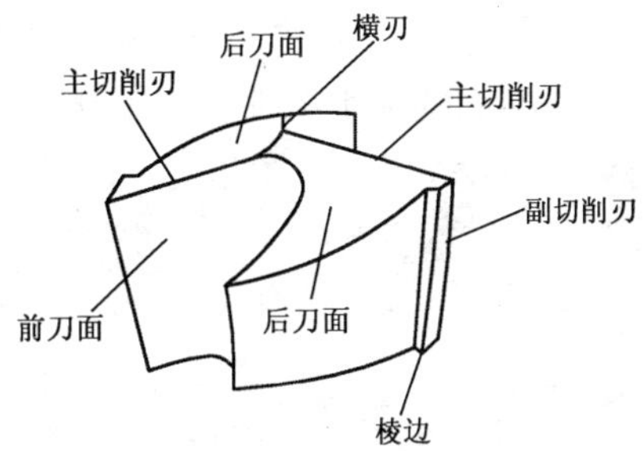

图4-7 麻花钻切削部分的构成图

2. 精孔钻

钻削直径为2～16mm的内孔时，可将钻头修磨成如图4-8所示的几何形状，使其具有较长的修光刃和较大的后角，刃口十分锋利，类似铰刀的刃口和较大的容屑槽，可进行钻孔和扩孔，使孔获得较高的加工精度和表面质量。

3. 半孔钻

工件上原来就有的圆孔，要扩孔成腰形孔，若采用一般的钻头进行钻削，会产生严重的偏斜现象，甚至无法钻削加工。这时可将钻头的钻心修整成凹形，如图4-9所示，突出两个外刃尖，以低速手动进给，即可钻削。

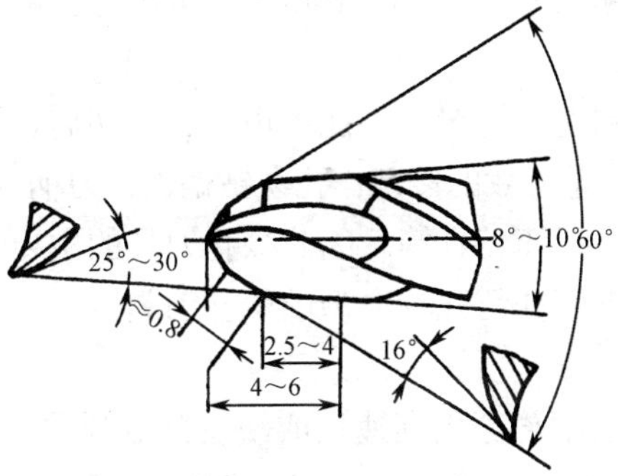

图4-8 精孔钻

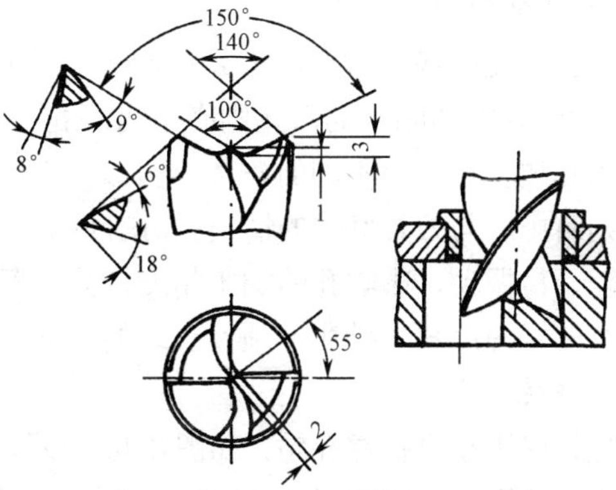

图4-9 半孔钻

4. 斜面钻

在斜面上钻孔时，若采用一般几何形状的麻花钻，在钻头切削刃的径向力的作用下，使钻头的轴线偏斜，则很难保证孔的正确位置。若采用图4-10所示的钻头，先有类似中心钻尖的钻头钻入工件，起定心作用，然后由钻头两外刃进行钻削。为了减小外侧刃的径向切削分力，使钻孔质量得到保证，在入刀和出刀时，要慢点进刀。

5. 群钻

由于麻花钻有轴向力大、钻尖易烧损等缺陷，我国经过多年的实践，通过修磨的方法，发明了一种先进的钻头，这就是群钻，如图4-11所示，其特点可用下面四句话概括：

三尖七刀锐当先，月牙弧槽分两边。

一侧外刃开屑槽，横刃磨低窄又尖。

对于不同的加工条件和加工材料，群钻有各种结构形式，其几何参数已经标准化。

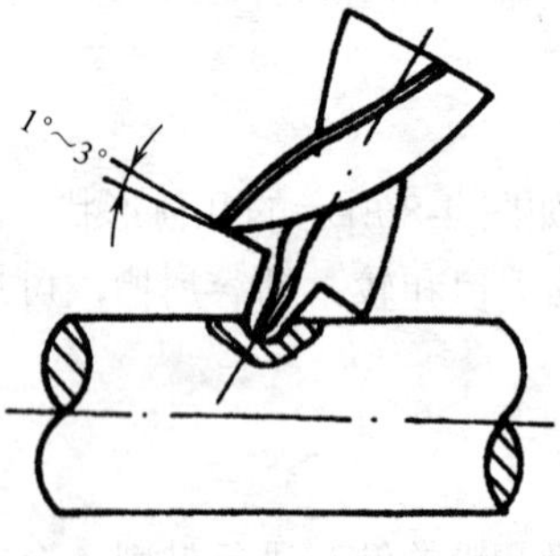

图4-10 斜面钻

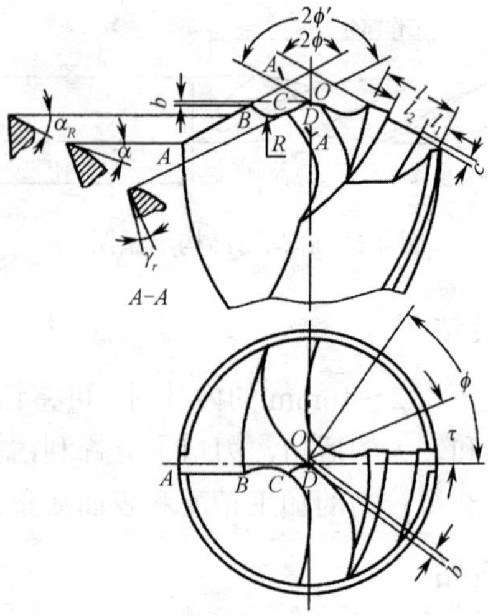

图4-11 群钻

6. 深孔钻

深孔指孔的深度与直径比 $L/D>5$mm 的孔。一般深孔 $L/D=5\sim10$mm 还可用深孔麻花钻加工，但 $L/D>20$mm 的深孔则必须用深孔刀具才能加工。

深孔加工有许多不利的条件。例如，不能观测到切削情况，只能听声音、看切屑、测油压来判断排屑与刀具磨损的情况；切削热不易传散，需有效的冷却；孔易钻偏斜；刀柄细长，刚性差，易振动，影响孔的加工精度，排屑不良，易损坏刀具等。因此深孔刀具的主要特点是需有较好的冷却、排屑措施及合理的导向装置。下面介绍几种典型的深孔刀具。

1）枪钻

枪钻属于小直径深孔钻，如图4-12所示。它的切削部分用高速钢或硬质合金制成，工作部分用无缝钢管压制成形。工作时工件旋转，钻头进给，一定压力的切削液从钻杆尾端注入，冷却切削区后沿钻杆凹槽将切屑冲出，也称外排屑。排出的切削液经过过滤、冷却后再流回液池，可循环使用。

枪钻加工直径为 2～20mm、长径比达 100 的中等精度的小深孔甚为有效。常选用 v_c= 40m/min、f= 0.01～0.02mm/r，浇注乳化切削液以压力为 6.3MPa、流量为 20L/min 为宜。

枪钻切削部分重要的特点是仅在轴线一侧有切削刃，没有横刃。使用时重磨内、外刃后面，形成外刃余偏角 ψ_{r1}=25°～30°，内刃余偏角 ψ_{r2}=20°～25°，钻尖偏距 $e = d/4$。由于内刃切出的孔底有锥形凸台，可帮助钻头定心导向。钻尖偏距合理时，内、外刃背向合力 F_p 与孔壁支撑反力平衡，可维持钻头的工作稳定。

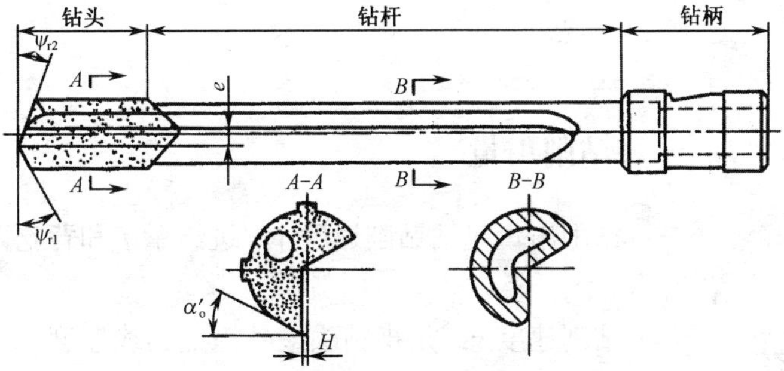

图 4-12　单刃外排屑小深孔枪钻

为使钻心处切削刃工作后角大于零，内切削刃前面不能高于轴心线，一般需控制其低于轴心线 H，以保证切削时形成直径约为 $2H$ 的导向心柱，也起附加定心导向作用。H 值常取 $(0.01～0.015)d$。由于导向心柱直径很小，因此能自行折断随切屑排出。

2）喷吸钻

喷吸钻（见图 4-13）采用了深孔钻的内排屑结构，再加上具有喷吸效应的排屑装置。

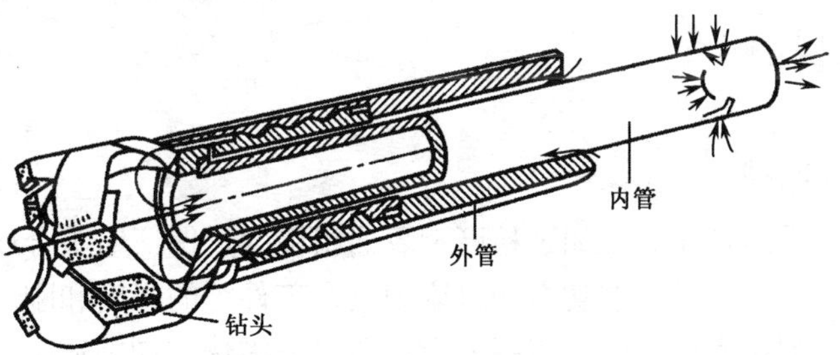

图 4-13　喷吸钻

喷吸排屑的原理是将压力切削液从刀体外压入切削区并用喷吸法进行内排屑，如图 4-13 所示，刀齿交错排列有利于分屑。切削液从进液口流入连接套，其中 1/3 从内管四周月牙形喷嘴喷入内管。由于牙槽隙缝很窄，切削液喷出时产生的喷射效应能使内管里形成负压区。另 2/3 切削液经内管与外管之间流入切削区，汇同切屑被负压吸入内管中，迅速向后排出，增强了排屑效果。

喷吸钻附加一套液压系统与连接套，可在车床、钻床、镗床上使用。喷吸钻适用于中等直径的深孔加工，钻孔的效率较高。

二、钻头的选择

直径小于 30mm 的孔一次钻出，直径为 30～80mm 的孔可分为两次钻削，先用(0.5～0.7)D（D 为要求的孔径）的钻头钻底孔，然后用直径为 D 的钻头将孔扩大。这样可以减小切削深度及轴向力，保护机床，同时提高钻孔质量。

模块三 选用钻削用量

知识链接

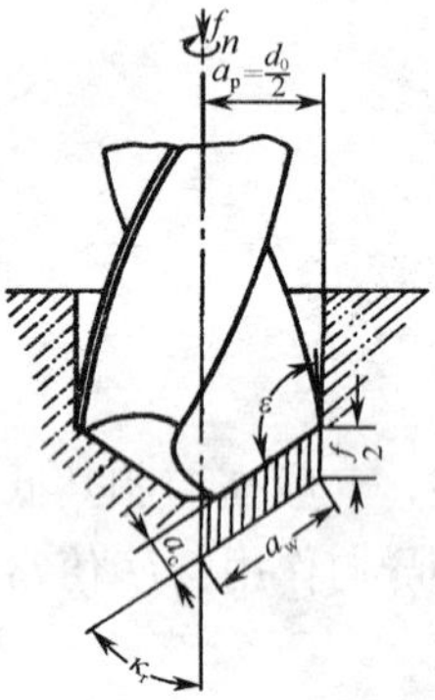

图 4-14 钻削用量

一、钻削用量

钻削用量包括钻削速度 v，进给量 f 和背吃刀量 a_p，如图 4-14 所示。

钻削速度 v：是指钻头最外缘处的线速度。

$$v=\frac{\pi d_0 n}{1000}$$

式中 d_0——钻头直径（mm）；

n——钻头转速（r/min）；

f——钻头每转一转，钻头轴向移动的距离（mm/r）；

f_z——而钻头每转过一个刀刃时，钻头的轴向位移（mm/Z）；

a_p——每个刀刃和工件的接触长度，$a_p=d_0/2$（mm）。

二、钻削用量的选择

1. 切削用量的选择原则

选择切削用量的目的是在保证加工精度和表面粗糙度，保证钻头合理耐用的前提下，提高生产率，同时不允许超过机床的功率和机床刀具、工件等的强度和刚度。

钻孔时，由于切削深度已由钻头直径所定，所以只需选择切削速度和进给量。

由于对钻孔生产率的影响，切削速度和进给量是相同的。对钻头耐用度的影响，切削速度比进给量大，对钻孔粗糙度的影响，进给量比切削速度大。因为进给量越大，加工表面的残留面积越大，表面越粗糙。综合以上各影响因素，钻孔时选择切削用量的基本原则是在允许范围内，尽量先选用较大的进给量（f）。当 f 受到表面粗糙度和钻头刚度限制时，再考虑较大的切削速度。

2. 切削用量的选择方法

具体选择时，应根据钻头直径、钻头材料、工件材料、表面粗糙度等方面来决定，一般情况下可查表选择。必要时，可作适当的修正或由试验确定。

孔的精度要求较高和表面粗糙度值要求较少时，应取较小的进给量；钻孔较深、钻头较长、刚度和强度较差时，也应取较小的进给量。高速钢标准麻花钻的进给量如表 4-1 所示。

表 4-1 高速钢标准麻花钻的进给量

钻头直径 D（mm）	＜3	3～6	＞6～12	＞12～25	＞25
进给量 f（mm/r）	0.025～0.05	＞0.05～0.10	＞0.10～0.18	＞0.18～0.38	＞0.38～0.62

3. 钻削速度的选择

当钻头的直径和进给量确定后，钻削速度应按钻头的寿命选择合理的数值，一般根据经验选择，如表 4-2 所示。孔深较大时，应取较小的切削速度。

表 4-2 高速钢标准麻花钻的切削速度

加工材料	硬度 HB	切削速度 v（m/min）	加工材料	硬度 HB	切削速度 v（m/min）
低碳钢	100～125 ＞125～175 ＞175～225	27 24 21	可锻铸铁	110～160 ＞160～200 ＞200～240 ＞240～280	42 25 20 12
中、高碳钢	125～175 ＞175～225 ＞225～275 ＞275～325	22 20 15 12	球墨铸铁	140～190 ＞190～225 ＞225～260 ＞260～300	30 21 17 12
合金钢	175～225 ＞225～275 ＞275～325 ＞325～375	18 15 12 10	灰铸铁	100～140 ＞140～190 ＞190～220 ＞220～260 ＞260～320	33 27 21 15 9

模块四 确定钻削方法

知识链接

一、工件的安装

钻孔前需要对工件进行固定，孔的位置和要求不同，需使用不同的方法进行钻孔。

小型工件通常用虎钳或平口钳装夹；较大的工件可用压板螺栓直接安装在工作台上；在圆柱形工件上钻孔可放在 V 形铁上进行，如图 4-15 所示。

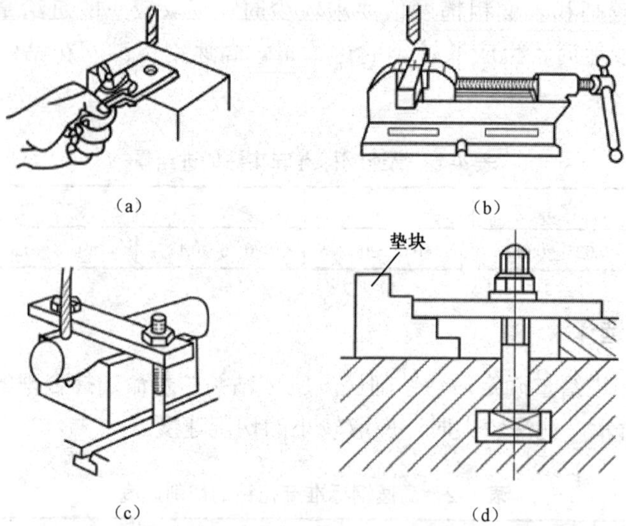

图 4-15　钻孔时工件的安装

(a) 手虎钳夹持零件；(b) 平口虎钳夹持零件；(c) V 形铁夹持零件；(d) 压板螺钉夹紧零件

二、钻孔的方法

孔的类型有很多种，对于不同的孔，所使用的钻孔方法也不同。下面将介绍几种常见的孔的钻削方法。

1. 钻通孔

图 4-16 所示为在轴 1 端头钻偏心通孔的方法。用两个 V 形块 3 将轴 1 调好偏心，将夹具 2 的一端接触台面，在另一端钻孔。然后将轴 1 和夹具 2 一起转 180°，仍使夹具 2 与原来台面接触的角部接触台面，即可在另一端钻出位于一条线上的通孔。

图 4-17 所示为用销子定位钻大件通孔的方法。如果孔太深，不能在工件 4 一边钻通时，可按划线钻进一半以上的孔 1 后，将工件撤出，在其他一切条件不变的情况下，钻头 3 继续向下在垫板 5 上钻个孔，在孔内插入一个滑配销子 2，将工件反过来，将所钻的半孔插到销子 2 上，则钻头在另一边钻的孔可保证与先前钻的半孔位于同一条直线上。

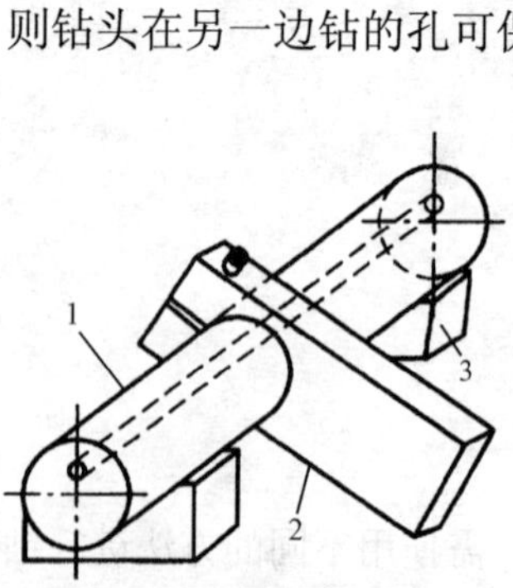

图 4-16　钻偏心通孔

1—轴；2—夹具；3—V 形块

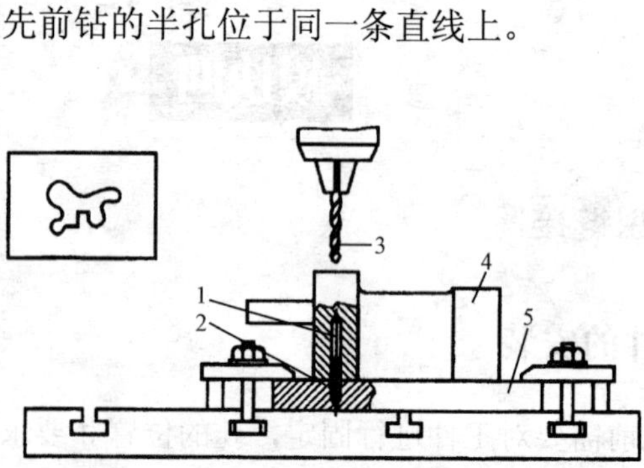

图 4-17　钻大件通孔

1—孔；2—滑配销子；3—钻头；4—工件；5—垫板

2. 轴上钻横孔的方法

图 4-18 所示为轴件钻横孔装置。要求通过轴线钻横孔的轴件 5，用夹具 4 紧固在有 V 形槽的底座 1 上。与 V 形槽配合的锥块 2 上用螺钉和销子固定一个小 V 形块 3，用其校准钻头位置后，将锥块 2 后撤，对轴件钻孔；还可以在锥块 2 上固定一个上下可调节的钻套，钻头通过钻套钻孔。

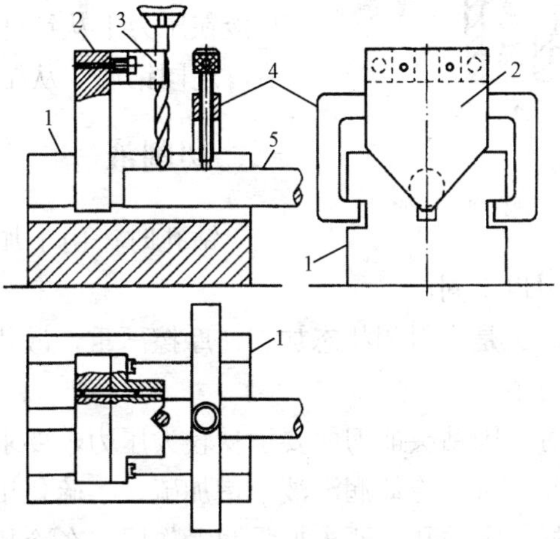

图 4-18　轴件钻横孔

1—底座；2—锥块；3—小 V 形块；4—夹具；5—轴件

图 4-19 所示为在两个直径不同的轴上同时钻横孔的方法。对两个直径大小不同而要求钻通过圆心的通孔时，可将小轴放在 V 形块上后，两边各放上一块厚度经过计算的垫板 2，再放上与垫板相切的大轴 1，夹紧后一次钻出通孔。

3. 曲面上钻孔工艺

图 4-20 所示为在曲板上自动钻孔的方法。飞行器薄板只有在骨架上才能更准确地一起钻孔。图示是上机械手 3 按程序将钻孔装置自动送到曲板 1 上后，开启小电动机 2 将钻具下行，待钻头接触板面时，开动电动机 4 钻孔。

图 4-21 所示为球上钻孔的方法。将一个螺纹管接头 1 的端头车平，加工出倒角，拧入插座 4 上。将球 2 放在倒角口上，拧螺纹盖 3 将其紧固后，钻头通过螺纹盖 3 的导孔对球钻孔。产量大时，在盖上加个钻套。在管 1 内加个厚壁衬套，可对小直径球钻孔。

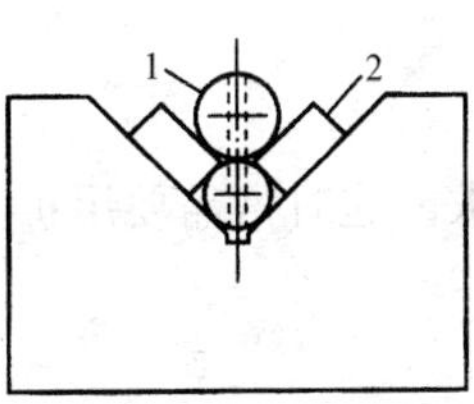

图 4-19　同时钻横孔

1—大轴；2—垫板

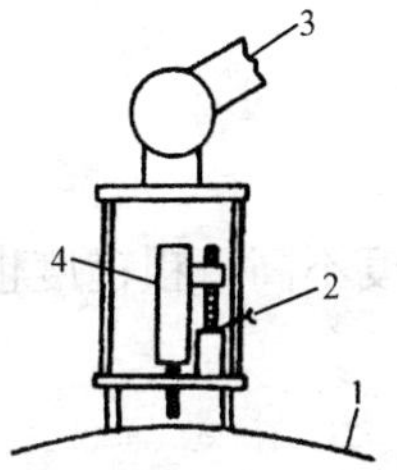

图 4-20　曲板上自动钻孔

1—曲板；2—小电动机；
3—上机械手；4—电动机

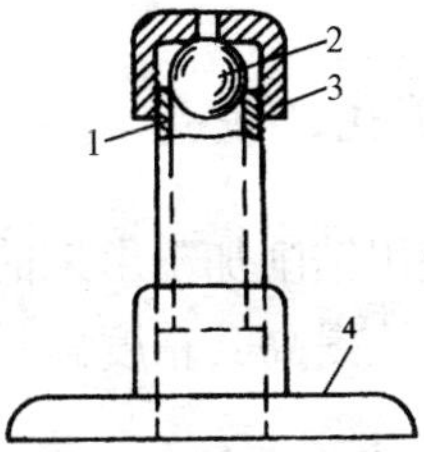

图 4-21　球上钻孔

1—螺纹管接头；2—球；
3—螺纹盖；4—插座

4. 钻深孔的加工方法

当切削孔的深度与直径之比大于 5 时称为深孔钻削。直径大的深孔钻，为了便于控制冷却液的循环和出屑，特别是对称的工件，一般是钻头不动，用转动的工件进行加工。如图 4-22 所示，钻头 2 不动，工件 4 转动的深孔钻，冷却液在压力下从钻杆内孔 1 进入，从钻头溢出后，连同钻屑 3 从钻杆向外排出。

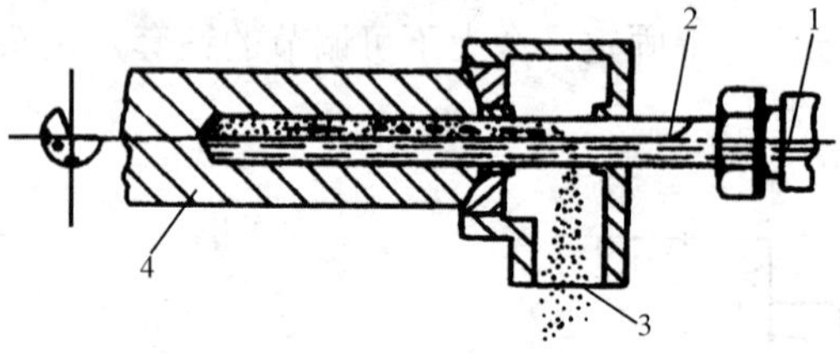

图 4-22 钻深孔

1—钻杆内孔；2—钻头；3—钻屑；4—工件

三、切削液

钻孔时，由于加工材料和加工要求不同，所用的切削液的种类和作用也不同。

钻孔一般属于粗加工，又是半封闭状态加工，摩擦严重，散热困难，使用切削液的目的是冷却润滑，主要以冷却为主。

在高强度材料上钻孔时，因钻头前刀面要承受较大压力，要求润滑膜有足够的强度，以减少摩擦和钻削阻力。因此，可在冷却润滑液中增加硫、二硫化钼等成分，如硫化切削油。

在塑性、韧性较大的材料上钻孔，要求加强润滑作用，在冷却润滑液中可加入适当的动物油和矿物油。

孔的精度要求较高和表面粗糙度值要求很小时，应选用主要起润滑作用的冷却润滑液，如菜油、猪油等。

钻削各种材料所用的冷却润滑液，如表 4-3 所示。

表 4-3 钻削各种材料所选用的冷却液

工件材料	切削液种类
各类结构钢	3%～5%乳化液，7%硫化乳化液
不锈钢、耐热钢	3%肥皂加 2%亚麻油水溶液，硫化切削油
紫铜、黄铜、青铜	不用或用 5%～8%乳化液
铸铁	不用或用 5%～8%乳化液，煤油
铝合金	不用或用 5%～8%乳化液，煤油，煤油与菜油混合油
有机玻璃	5%～8%乳化液，煤油

四、扩孔、铰孔

使用钻削加工出来的孔，一般精度不高，粗糙度也达不到要求，这时常需要用扩孔和铰孔的方法提高其精度。

1. 扩孔

扩孔是用扩孔钻对工件上已有的孔（铸出、锻出或钻出的孔）进行扩大加工。扩孔常作为孔的半精加工，也普遍用做铰孔前的预加工。扩孔的原理如图 4-23 所示，扩孔钻的结构如

图 4-24 所示。

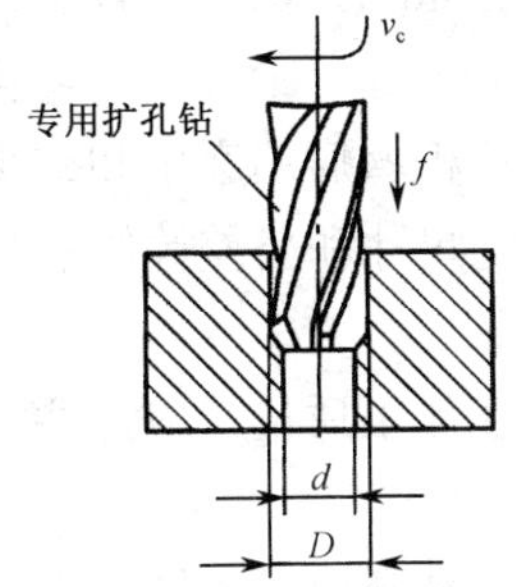

图 4-23　扩孔原理

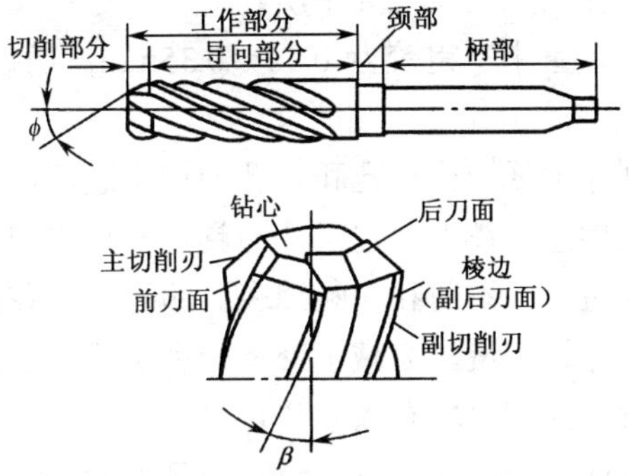

图 4-24　扩孔钻的结构

直径ϕ3～15mm 的扩孔钻做成整体带柄式，直径ϕ25～100mm 的扩孔钻做成整体套装式。在小批量生产的情况下，常用麻花钻经修磨钻尖的几何形状当扩孔钻用。

扩孔的质量比钻孔高，一般尺寸精度可达 IT10～IT7，表面粗糙度 Ra 值为 6.3～3.2μm。扩孔的加工余量为 0.5～4mm，比钻孔时小得多，因此扩孔钻的结构和切削情况比钻孔时要好。

扩孔钻与麻花钻在结构上相比有以下特点。

①刚性好。由于扩孔的背吃刀量 a_p 小，切屑少，容屑槽可做的浅而窄，使钻芯比较粗大，增加了工作部分的刚性。

②导向性较好。由于容屑槽浅而窄，可在刀体上做出三四个刀齿，这样可提高生产率，同时也增加了刀齿的棱边数，从而增强了扩孔时刀具的导向及修光作用，切削比较平稳。

③切削条件好。扩孔钻的切削刃不必自外缘延续到中心，无横刃，避免了横刃和由横刃引起的不良影响。轴向力较小，可采用较大的进给量，生产率较高。此外，切屑少，排屑顺利，不易刮伤已经加工的表面。

2. 铰孔

铰孔是在扩孔或半精镗的基础上进行的，是应用较为普遍的孔的精加工方法之一。铰孔的公差等级为 IT8～IT6，表面粗糙度为 Ra 1.6～0.4μm。

铰孔所用的刀具称为铰刀，铰刀可分为手铰刀和机铰刀。手铰刀如图 4-25（a）所示，用于手工铰孔，柄部为直柄；机铰刀如图 4-25（b）所示，多为锥柄，装在钻床上或车床上进行铰孔。

铰刀由工作部分、颈部和柄部组成。工作部分包括切削部分和修光部分。切削部分为锥形，担负主要的切削工作。修光部分有窄的棱边和倒锥，以减小与孔壁的摩擦和减小孔径扩张，同时校正孔

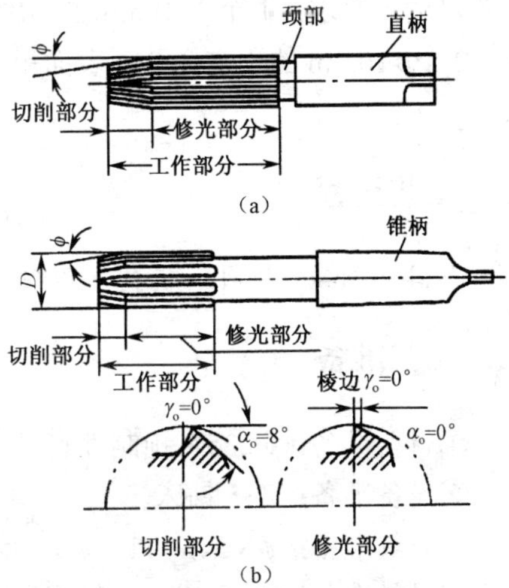

图 4-25　扩孔钻的结构
（a）手铰刀；（b）机铰刀

径，修光孔壁和导向。手铰刀修光部分较长，导向作用好。

铰刀铰孔的工艺特点如下所述。

①铰孔余量小。粗铰为 0.15～0.35mm；精铰为 0.05～0.15mm。切削力较小，零件的受力变形小。

②切削速度低。比钻孔和扩孔的切削速度低得多，可避免积屑瘤的产生和减少切削热。

③适应性差。铰刀属定尺寸刀具，一把铰刀只能加工一定尺寸和公差等级的孔，不宜铰削阶梯孔、短孔、不通孔和断续表面的孔（如花键孔）。

④需施加切削液。为减小摩擦，利于排屑、散热，以保证加工质量，应加注切削液。

铰孔时的注意事项有以下几点。

①合理选择铰孔的余量。铰削余量太大，铰孔不光，铰刀易磨损；余量太小，不能校正上次加工留下的加工误差，达不到铰孔的要求。

②铰孔时要选用合适的切削液进行润滑和冷却。铰削钢件一般用乳化液，铰削铸铁一般用煤油。

③机铰时要选择较低的切削速度、较大的进给量。

④铰孔时，铰刀在孔中绝对不能倒转，否则铰刀和孔壁之间易挤住切屑，造成孔壁划伤；机铰时，要在铰刀退出孔后再停车，否则孔壁有拉毛痕迹；铰通孔时，铰刀修光部分不可全部露出孔外，否则出口处会被划伤。

模块五　制定钻削工艺

一、图样分析

固定板上共有 10 个孔需要加工，其中有 4 个ϕ11mm 的螺栓孔，表面粗糙度为 *Ra*6.3μm，钻孔可达到要求；4 个 M10mm 的螺纹孔，表面粗糙度为 *Ra*6.3μm，钻孔、攻螺纹可达到要求；2 个ϕ10mm 的固定销孔，表面粗糙度为 *Ra*1.6μm，钻孔后需要扩孔、铰孔，才能达到要求。

二、工艺过程

下料→划线→钻孔→扩孔→攻螺纹→铰孔→检验。

三、工艺准备

①材料准备：Q235A 预制件。

②设备准备：Z35 钻床。

③刃具准备：ϕ8.5、ϕ11、ϕ9.8 麻花钻、M10 丝锥、ϕ10H7 铰刀。

④量具准备：游标卡尺、内径千分尺、M10 螺纹塞规。

⑤辅具准备：划针、样冲、锤子、平口钳等。

问题思考

1. 钻孔、扩孔和铰孔有什么区别？
2. 扩孔钻与麻花钻相比有何特点？
3. 机用铰刀和手用铰刀有何区别？

镗削任务描述

图 4-26 所示为一箱体零件，材料为 HT200，工件底面和侧面已粗加工，各留 3mm 余量，$2\times\phi 100^{+0.05}_{0}$ mm 预制孔铸为ϕ80mm 左右，$2\times\phi 100^{+0.05}_{0}$ mm 孔轴线的同轴度为ϕ0.03mm，对底面的平行度为 0.03mm，两孔的中心高为（450±0.1）mm，孔中心距侧面 *B* 为（350±0.2）mm，两孔的表面粗糙度为 *Ra*1.6μm。

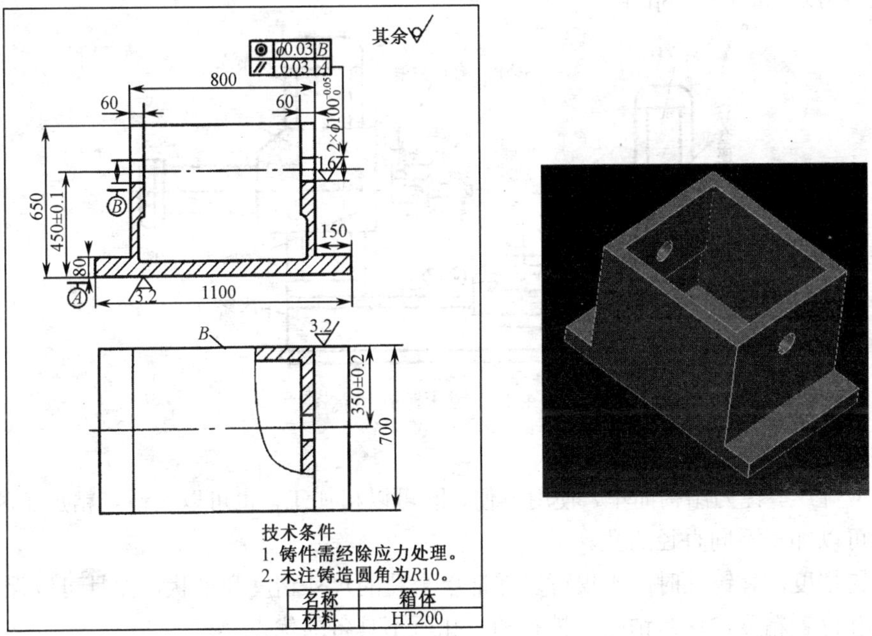

图 4-26　箱体零件

模块六　选用镗床

知识链接

一、镗削加工的特点

镗削加工（见图 4-27）是以镗刀的旋转运动为主运动，与工件随工作台的移动（或镗刀的移动）为进给运动相配合，切去工件上多余金属层的一种加工方法。这可以有效避免加工时工件作旋转运动的弊端。

镗孔是用镗刀对已有的孔进行扩大加工的方法，是常用的孔加工方法之一。对于直径大的孔（$D>80$mm）、内成形面或孔内环槽等，镗削是唯一适宜的加工方法。一般镗孔的尺寸公差等级为IT8～IT6，表面粗糙度为Ra1.6～0.8μm；精细镗时，尺寸公差等级可达IT7～IT5，表面粗糙度为Ra0.8～0.1μm。

镗孔通常在镗床上进行，镗床镗孔示意图如图4-27所示。主轴箱可沿前立柱上的导轨上下移动。主轴箱上有平旋盘和主轴，二者可分别安装镗刀，单独使用，主轴可做轴向移动。

镗削加工适应能力较强，这是因为镗床的多种部件都能作进给运动，使其具有加工上的多功能性。但镗刀后刀面与工件内孔表面摩擦较大，镗杆悬伸较长，故切削条件较差，容易引起振动。

镗削加工一般用于加工机座、箱体、支架及回转体等复杂的大型零件上的大直径孔，有位置精度要求的孔及孔系。镗孔时，其尺寸精度可达IT8～IT6级，孔距精度可达0.015mm，表面粗糙度可达Ral.6～0.8μm。

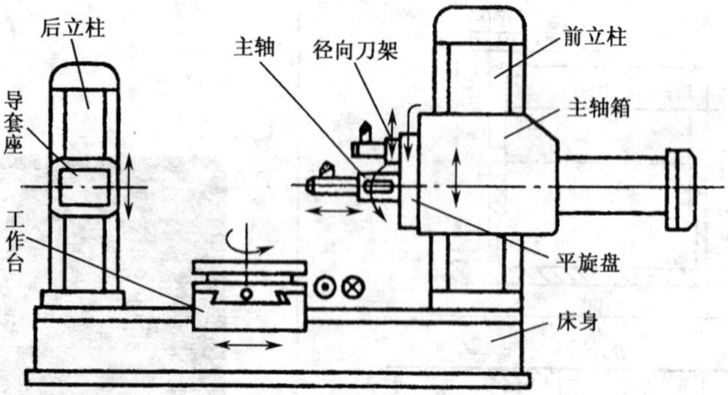

图4-27　镗床镗孔示意图

镗削的工艺特点有以下几个方面。

①适应性广。镗刀结构简单，使用方便，既可以粗加工，也可以实现半精加工和精加工，一把镗刀可以加工不同直径的孔。

②位置精度高。镗孔时，不仅可以保证单个孔的尺寸精度和形状，而且可以保证孔与孔之间的相互位置精度，这是钻孔、扩孔和铰孔所不具备的优点。

③可以纠正原有孔的偏斜。使用钻孔粗加工孔时所产生的轴线偏斜和不大的位置偏差可以通过镗孔来校正，从而确保加工质量。

④生产率低。镗削加工时，镗刀杆的刚性较差，为了减少镗刀的变形和防止振动，通常采用较小的切削用量，所以生产率较低，但对工人的技术水平要求高。

二、镗床

镗床根据结构、布局和用途的不同，主要分为卧式镗床、坐标镗床、金刚镗床、落地镗床、立式镗床和深孔钻镗床等类型。

1. 卧式镗床

卧式镗床是使用最广泛的镗床，又称万能镗床，可以进行孔加工、镗端面、镗螺纹和铣平面等（见图 4-28），尤其适于加工箱体零件中尺寸较大、精度较高且相互位置要求严格的孔系。

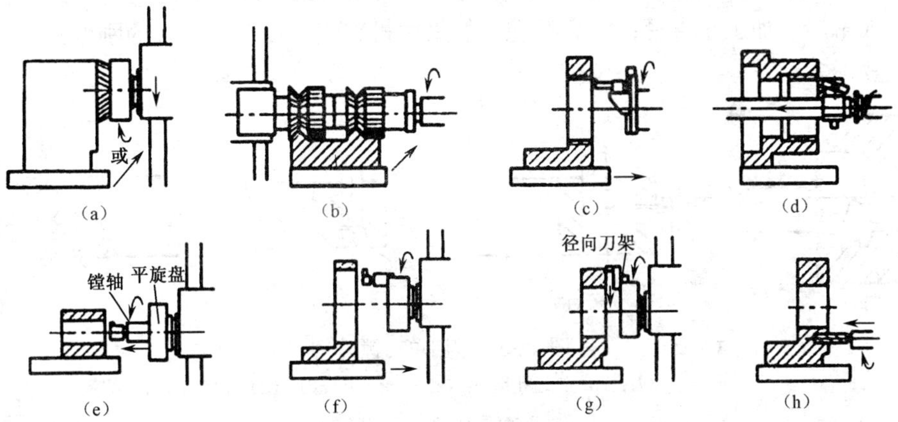

图 4-28　卧式镗床加工范围

（a）镗小孔；（b）镗大孔；（c）镗端面；（d）钻孔；（e）铣平面；（f）铣组合面；（g）键螺纹；（h）镗深孔螺纹

工件在一次装夹的情况下，即可完成多种表面的加工。但卧式镗床结构复杂，生产率低，适合小批量、大而重的工件，特别是箱体零件的加工。

2. 坐标镗床

坐标镗床具有精密坐标定位装置，是一种用途较为广泛的精密机床。它主要用于镗削尺寸、形状和位置精度要求比较高的孔系。此外，在坐标镗床上还能进行精密刻度，样板的精密刻线，孔间距及直线尺寸的精密测量等。

坐标镗床有立式和卧式之分。立式坐标镗床适于加工轴线与安装基面（底面）垂直的孔系和铣削顶面；卧式坐标镗床适于加工与安装基面平行的孔系和铣削侧面。立式坐标镗床还有单柱和双柱两种形式。

3. 落地镗床

落地镗床（见图 4-29）用于加工某些庞大而笨重的工件。加工时，工件直接固定在地面上，镗轴 3 位置是由立柱 1 沿床身 5 的导轨作横向移动及主轴箱 2 沿立柱导轨作上下移动来进行调整的。落地镗床具有万能性大、集中操纵、移动部件的灵敏度高、操作方便等特点。

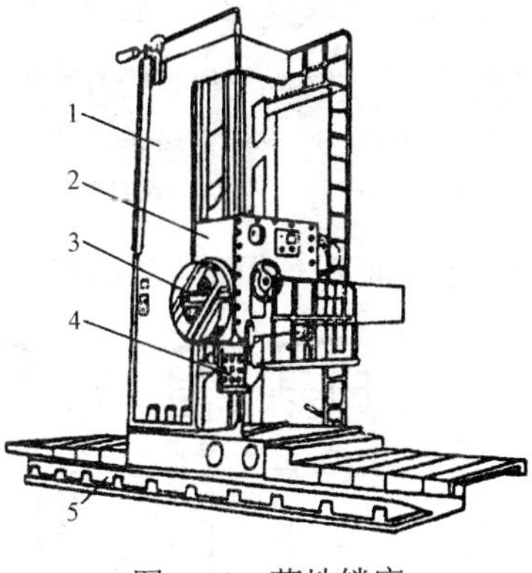

图 4-29　落地镗床

1—立柱；2—主轴箱；3—镗轴；4—操纵板；5—床身

模块七　选用镗刀

知识链接

镗刀按切削刃形式可分为单刃镗刀、双刃镗刀等。

一、单刃镗刀

单刃镗刀适用于孔的粗、精加工。常用的单刃镗刀如图 4-30 所示，有整体式和机夹式之分。整体式常用于加工小直径；大直径孔一般采用机夹式，以获得较好的刚度，防止切削时的振动或变形。

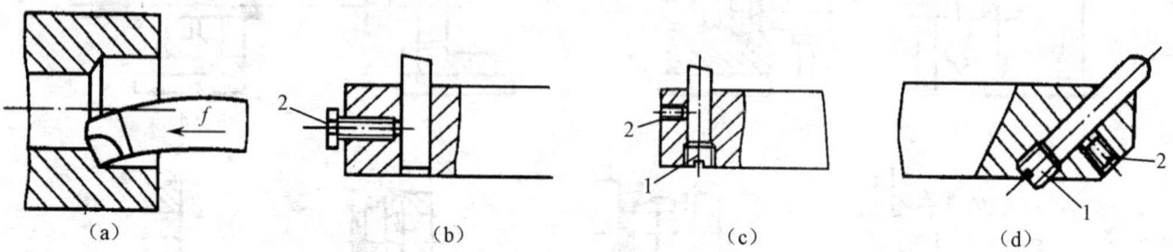

图 4-30　常用单刃镗刀

（a）整体式镗刀；（b）镗通孔镗刀；（c）镗阶梯孔镗刀；（d）镗盲孔镗刀

1—调整螺钉；2—紧固螺钉

由于机夹镗刀调整较费时间，精度也不易控制，在坐标镗床或数控机床上常使用微调镗刀。微调镗刀如图 4-31 所示。带有精密螺纹的圆柱形镗刀头插在镗刀杆的孔中，导向键起定位与导向作用。带刻度的调整螺母与镗刀头螺纹精确配合，并在镗刀杆的圆锥面上定位。拉紧螺钉通过垫圈将镗刀头拉紧固定在镗刀杆中。镗孔时，可通过调整螺母对镗刀头的径向尺寸进行微调。

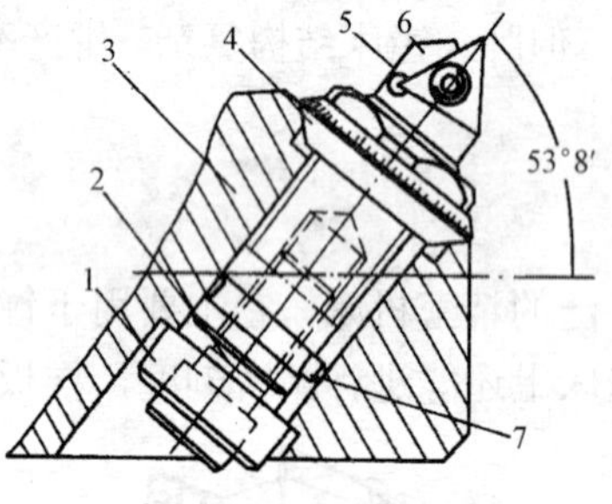

图 4-31　微调镗刀

1—垫圈；2—拉紧螺钉；3—镗刀杆；

4—调整螺母；5—刀片；6—镗刀头；7—导向键

二、双刃镗刀

双刃镗刀的两条切削刃对称分布在镗杆的两侧，可消除径向力对镗杆产生变形影响。双刃镗刀有固定式和浮动式两种，如图 4-32 和图 4-33 所示。

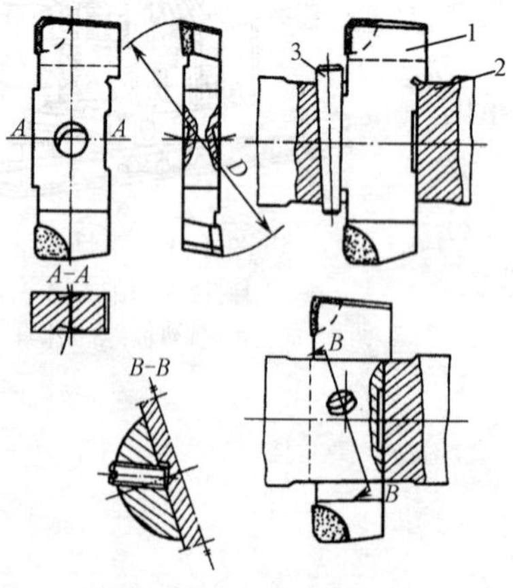

图 4-32　固定式镗刀

1—刀块；2—刀杆；3—定位销

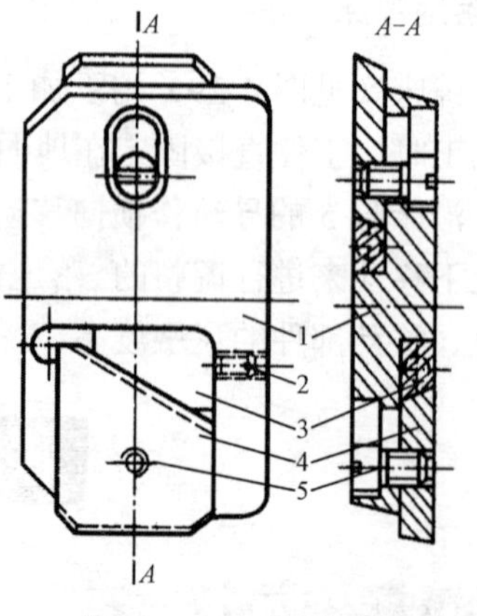

图 4-33　浮动式镗刀

1—刀块；2、5—螺钉；3—斜面垫板；4—刀片

固定式镗刀。工件尺寸及精度由镗刀保证，但刃磨次数有限，材料利用率不高。

浮动式镗刀。刀片的直径尺寸可在一定范围内调节，而且镗孔时，刀片不紧固在铰杆上，可径向自由浮动，以消除由于镗杆偏摆和刀片安装造成的误差，加工精度高。

三、镗刀杆和镗刀头的选择

镗刀杆是安装在机床主轴孔中工作的，用以夹持镗刀头的杆状工具。镗刀头按照能否准确控制镗孔尺寸，分为简易式镗刀杆和可调式镗刀杆。

镗刀盘又称镗刀头或镗刀架。它具有良好的刚性，镗孔时能够精确地控制孔的直径尺寸。镗刀盘结构简单，使用方便。燕尾上分布的几个装刀孔，可用内六角螺钉将镗刀固定在装刀孔内，使可镗孔的尺寸范围有了更大的扩展。

为保证镗刀杆和镗刀头有足够的刚性，镗刀杆的直径应为工件孔径的 0.7 倍左右，且镗杆上装刀方孔的尺寸约为镗刀杆直径的 0.2～0.4 倍，具体可参考表 4-4。当工件的孔径小于 30mm 时，最好采用整体式镗刀。工件孔径大于 120mm 时，只要镗刀杆和镗刀头有足够的刚性就行。镗刀杆的直径不必很大。另外，在选择镗刀杆直径时还需要考虑孔的深度和镗刀杆所需要的长度。镗刀杆长度较短，其直径可适当减小；镗刀杆长度越长，其直径应选得大些。

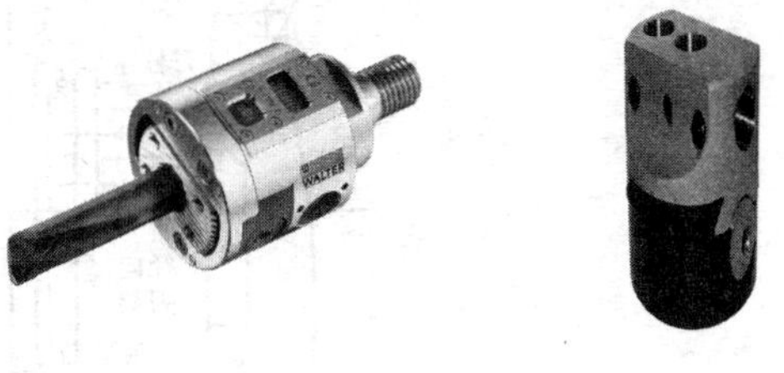

（a）　（b）

图 4-34　镗刀盘

表 4-4　镗刀杆直径与方孔尺寸推荐

孔径	30～40	40～50	50～70	70～90	90～120
镗刀杆直径	20～30	30～40	40～50	50～65	65～90
方刀孔尺寸	8×8	10×10	12×12	16×16	20×20

四、镗刀的对中心方法

镗孔时，使镗刀旋转轴线与镗孔的轴线相互重合过程，称为镗刀对中心。常用的镗刀的对中心方法有按划线对中心、靠镗刀杆对中心、测量法对中心和寻边器对中心法。

模块八　确定镗削方法

知识链接

一、利用主轴带动镗刀镗孔

图 4-35（a）和（b）所示为镗削短孔，图 4-35（c）所示为镗削箱体两壁相距较远的同轴孔系。

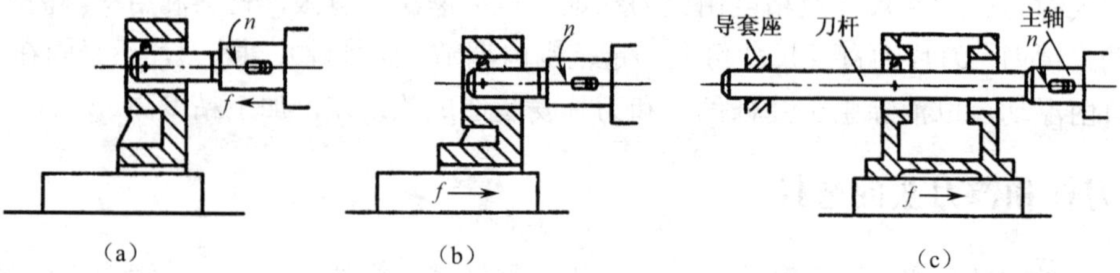

图 4-35　主轴旋转进行镗孔

二、利用平旋盘带动镗刀镗孔

如图 4-36 所示，当利用径向刀架使镗刀处于偏心位置时，可镗削大孔和大孔的内槽。

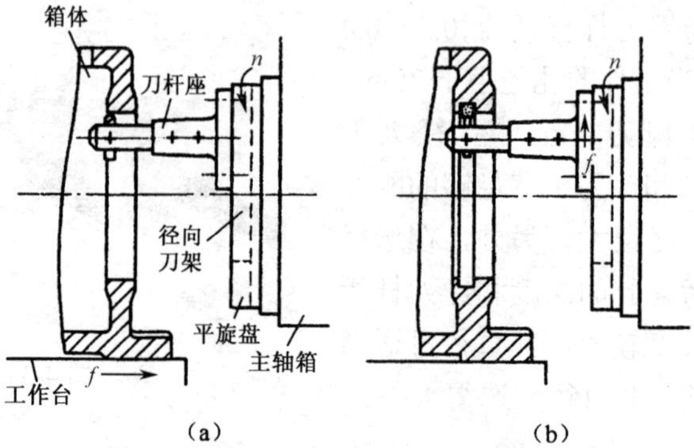

图 4-36　利用平旋盘镗削大孔和内槽

三、孔系镗削

箱体类零件上的孔系除有同轴度的要求外，还常有孔距精度的要求及轴线间的平行度和垂直度要求。

在单件小批量生产中，工件的孔距精度一般利用镗床主轴箱的工作台和坐标尺调整主轴箱上下位置和工作台前后位置来保证。当孔距精度要求更高时，可利用百分表和量块调整主轴箱和工作台的位置。孔系轴线的平行度靠各排孔在工件一次装夹中进行镗削来保证。

对于孔系轴线的垂直度，当要求不高时，可利用定位挡块将工作台扳转 90° 予以保证；当要求较高时，可利用如图 4-37 所示的方法予以保证。在镗削第 I 排孔之前，如图 4-37（a）所示，用百分表将工作台立面调整到与主轴轴线垂直的位置；在第 I 排孔加工之后，如图 4-37（b）所示，将工作台扳转 90°，再用百分表找正，使该立面与主轴轴线平行，再镗削第 II 排孔。如果箱体上需要加工大端面，可先加工大端面或事先在工作台上安装一个平直的垫铁，以代替工作台的立面用百分表进行找正。

在大批量生产中，孔系的孔距精度及轴线间的平行度和垂直度均靠镗模予以保证。用镗模镗削箱体的平行孔系如图 4-38 所示，此镗模用两块模板，镗刀杆与镗床主轴浮动连接，靠导向套支撑，依次镗削各排孔。

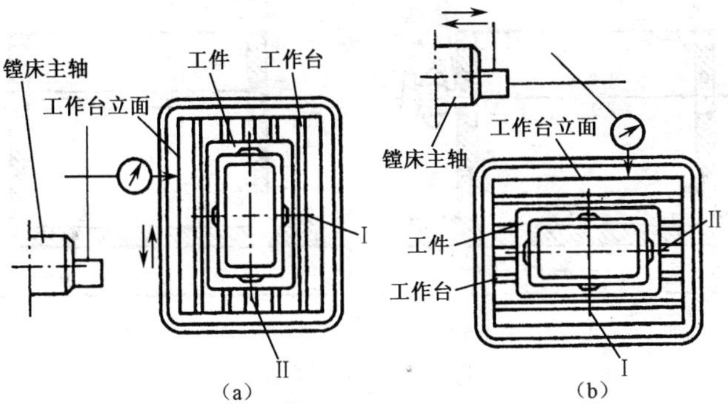

图 4-37　用百分表找正保证垂直孔系的垂直度

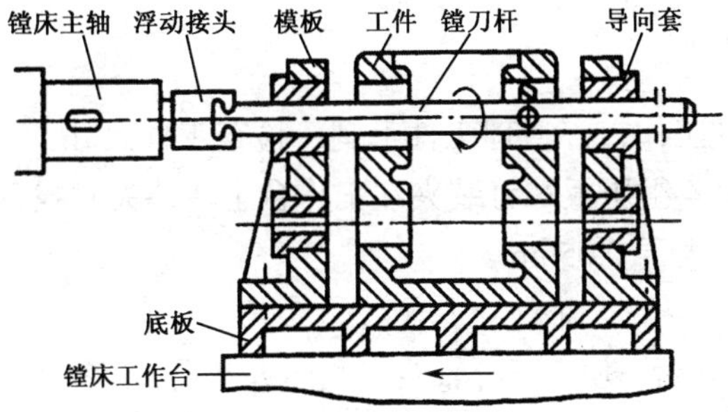

图 4-38　用镗模镗削平行孔系

模块九　制定镗削工艺

一、工艺方案

根据工件材料和加工技术要求，工艺方案如下所述。

①机床的选择。选择 T6111 型卧式铣镗床加工。

②刀具的选择。镗第一孔时用短刀杆镗刀，镗第二孔时用长刀杆镗刀。

③装夹方法。工件用 4 组压板螺钉装夹在工作台上。

④镗削方法。工件两孔是同轴孔，由于长、宽尺寸较大，无法用回转工作台回转加工，故采用悬伸镗削法。镗第一孔时，用短刀杆镗刀，镗出后装上导向套。镗第二孔时用长刀杆镗刀，如图 4-39 所示。镗削需划分粗、精加工阶段，粗加工后应进行消除应力处理。$2\times\phi100_{0}^{+0.05}$ mm 两孔设计基准为底面及侧面 B，因此定位基准、测量基准均选择底面及侧面 B。加工路线如下：

粗镗第一孔→粗镗第二孔→人工时效处理→精刨底面及侧面 B→半精镗第一孔→精镗第一孔→半精镗第二孔→精镗第二孔。

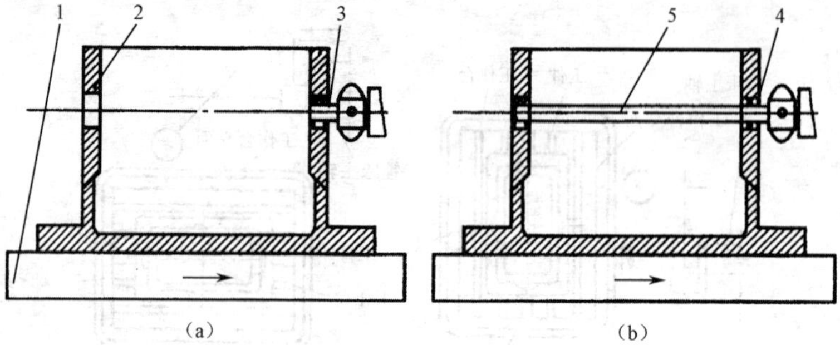

图 4-39　镗削方法

(a) 用短刀杆镗削第一孔；(b) 装上导向套；用长刀杆镗削第二孔

1—工作台；2—工件；3—短刀杆；4—导向套；5—长刀杆

二、加工步骤

①做检查准备：清理工作台，清理工件毛刺，检查工件尺寸。

②装夹工件：工件用 4 组压板螺钉装夹在工作台上，装夹时找正工件 *B* 侧面与工作台纵向移动方向平行，误差不大于 0.05mm。

③安装短刀杆镗刀。

④找正：横向移动工作台，使镗刀杆轴线与侧面 *B* 相距（353±0.1）mm，垂直移动镗刀杆，使镗刀杆轴线距工作台面（453±0.1）mm，此时镗刀杆回转中心即为粗镗第一孔中心位置。

⑤粗镗第一孔：以镗床工作台送进，选用较大切削用量粗镗第一孔，镗至ϕ（95.5±0.5）mm。

⑥换装长镗刀杆。

⑦粗镗第二孔：以镗床工作台送进，选用适当切削用量粗镗第二孔，镗至ϕ（94.5±0.5）mm。

⑧人工时效处理。

⑨精刨底面、精刨侧面 *B*。

⑩重新装夹找正。装夹时找正工件 *B* 侧面与工作台纵向移动方向平行，误差不大于 0.03mm；找正ϕ100mm 孔中心位置，使镗刀杆轴线距 *B* 侧面（350±0.06）mm，距工作台面（450±0.03）mm。

⑪换装短镗刀杆。

⑫半精镗第一孔：单边留精镗余量 0.3～0.4mm，保证尺寸（350±0.1）mm，中心高（450±0.05）mm，孔表面粗糙度为 *Ra* 1.6μm。

⑬精镗第一孔：镗至图样要求。

⑭装导向套：将导向套装入第一孔中。

⑮换装长镗刀杆：先将镗刀杆穿进导向套内，再装上镗刀头。

⑯半精镗第二孔：单边留精镗余量 0.3～0.4mm，孔表面粗糙度为 *Ra* 3.2μm。

⑰精镗第二孔：镗至图样要求。

三、悬伸镗削加工注意事项

①合理选用镗削方式。悬伸镗削同轴孔系有多种方式，主要为工作台送进和主轴送进两

类。一般来说，以主轴送进镗削同轴孔系时，随着主轴和刀杆的悬伸长度不断增加，刀具系统刚度逐渐变差，因而镗削精度不高，它只适用于工作台不能作纵向移动的镗床。在多数情况下，均采用工作台送进镗削同轴孔系。

②镗床主轴保持一定的悬伸长度。主轴悬伸长度一致，它对所镗同轴孔系轴心线的直线度（镗刀杆挠度）的影响是一致的。采用导向套支撑，保证了在使用长、短不同镗刀杆时，镗刀杆挠度误差对镗削同轴孔系轴心线直线度的一致性，因此，可保证同轴孔系不同孔的孔径尺寸精度及同轴度。

③选用精密可靠的导向套。导向套最好用铜合金制造，内孔中间拉上几道油槽，使用时加上适量润滑油，以增加耐磨和润滑性。导向套外径应与镗出的第一孔实际孔径有 0.02mm 左右的间隙，内孔和镗刀杆为间隙配合，间隙约为 0.03～0.05mm。若间隙过大，会影响其导向精度；间隙过小，则影响到镗杆的自由转动，妨碍镗削的正常进行。

问题思考

1. 试叙述镗削加工的工艺范围。
2. 镗削工艺有何特点？
3. 请举例常用镗床的型号及特点。
4. 常用镗削方法有哪些？

课题5 铣削工艺

学习导航

铣削是机床切削加工一种重要的加工方法，应用非常普遍。它是在铣床上利用铣刀的旋转运动作为主运动，工件相对于铣刀的移动（或转动）作为进给运动来加工工件，达到图样所要求的精度（包括尺寸、形状和位置精度）和表面质量的加工方法。

任务描述

V形块的零件图如图5-1所示。材料：45钢，毛坯尺寸为106×76×66mm。

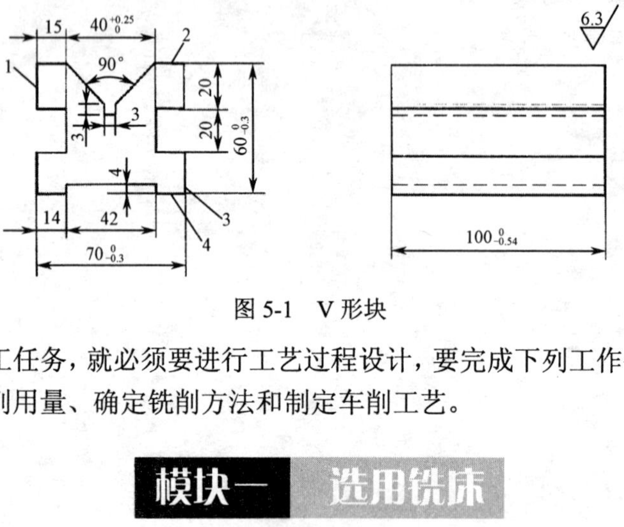

图5-1 V形块

要完成上述加工任务，就必须要进行工艺过程设计，要完成下列工作任务必须选用铣床、选用铣刀、选用铣削用量、确定铣削方法和制定车削工艺。

模块一 选用铣床

知识链接

一、铣削加工方法

1. 铣削的工作内容

在铣床上使用不同的铣刀可以加工平面（水平面、垂直平面、斜面）、台阶、沟槽（直角沟槽、V 形槽、T 形槽、燕尾槽等)、特形面和切断等。此外，使用分度装置可加工需周向等分的花键、齿轮和螺旋槽等。在铣床上还可以进行钻孔、铰孔和铣孔等工作。铣削能完成如图 5-2 所示的主要工作。

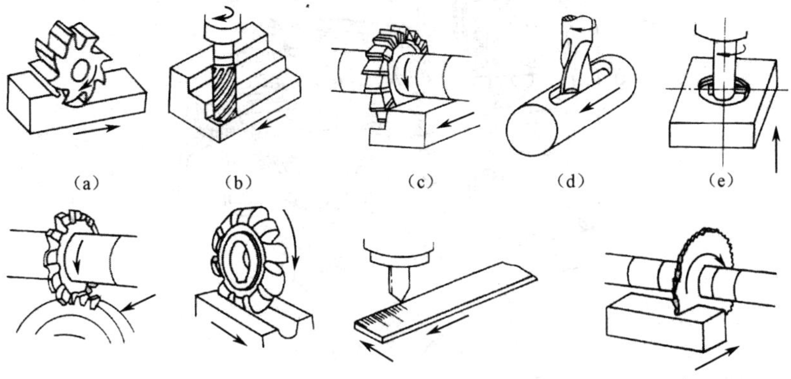

图 5-2　在铣床上能完成的工作

（a）铣平面；（b）立铣台阶；（c）卧铣台阶；（d）铣键槽；（e）镗孔；（f）铣齿轮；（g）铣成形面；（h）刻线；（i）铣断

2. 铣削加工的工艺特点

①在金属切削加工中，铣削的应用仅次于车削。铣削的主运动是铣刀的回转运动，切削速度较高，除加工狭长的平面外，其生产率均高于刨削。

②铣刀种类多，铣床的功能强，因此铣削的适应性好，能完成多种表面的加工。

③铣刀为多刃刀具，铣削时，各刀齿轮流承担切削，冷却条件好，刀具使用寿命长。

④铣削时，铣刀各刀齿的铣削是断续的，铣削过程中同时参与切削的刀齿数是变化的，切屑厚度也是变化的，因此切削力是变化的，存在冲击。

⑤铣削的经济加工精度为 IT9～IT7，表面粗糙度 *Ra* 值为 12.5～1.6μm。

二、铣床

1. 卧式铣床

卧式铣床的主要特征是铣床主轴轴线与工作台面平行。铣削时将铣刀安装在与主轴相连接的刀杆上，随主轴做旋转运动，被切削工件装夹在工作台面上对铣刀做相对进给运动，从而完成切削工作。卧式铣床加工范围很广，可以加工沟槽、平面、成形面、螺旋槽等。根据加工范围的大小，卧式铣床又可分为一般卧式铣床（平铣）和卧式万能铣床。卧式万能铣床的结构与一般卧式铣床有所不同，其纵向工作台与横向工作台之间有一回转盘，并具有回转刻度线。使用时，可以按照需要在±45° 范围内扳转角度，以适应圆盘铣刀加工螺旋槽等工件。同时，卧式万能铣床还带有较多附件，加工范围比较广。典型机床型号为 X6132W（见图 5-3）。

X6132W 型铣床是中型卧式万能铣床。它具有功率大、转速高、刚度好、工艺范围广、操作方便等优点。主要适用于单件小批量生产，也可用于成批生产。

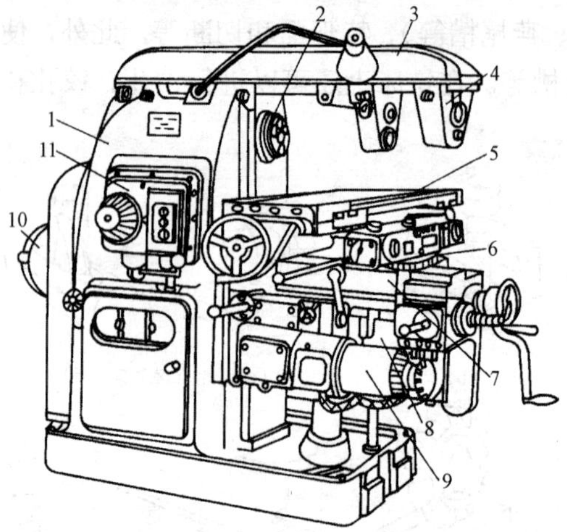

图 5-3　X6132W 型铣床

1—床身；2—主轴；3—横梁；4—吊架；5—纵向工作台；6—回转盘；7—横向工作台；
8—升降台；9—进给变速箱；10—电动机；11—主轴变速箱

X6132W 型铣床型号含义如下：X 表示“铣床”，6 表示“卧式”，2 表示“2 号工作台”，W 表示“万能”。

X6132W 型铣床的主要规格如下：工作台面积（宽×长）为 320×1250mm；主轴转速 18 级，30～1500r/min；工作台进给量 18 级，纵向与横向为 23.5～1180mm/min；主电动机功率为 7.5kW。

2. 立式铣床

立式铣床主轴呈铅垂位置，与工作台垂直，具有观察清楚、检查调整方便等特点。

立式铣床有两种形式：一种是铣头与床身做成整体的，这种铣床刚性比较好，但加工范围比较小；另一种是铣头与床身不成整体的，根据加工的需要，可以将铣头扳转一个角度，以适应铣削各种角度面、椭圆孔等工件。由于铣床立铣头可回转，所以目前在生产中应用广泛。典型机床型号为 X5032（见图 5-4）。

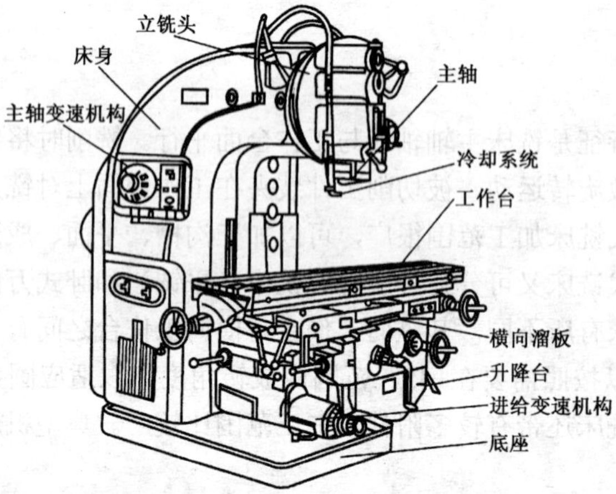

图 5-4　X5032 型立式升降台铣床

X5032W 型铣床为立式万能铣床。工作台可随升降台作上下垂直运动，并能在升降台上纵、横向运动，铣床主轴轴线与工作台面垂直，主轴装在立铣头内，可沿其轴线方向进给或经手动调整位置。立铣头可在垂直面内±45°范围内扳动角度，使主轴与工作台面倾斜成所需角度，以扩大加工范围，能铣削平面、斜面、沟槽、阶台、键槽、切断、球面、螺旋表面、齿轮及进行钻孔、铰孔等。特别适于用硬质合金端面铣刀进行高速铣削。

3. 龙门铣床

由床身、两根立柱及顶梁构成的龙门式框架。铣削动力头安装在龙门导轨上，可做横向和升降运动。工作台安装在床身上，只能做纵向运动。通常龙门铣床一般有三四个铣头，分别安装在左右立柱和横梁上。铣削时，可单独或同时工作，以铣削工件的不同表面，这类铣床适合加工大型工件，生产效率较高。典型机床型号为 X2010C（见图 5-5）。

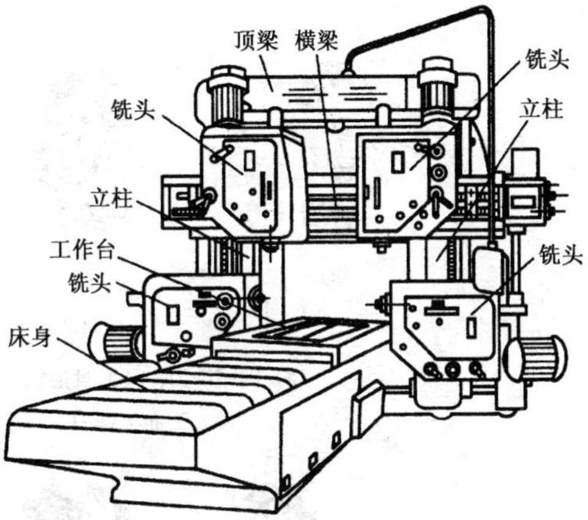

图 5-5　X2010C 型四轴龙门铣床

模块二　选用铣刀

一、常用铣削刀具

1. 按铣刀切削部分的材料分

①高速钢铣刀。应用广泛，尤其适用于制造形状复杂的铣刀。

②硬质合金铣刀。可用于高速切削或加工硬材料，多用做端铣刀。

2. 按铣刀用途分

按铣刀用途分有加工平面的铣刀、加工沟槽或台阶的铣刀及加工成形表面用的铣刀等，如图 5-6～图 5-9 所示。

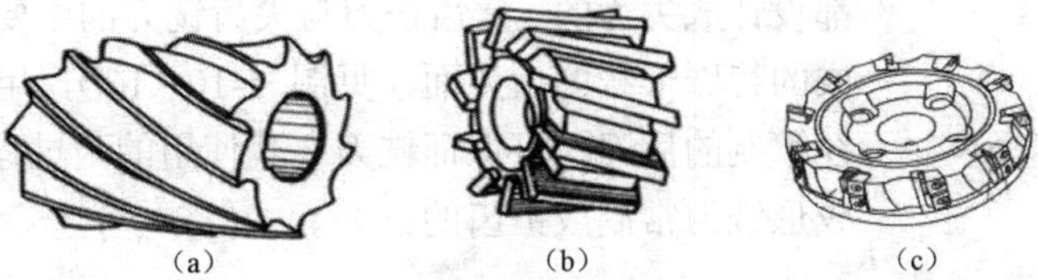

图 5-6　铣平面用铣刀

（a）圆柱铣刀；（b）套式面铣刀；（c）机夹面铣刀

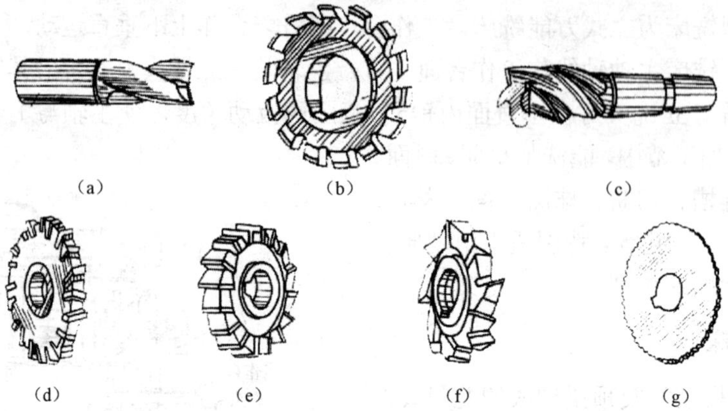

图 5-7　铣沟槽用铣刀

（a）键槽铣刀；（b）盘形铣刀；（c）立铣刀；（d）镶齿三面刃铣刀；
（e）三面刃铣刀；（f）错齿三面刃铣刀；（g）锯片铣刀

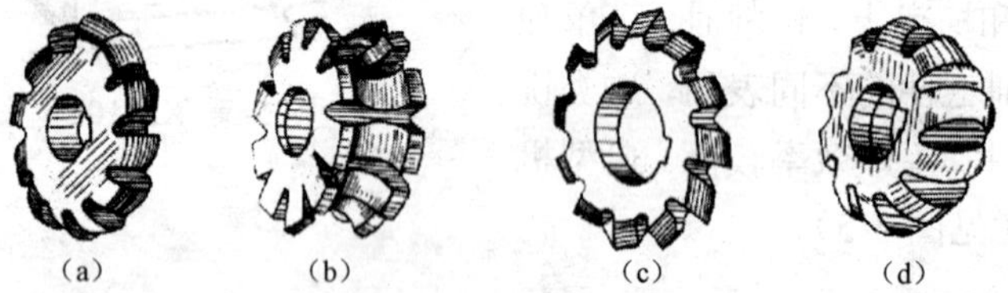

图 5-8　铣成形面用铣刀

（a）凸半圆铣刀；（b）凹半圆铣刀；（c）齿轮铣刀；（d）成形铣刀

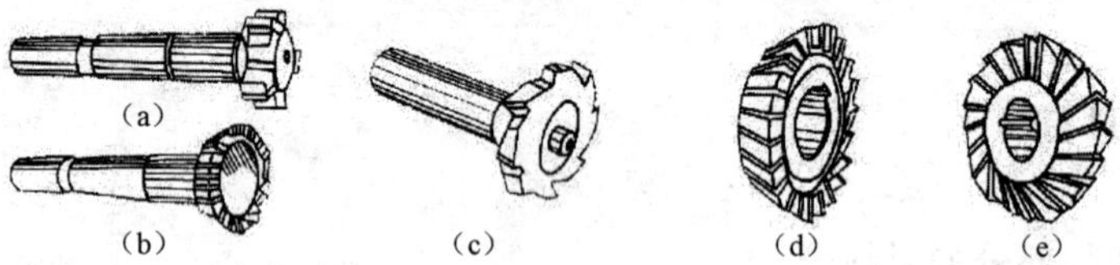

图 5-9　铣成形沟槽用铣刀

（a）T 形槽铣刀；（b）燕尾槽铣刀；（c）半圆键槽铣刀；（d）单角铣刀；（e）双角铣刀

3. 按齿背形式分

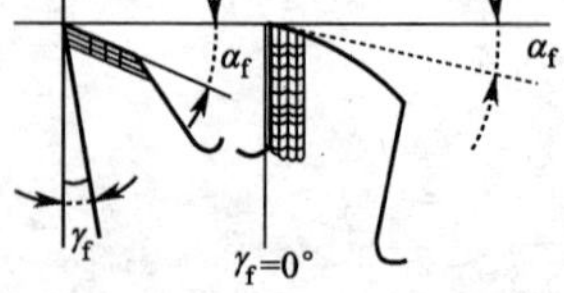

图 5-10　刀背铲齿形式

按齿背形式分铣刀分为尖齿铣刀和铲齿铣刀两类。尖齿铣刀齿背经铣削而成，后刀面是简单平面（见图 5-10（a）），用钝后重磨后刀面即可。该刀具应用广泛，加工平面及沟槽的铣刀一般都设计成尖齿的。铲齿铣刀与尖齿铣刀的主要区别是具有铲制而成的特殊形状的后刀面（见图 5-10（b）），用钝后重磨前刀面。经铲制的后刀面可保证铣刀在其使用的全过程中轮廓形状不变。成形铣刀常制成铲齿的。

二、铣刀的几何角度

以直齿三面刃铣刀为例，如图 5-11 所示。

1. 铣刀切削部分的组成

铣刀是一种多刃刀具，每一个刀齿相当于一把车刀，以一个刀齿来确定铣刀切削部分的组成及几何角度。

（1）切削刃

①主切削刃。起始于切削刃上主偏角为零的点，并至少有一段切削刃用来在工件上切出过渡表面的那个整段切削刃，也即在刀齿上担任主要切削工作的切削刃。由于铣削的进给方向总是垂直于铣刀轴线，因此铣刀的主切削刃分布在外旋转面上。

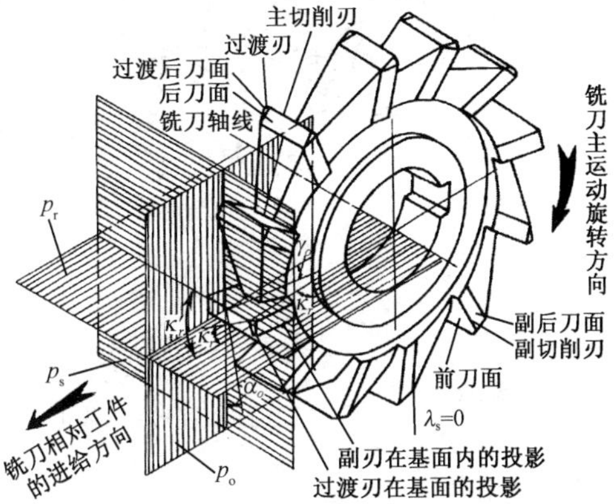

图 5-11 直齿三面刃铣刀的铣削部分组成及几何角度

②副切削刃。副切削刃是切削刃上除主切削刃以外的刃，也起始于主偏角为零的点但它在背离主切削刃的方向延伸，也即在刀齿上担任辅助切削工作并修整工件已加工表面。铣刀的副切削刃分布在铣刀的端面上。

③刀尖。刀尖是指主切削刃和副切削刃连接处相当少的一部分切削刃，俗称过渡刃。为了增加刀尖的强度和改善散热条件，在刀尖上磨出一小段直线形或圆弧形的切削刃。

（2）刀面

①前刀面。刀具上切屑流过的表面。铣刀的前刀面大多数是平面或螺旋面。

②后刀面。与工件上切削中产生的表面相对的表面。

③副后刀面。刀具上同前刀面相交形成副切削刃的后面。

④过渡后刀面。通过刀尖（过渡刃）和前刀面相毗邻的表面。

对硬质合金的铣刀，为了增加切削刃的强度，在前刀面上沿主切削刃及过渡刃处磨出一条宽度极窄的倒角，倒角的表面称为棱面。

2. 铣刀的几何参数

（1）圆柱形铣刀的几何角度

研究圆柱形铣刀的几何角度，应首先建立铣刀的静止参考系。圆周铣削时，铣刀旋转运动是主运动，工件的直线运动是进给运动。圆柱形铣刀的正交平面参考系由 P_r、P_s 和 P_o 组成，如图 5-12（a）所示，它们的定义可参考车削中的规定。

由于设计和制造需要，还可采用法平面参考系规定圆柱形铣刀的几何角度，如图 5-12（b）所示。

1）螺旋角

螺旋角 ω 是螺旋切削刃展开成直线后，与铣刀轴线的夹角。显然，螺旋角 ω 等于圆柱形铣刀的刃倾角 λ_s。它能使刀齿逐渐切入和切离工件，能增加实际工作前角，使切削轻快平稳；同时形成螺旋形切屑。其排屑容易，可防止切屑堵塞现象。一般细齿圆柱形铣刀 $\omega=30°\sim35°$，粗齿圆柱形铣刀 $\omega=40°\sim45°$。

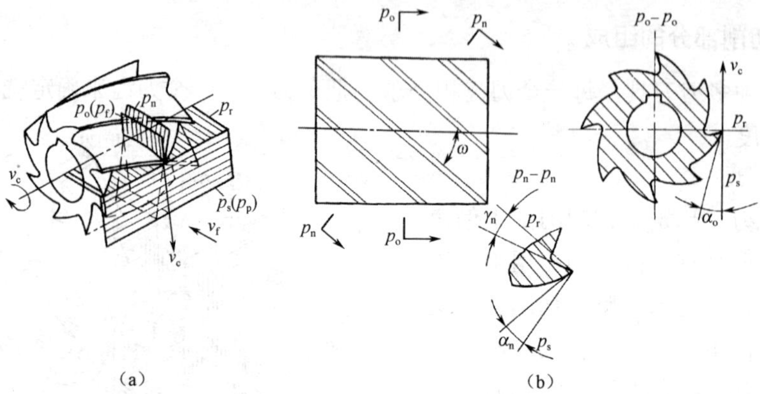

图 5-12　圆柱形铣刀的几何角度

（a）圆柱形铣刀静止参考系；（b）圆柱形铣刀几何角度

2）前角

前角通常在图样中应标注为 γ_n，以便于制造。但在检验时，通常测量正交平面前角 γ_o。铣削钢件时 γ_n=10°～20°，铣削铸铁件时，取 γ_n=5°～15°。

3）后角

圆柱形铣刀后角规定在 P_o 平面内测量。铣削时切削厚度比较小，磨损主要发生在后面上，适当地增大后角 α_o = 12°～16°，粗铣时取小值，精铣时取大值。

（2）面铣刀的几何角度

面铣刀的静止参考系如图 5-13（a）所示，其几何角度除规定在正交平面参考系度量外还规定在背平面、假定工作平面参考系内表示，以便面铣刀的刀体设计和制造。

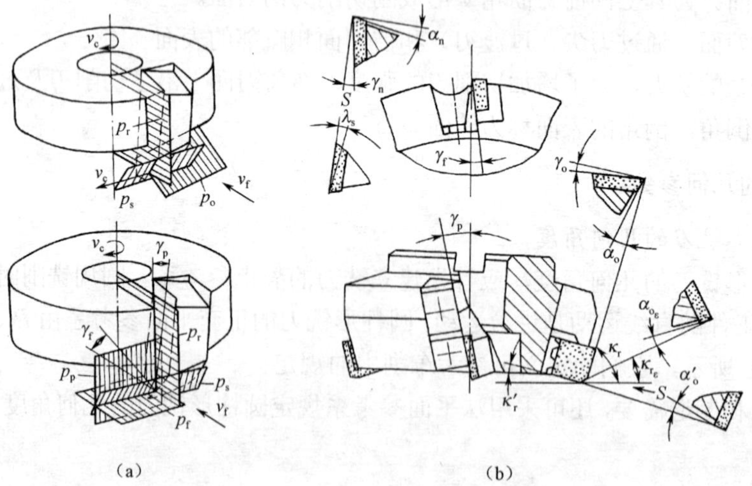

图 5-13　面铣刀的几何角度

（a）面铣刀的静止参考系；（b）面铣刀的几何角度

如图 5-13（b）所示，在正交平面参考系中，标注角度有 γ_o、α_o、λ_s、κ_r、κ_r'、α_o'、$\alpha_{o\varepsilon}'$ 和 $\kappa_{r\varepsilon}$。除在主切削刃上标有前角 γ_o、后角 α_o、刃倾角 λ_s 和主偏角 κ_r 外，也在副切削刃上标有附后角 α_o' 和副偏角 κ_r'，在过渡切削刃上标有过渡刃后角 $\alpha_{o\varepsilon}'$ 和偏角 $\kappa_{r\varepsilon}'$。

在大多数情况下，铣刀刀齿上的各条切削刃都落在同一前刀面上，只要主切削刃上的前角、刃倾角及主偏角确定后，前刀面的位置就确定了，在其他切削刃上的角度也就自然确定，并可通过计算求得。

机夹面铣刀每个刀齿安装在刀体上之前，相当于一把 γ_o、λ_s 等于零的车刀，以利于刀齿集中制造的刃磨。为了获得所需的切削角度，使刀齿在刀体内径向倾斜 γ_f 角、轴向倾斜 γ_p 角。若已确定 γ_o、λ_s 和 κ_r 值，则可换算出 γ_f 和 γ_p。并将它们标注在装配图上，以供制造需要。

硬质合金面铣刀铣削时，由于断续切削，刀齿经受较大的机械冲击，在选择几何角度时，应保证刀齿具有足够强度。一般加工钢件时，取 γ_o=5°～-5°、λ_s=-15°～-7°、κ_r=45°～75°、κ_r'=5°～15°、α_o=6°～12°、α_o'=8°～10°。

三、铣刀几何角度的选择

选择几何角度，主要要处理好铣刀的锐利和坚固两者之间的关系，它们是相互矛盾的。作为刀具，锐利是决定切削性能的主要因素，对坚固的要求可相应低些，但必要的坚固又是有效地发挥切削刃锋利的基础，应正确地理解两者之间的辩证关系，合理地选择铣刀的几何角度。

1. 选择前角

前角的功用主要是切削刃锋利，减小切屑变形和降低切削力，但过大的前角会影响切削刃的强度及散热条件。

前角选择时，首先要考虑工件材料的性质；其次是刀具材料的性质；此外还要考虑具体的加工条件及铣刀的类型。例如，工件表面有硬皮时，前角要适当小些，成形铣刀为了廓形设计方便，常取前角为零度。

2. 选择后角

后角的功用主要是减小后刀面和工件之间的摩擦，但后角过大会影响刀刃的强度及散热条件。

后角的数值应按切削厚度或每齿进给来选择，进给量大时，切削负载大，发热大，要求散热好，后角应小些；反之，进给量小时，要求切削刃锋利、后角宜大。

3. 选择刃倾角 λ_s（或螺旋角）

刃倾角 λ_s 是很重要的角度，其功用主要有以下几个方面。

① λ_s=0 时的刀具切削加工称为直角切削。切削速度和切屑流出方向都垂直于切削刃，切屑并沿着前刀面上坡度最大的方向流出。$\lambda_s \neq 0$ 时的刀具切削加工称为斜角切削。切削速度和切屑流出方向都不垂直于切削刃，偏过了一个 $\lambda_{屑}$ 角度，切屑沿着前刀面上坡度较小的方向流出，这相当于实际的前角增大了。同时 $\lambda_s \neq 0$ 时，沿切削刃产生一个滑动速度，形成一种“锯削”的作用，使切削刃显得更锐利，可以实现微量切削。应当指出，$\lambda_s \leqslant 15°$ 时，实际切削前角的增大及“锯削”作用并不显著。

②正值的刃倾角越小，刀尖抗冲击能力越好。

③由于刃倾角的存在，使切削刃逐渐切入工件，随后逐渐切离工件，减小铣削力的波动，使切削平稳。

根据各类铣刀使用刃倾角的目的，予以区别对待，如圆柱形平面铣刀、立铣刀等。一般螺旋角取 30°～45°；对加工不锈钢、耐热合金的铣刀可取螺旋角为 60°～70°。对硬质合金面铣刀，刃倾角的主要作用是提高刀刃抗冲击能力，一般取 12°～15°，最大不要超过 20°，否则轴向分力太大，排屑情况也变坏。

4. 选择主偏角及过渡刃

对面铣刀而言，主偏角越小，则刀尖强度越高、散热越好、寿命提高，但轴向分力增大，容易产生切削振动。因此主偏角的选择原则是，在工艺系统刚度允许的条件下，尽可能取较小值，一般可取 45°～75°。

为了改善刀尖处的强度及散热条件，一般铣刀磨出过渡刃。过渡刃偏角，一般为主偏角的一半。过渡刃长度，对面铣刀取 1～2mm，对槽铣刀、立铣刀，根据工件要求，一般取 0.5～1.5mm。

5. 选择副偏角及修光刃

副偏角的作用是减小副刃与工件已加工表面之间的摩擦，但副偏角太大会使工件已加工表面的残留面积高度增大，影响表面粗糙度。高速钢铣刀一般取 1°～2°；硬质合金铣刀取 3°～5°；锯片及铣槽刀为了使重磨后宽度变化较小，一般在 1° 范围以内。

对精加工的面铣刀，副偏角为零度，也称修光刃，修光刃长度取 1.5～2mm，当工艺系统刚性不足时，可只在 1～2 个刀齿上面磨出修光刃，其长度大于每转进给量，它可将工作表面的残留面积切除。

四、铣刀直径和齿数的选择

1. 铣刀选用方法

一般尽可能选用小直径的铣刀，其原因有以下几个方面。

①直径越大，切削力矩越大，容易产生切削振动。

②直径越大，铣刀切入工件的长度越大，同时在切削速度的条件下，主轴转速下降，使铣削效率下降。

③对盘形铣刀，直径越大，安装后轴向跳动量越大，会影响加工精度。

2. 铣刀直径的确定

铣刀直径可按铣削吃刀量或铣削宽度来确定，其计算公式为

面铣刀　$D=(1.4\sim1.6)a_e\ \mathrm{mm}$

圆柱形平面铣刀　$D=(11\sim14)a_e\ \mathrm{mm}$

盘形槽铣刀　$D>2(a_e+K)+d\ \mathrm{mm}$

式中　d——刀杆垫圈的外径（mm）；

K——工件上突出工件待加工表面部分的高度（mm）。

对于刚性和强度较差的带柄立铣刀，尽可能选择较大的直径，以增加铣刀刚性。

3. 铣刀刀齿的选择

铣刀齿数越多，切削越平稳，加工表面粗糙度值越小，在 f_z 一定时，可提高切削效率。但齿数过多，会减少齿槽有效容屑空间，限制 f_z 的提高。一般粗齿的标准高速钢铣刀适用于粗铣或加工塑性材料；细齿适用于精铣或加工脆性材料。

硬质合金面铣刀，有疏齿、中齿及密齿之分。疏齿适用于钢件的粗铣，中齿适用于铣削带有断续表面的铸铁件或对钢件的连续表面进行粗铣及精铣；密齿适用于在机床功率足够时对铸铁件进行粗铣或精铣。

五、铣刀的磨损

1. 铣刀磨损原因

（1）机械摩擦引起的磨损

（2）切削温度引起的磨损

①黏结磨损。在切削温度稍高的情况下，铣刀前、后刀面上的一些突出点会和工件或切屑发生黏结，于是刀具材料逐渐被工件或切屑黏附带走，形成黏结磨损。

②相变磨损。在更高的切削温度下，使用高速钢铣刀，刀具表面层退火引起金相组织发生变化，硬度下降，加剧铣刀的磨损。

③扩散磨损。用硬质合金铣刀高速铣削时，切削温度更高，此时硬质合金中的元素逐渐扩散到切屑、工件中去，而工件材料中的铁元素又扩散到刀具表层来，使刀片表层化学成分变化，硬度下降，促使铣刀磨损。

2. 影响铣刀磨损的因素

由上述磨损原因所知，铣刀的磨损主要是由于切削温度升高而引起的，机械摩擦的作用是次要的。因此，凡是影响切削温度的因素都要引起铣刀磨损。

①铣削用量。υ_c、f_z、α_e（圆柱铣刀）或 α_p（面铣刀）、α_p（圆柱铣刀）或 α_e（面铣刀）四个要素中任一个增大，都会使切削温度升高，加速铣刀的磨损。但是它们的影响程度是各不相同的，以铣削速度 υ_c 的影响最大，进给量 f_z 其次，铣削吃刀量 α_e 或 α_p 的影响最小。

因此选择切削用量的原则是，先尽可能取大的 α_p 或 α_e，其次尽量取大的 f_z，最后才尽量取大的 υ_c，以充分发挥铣刀的潜力。

②铣刀几何角度。适当增大前角及后角可减少切屑变形，减少切削热的产生，使磨损减轻，但过大的前角及后角，又会使刀刃散热条件变坏，铣刀的磨损又会加快。

铣刀的主偏角对磨损影响较大，主偏角越小，主切削刃工作长度就越长，单位长度上的切削荷载较轻，刀尖散热条件也越好，铣刀的磨损速度也就较慢。

③刀具材料。刀具材料的耐热性越好，则在高温下保持其硬度的能力越高，越不容易产生黏结磨损及相变磨损；刀具材料的组织越细密，则在发生黏结现象后，被切屑或工件撕裂带走的可能性就越小；刀具材料和工作材料的化学亲和力越大，则黏结和扩散的倾向也越大。

例如，加工钛合金，不能用含钛的硬质合金，否则扩散现象严重，磨损极快。

④工件材料。工件材料的硬度、强度越高，导热性越差，则铣削温度高，铣刀磨损快。但有些材料（如奥氏体不锈钢）的原始硬度及强度并不高，而加工硬化的倾向大、导热性差，铣削时切削温度极高，铣刀磨损很快。

⑤切削液。切削液可以减少切屑变形和减少切削热的产生，同时吸收大量的散热，使温度下降。此外，还起润滑作用使前刀面及后刀面上的摩擦及黏结现象减轻，铣刀磨损就较慢。

3. 铣刀的磨损限度

根据铣刀的工作特点：刀齿的切削时间短、空程时间长、散热条件好、切削厚度薄等，而铣刀的后刀面都要发生磨损，通常以后刀面的磨损痕迹Δn 的大小来确定铣刀是否钝化。

首先分析铣刀的磨损曲线，如图 5-14 所示。磨损过程可分三个阶段：初期磨损阶段（曲线 *OA* 段）、正常磨损阶段（曲线 *AB* 段）、急剧磨损阶段（曲线 *BC* 段）。正常磨损阶段，磨损的速度缓慢，进入急剧磨损阶段，表明铣刀已磨钝，最合理的是以正常磨损阶段的终点 *B* 处的磨损量Δn 作为磨损限度。在一般的切削用量手册中都载有各种铣刀的磨损限度的具体数据。

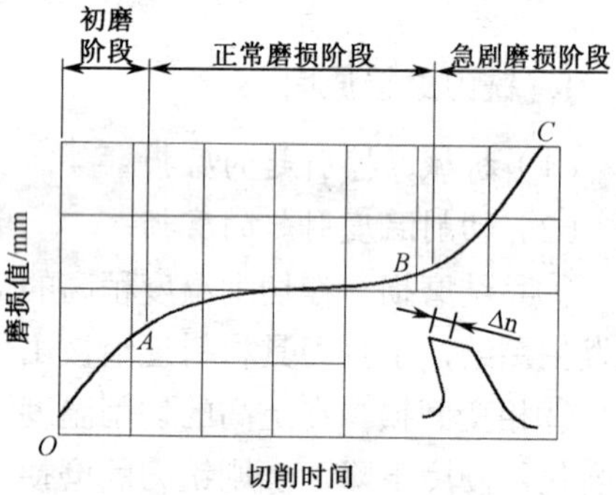

图 5-14　磨损曲线

在实际生活中，一般可按铣削过程中出现的一些直观现象来判断铣刀是否已磨钝。

①铣削钢材、纯铜等塑性材料时，工件边缘产生严重的毛刺：铣削铸铁等脆性材料时，工件边缘产生明显的碎裂剥落现象。

②铣削时发生不正常的刺耳啸叫，或用硬质合金铣刀高速铣削时切削刃出现严重的火花。

③工件振动加剧。

④切削由规则的片状或带状变为不规则的碎片。

⑤铣削钢件时高速钢铣刀的切屑由灰白色变成黄色，或硬质合金铣刀的切屑呈紫黑色。

⑥精铣时，工件的尺寸精度明显下降或表面粗糙度值明显上升。

应当指出，上述现象出现时，铣刀可能已进入急剧磨损阶段，所以应经常对铣削过程进行仔细观察比较，以便找一个可靠的征兆，作为判断磨钝程度的依据。

4. 铣刀的寿命

在磨损限度确定后，铣刀的寿命和磨损速度有关，磨损速度越慢，则寿命越高。

为了提高铣刀寿命，一般可从改善工件材料的加工性能、合理设计铣刀几何角度、选择高性能的刀具材料及采用优良的切削液等多方面着手。当以上诸多因素已确定时，铣刀寿命主要与铣削用量有关。铣削用量越大，磨损越快，寿命越低，其中以切削速度的影响为最大。提高铣刀寿命和选用最优的铣削用量相互矛盾，铣刀寿命因当选有一个合理的数值，以便提高生产效率。

模块三 选择铣削方式

一、端铣和周铣

1. 端铣及其应用

利用铣刀端部刀齿切削的铣削方式称为端铣。端铣的表面粗糙度 *Ra* 值比周铣小，能获得较光洁的表面。因为端铣时可以利用副切削刃对已加工表面进行修光，只要选择合适的副偏角，即可减小已加工表面的残留面积，即减少 *Ra* 值。

端铣的生产率高于周铣。因为端铣刀可以采用硬质合金刀头，刀杆受力情况好，不易产生变形，因此，可以采用大的切削用量，其切削速度可达 150m/min。

端铣的适应性较差，一般仅用于铣削平面，尤其是大平面。用端铣刀加工平面时，根据铣刀与工件位置不同可以分为对称铣和不对称铣。

（1）端铣时的不对称铣

工件的铣削宽度偏于端铣刀回转中心一侧时的铣削方式，称为不对称铣。图 5-15（a）所示为不对称顺铣，顺铣部分所占的比例较大，各刀齿上纵向切削力之和进给方向相同，切削时容易拉动工作台和丝杠，所以，端铣时一般不采用不对称顺铣。图 5-15（b）所示为不对称逆铣，切削时，切削厚度由薄变厚，但不是从零开始，所以没有周铣时逆铣那样的缺点。刀齿作用于工件上的切削力的纵向分力和进给方向相反，可以防止工作台窜动，这种方式适宜于较窄工件的铣削。

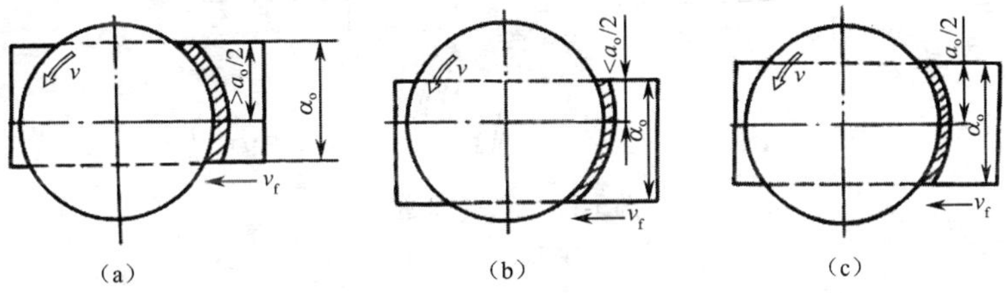

图 5-15 对称和不对称铣

（a）不对称顺铣；（b）不对称逆铣；（c）对称铣

（2）端铣时的对称铣

铣刀处于工件对称位置的铣削，称为对称铣，如图 5-15（c）所示。工件的前半部分为顺铣，后半部分为逆铣，当纵向进给铣削时，前后两刀齿对工件的作用力在水平方向的分力有一部分抵消，不会出现拉动工作台窜动的现象。对称铣适用于工件宽度接近铣刀直径，并且铣刀刀齿数多的情况。

2. 周铣及其应用

利用铣刀圆周刀齿切削的方式称为周铣。周铣的表面粗糙度 *Ra* 值比端铣大，因为周铣时只有圆周刀刃进行切削，已加工表面实际上由许多圆弧组成，*Ra* 值较大，如图 5-16 所示。

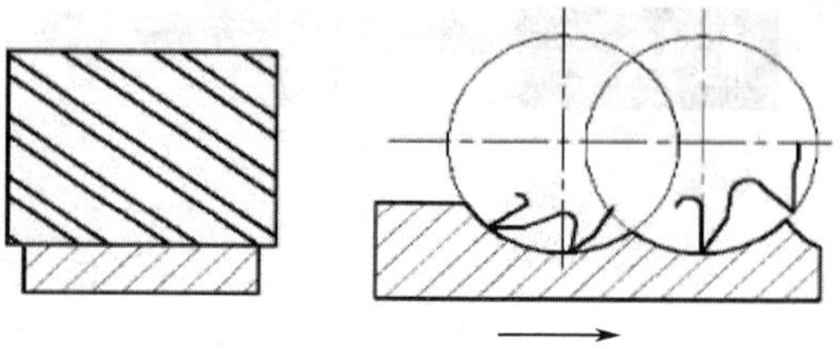

图 5-16　周铣时的残留面积

周铣刀多用高速钢制成，切削时刀轴要承受较大的弯曲力，其钢性又差，切削用量受到一定的限制，切削速度小于 30m/min。

周铣的适应性强，能铣削平面、沟槽、齿轮和成形面等。

（1）周铣时的逆铣

铣刀接触工件时的旋转方向与进给方向相反的铣削方式称为逆铣，如图 5-17（a）所示。

逆铣时，每齿切削厚度由零到最大。切削刃在开始时不能立即切入工件，需要在工件已加工表面上滑行一小段距离，因此，工件表面冷硬程度加重，表面粗糙度变大，刀具磨损加剧。铣刀对工件的作用力在垂直方向上的分力向上，不利于工件的夹紧。但水平分力的方向与进给方向相反，有利于工作台的平稳移动。

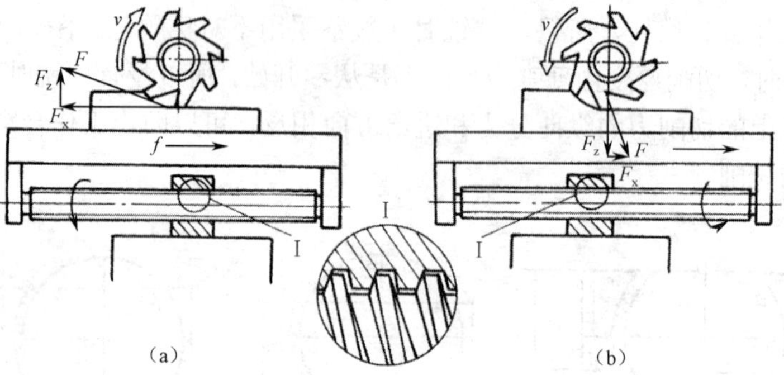

图 5-17　顺铣和逆铣

（a）逆铣；（b）顺铣

（2）周铣时的顺铣

周铣时，铣刀接触工件时的旋转方向和工件的进给方向相同的铣削方法称为顺铣，如图 5-17（b）所示。顺铣时，每齿的切削厚度由最大到零，刀齿和工件之间没有相对滑动，因此，加工面上没有因摩擦而造成的硬化层，容易切削，加工表面的粗糙度值低，刀具的寿命也长，顺铣时，铣刀对工件的作用力在垂直方向的分力始终向下，有利于工件的夹紧和铣削的顺利进行，但刀齿作用在工件上的水平分力与进给方向相同，当其大于工作台和导轨之间的摩擦力时，就会把工作台连同丝杠向前拉动一段距离，这段距离等于丝杠和螺母间的间隙，因而将影响工件的表面质量，严重时还会损坏刀具，造成事故，所以很少采用。

综上所述，顺铣虽有不少优点，但因其容易引起振动，仅能对表面无硬皮的工件进行加工，并且要求铣床装有调整丝杆和螺母间隙的顺铣装置，所以只有在铣削余量较小，产生的切削力不超过工作台和导轨间的摩擦力时，才采用顺铣。如果机床上有顺铣装置，在消除间隙之后，也可以采用顺铣。在其他情况下，尤其加工具有硬皮的铸件、锻件毛坯时和使用没有间隙调整装置的铣床时，都要采用逆铣。顺铣和逆铣的比较见表 5-1。

表 5-1　顺铣和逆铣的比较

简图		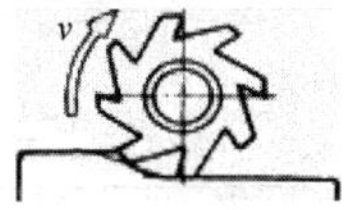	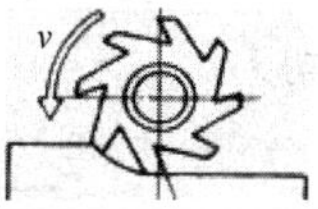
定义		铣刀接触工件时的旋转方向和工件的进给方向相反的铣削方法称为逆铣	铣刀接触工件时的旋转方向和工件的进给方向相同的铣削方法称为顺铣
对工件的影响	表面粗糙度值	大	小
	加工硬化程度	重	轻
	需要加紧力	大	小
	进给均匀性	均匀	丝杠、螺母轴向间隙较大时工作台被突然拉动，不均匀
对刀具磨损的影响		大	小（有硬皮除外）
适用场合		一般情况下应选用逆铣，尤其当工件表面具有硬皮时	用丝杠、螺母间隙很小时和铣削水平分力小于工作台与导轨间的摩擦力时

二、铣削力

铣刀为多齿刀具。铣削时，每个工作刀齿都受到变形力和摩擦力的作用，每个刀齿的切削位置和切削面积随时在变化，因此每个刀齿所承受的切削力的大小和方向也在不断变化。为了便于分析，假设各刀齿上的总切削力 F 作用在某个刀齿上，如图 5-18 所示。并根据需要，可将铣刀总切削力 F 分解为三个互相垂直的分力。

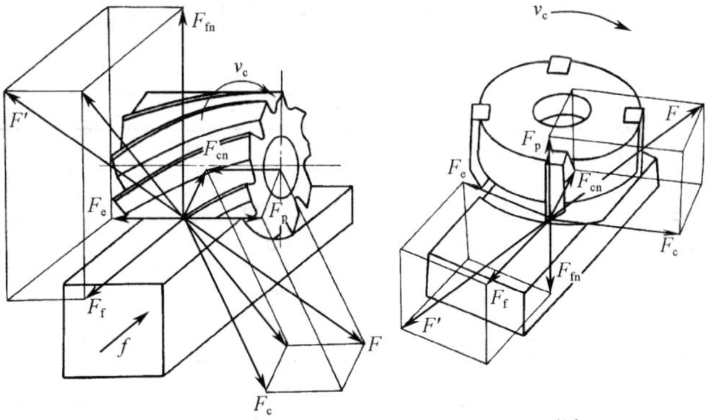

(a)　　　　(b)

图 5-18　铣削力

（a）圆柱形铣刀铣削力；（b）面铣刀铣削力

切削力 F_e——总切削力在铣刀主运动方向上的分力，它消耗功率最多。

垂直切削力 F_{cn}——在工作平面内，总切削力在垂直于主运动方向上的分力，它使刀杆产生弯曲。

背向力 F_p——总切削力在垂直于工作平面上的分力。

圆周铣削时，F_{cn} 和 F_p 的大小与圆柱形铣刀的螺旋角 ω 有关；而端铣时，与面铣刀的主偏角 κ_r 有关。

如图 5-19 所示，用圆柱形铣刀铣削时，应使背向力指向刚度较大的主轴方向，可减少支架和加工系统的变形，并可减轻支架轴承磨损；同时可增加铣刀心轴与主轴间的摩擦力，以传递足够的动力。

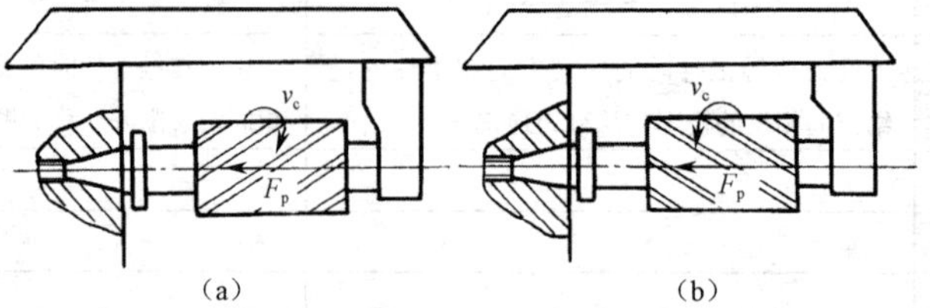

图 5-19　螺旋齿圆柱形铣刀的背向力指向主轴

1. 作用在工作上的铣削分力

作用在工作上的总切削力 F' 和 F 大小相等，方向相反。由于机床、夹具设计的需要和为测量方便，通常将总切削力 F' 沿着机床工作台运动方向分解为三个分力。

进给力 F_f——总切削力在纵向进给方向上的分力。它作用在铣床的纵向进给机构上，它的方向随铣削方法不同而异。

横向进给力 F_e——总切削力在横向进给方向上的分力。

垂直进给力 F_{fn}——总切削力在垂直进给方向上的分力。

铣削时，各进给力和切削力有一定比例，见表 5-2，如果求出 F_c，便可计算 F_f、F_e 和 F_{fN}。铣刀总切削力 F 为

$$F=\sqrt{F_c^2+F_{cN}^2+F_p^2}=\sqrt{F_f^2+F_e^2+F_{fN}^2}$$

表 5-2　各铣削力之间比值

铣削条件	比值	对称铣削	不对称铣削	
			逆铣	顺铣
端铣削 $a_e=(0.4\sim0.8)d$ $f_z=0.1\sim0.2\text{mm/z}$	F_f/F_c	0.3～0.4	0.6～0.9	0.15～0.30
	F_{fN}/F_c	0.85～0.95	0.45～0.7	0.9～1.00
	F_e/F_c	0.5～0.55	0.5～0.55	0.5～0.55
圆柱铣削 $a_e=0.05d$ $f_z=0.1\sim0.2\text{mm/z}$	F_f/F_c	—	1.0～1.20	0.8～0.90
	F_{fN}/F_c		0.2～0.3	0.75～0.80
	F_e/F_c		0.35～0.40	0.35～0.40

2. 铣削力计算

与车削相似，圆柱形铣刀和面铣刀的切削力可按表 5-3 所列出的公式进行计算。当加工材料性能不同时，F_c 乘修正系数 K_{Fc}。

表 5-3 圆柱铣削和端铣时的铣削力计算式

铣刀类型	刀具材料	工件材料	切削力 F_c 计算式（N）
圆柱铣刀	高速钢	碳钢	$F_c = 9.81(65.2)a_e^{0.86} f_z^{0.72} a_p Zd^{-0.86}$
		灰铸铁	$F_c = 9.81(30)a_e^{0.83} f_z^{0.65} a_p Zd^{-0.83}$
	硬质合金	碳钢	$F_c = 9.81(96.6)a_e^{0.88} f_z^{0.75} a_p Zd^{-0.87}$
		灰铸铁	$F_c = 9.81(58)a_e^{0.90} f_z^{0.80} a_p Zd^{-0.90}$
面铣刀	高速钢	碳钢	$F_c = 9.81(78.8)a_e^{1.1} f_z^{0.80} a_p Zd^{-0.1.1}$
		灰铸铁	$F_c = 9.81(50)a_e^{1.14} f_z^{0.72} a_p Zd^{-1.14}$
	硬质合金	碳钢	$F_c = 9.81(789.3)a_e^{1.1} f_z^{0.75} a_p Zd^{-1.3} n^{-0.2}$
		灰铸铁	$F_c = 9.81(54.5)a_e^{0.74} f_z^{0.90} a_p Zd^{-1.0}$
加工材料 σ_b 或硬度不同时的修正系数 K_{Fc}			加工钢料时 $K_{Fc} = \left(\frac{\sigma_b}{0.637}\right)^{0.30}$（式中 σ_b 的单位：MPa）

模块四 选用切削用量

一、切削用量

如图 5-20 所示，铣削用量有以下几个方面。

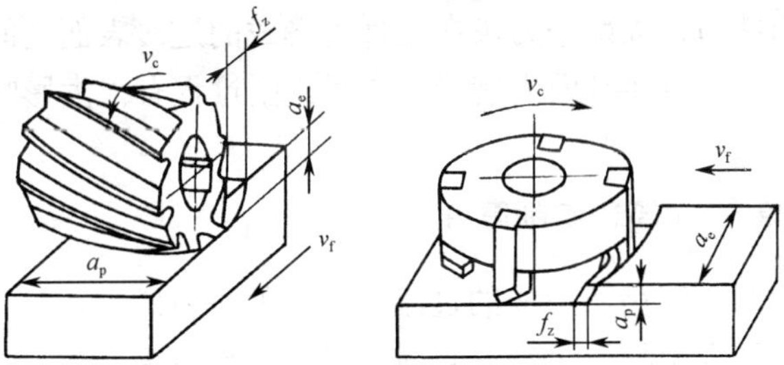

图 5-20 铣削用量

（a）圆周铣削；（b）端铣

1. 背吃刀量 a_p

背吃刀量 a_p 是在通过切削刃基点并垂直于工作平面上测量的吃刀量。端铣时，a_p 为切削层深度；圆周铣削时，a_p 为被加工表面的宽度。

2. 侧吃刀量 a_e

侧吃刀量 a_e 是在平行于工作平面并垂直于切削刃基点的进给运动方向上测量的吃刀量。

端铣时，a_e 为被加工表面宽度；圆周铣削时，a_e 为切削层深度。

3. 进给运动参数

铣削时进给量有三种表示方式。

①每齿进给量 f_z，指铣刀每转过一齿相对工件在进给运动方向上的位移量，单位为 mm/z。

②进给量 f，指铣刀每转一转相对工件在进给运动方向上的位移量，单位为 mm/r。

③进给速度 v_f，指铣刀切削刃基点相对工作的进给运动的瞬时速度，单位为 mm/min。

通常要铣床铭牌上列出进给速度，因此应根据具体加工条件选择 f_z，然后计算出 v_f，按 v_f 调整机床，三者之间关系为

$$v_f = fn = f_z Zn$$

式中 v_f——进给速度；

Z——铣刀齿数。

4. 铣削速度 v_c

铣削速度是指铣刀切削刃基点相对工作主运动的瞬时速度，可按下式计算：

$$v_c = \pi dn/1000$$

式中 v_c——主运动瞬时速度（m/min 或 m/s）；

d——铣刀直径（mm）；

n——铣刀转速（r/min 或 r/s）。

二、切削层参数

铣削时的切削层为铣刀相邻两个刀齿在工件上形成的过渡表面之间的金属层，如图 5-21 所示。切削层形状与尺寸规定在基面内度量，它对铣削过程有很大影响。切削层参数有以下几个。

1. 切削层公称厚度 h_D（简称切削厚度）

切削厚度是指相邻两个刀齿所形成的过渡表面间的垂直距离，图 5-21（a）所示为直齿圆柱形铣刀的切削厚度。当切削刃转到 F 点时，其切削厚度为

$$h_D = f_z \sin\psi \tag{5-1}$$

式中 ψ——瞬时接触角，它是刀齿所在位置与起始切入位置的夹角。

由式（5-1）可知，切削厚度随刀齿所在位置不同而变化。刀齿在起始位置 H 点时，$\psi = 0$，因此 $h_D=0$。刀齿转到即将离开工件的 A 点时，$\psi = \delta$，切削厚度 $h_D = f_z\sin\delta$，h_D 为最大值。

由图 5-21 可知，螺旋齿圆柱形铣刀切削刃是逐渐切入和切离工件的，切削刃上各点的瞬时接触角不相等，因此切削刃上各点的切削厚度也不相等。

图 5-21（b）所示为端铣时切削厚度 h_D，刀齿在任意位置时的切削厚度为

$$h_D = \overline{EF}\sin\kappa_r = f_z \cos\psi\sin\kappa_r \tag{5-2}$$

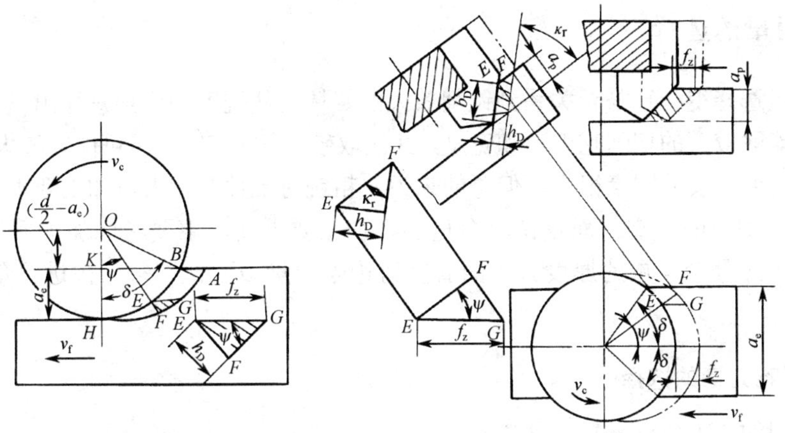

（a）圆柱形铣刀　　（b）面铣刀

图 5-21　铣刀切削层参数

端铣时，刀齿的瞬时接触角由最大变为零，然后由零变成最大。

因此，由式（5-2）可见，刀齿刚切入工件时，切削厚度为最小，然后逐渐增大。到中间位置时，切削厚度为最大，然后逐渐减小。

2. 切削层公称宽度 b_D（简称切削宽度）

切削宽度是指切削刃参加的工作长度。直齿圆柱形铣刀的 b_D 等于 a_p；而螺旋齿圆柱形铣刀的 b_D 是随刀齿工作位置不同而变化的，刀齿切入工件后，b_D 由零逐渐增大至最大值，然后又逐渐减小至零，因而铣削过程较为平稳。圆柱形铣刀铣削层参数如图 5-22 所示。

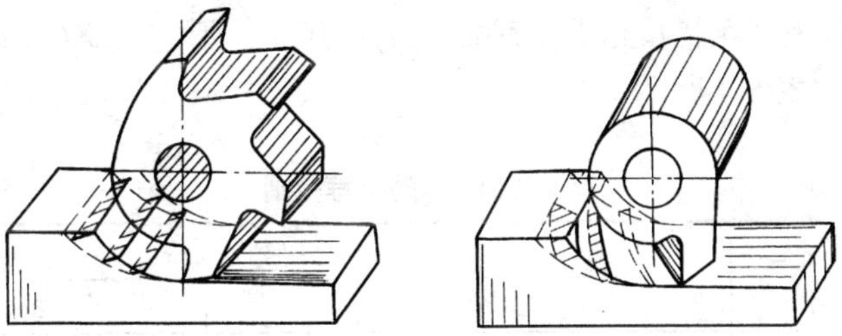

（a）　　（b）

图 5-22　圆柱形铣刀铣削层参数

如图 5-21（b）所示，端铣时每个刀齿的切削宽度始终保持不变，其值为

$$b_D = a_p / \sin \kappa_r$$

3. 平均总切削层公称横截面积 A_{Dav}

平均总切削层公称横截面积简称平均总切削面积，指铣刀同时参与切削的各个刀齿的切削层公称横截面积之和，铣削时，切削厚度是变化的，而螺旋齿圆柱形铣刀的切削宽度也是随时变化的，此外铣刀的同时工作的齿数也在变化，所以铣削总面积是变化的。铣削时平均总切削面积可按下式计算：

$$A_{Dav} = \frac{Q_w}{v} = \frac{a_p a_e v_f}{\pi d n} = \frac{a_p a_e f_z Z n}{\pi d n} = \frac{a_p a_e f_z Z}{\pi d}$$

三、铣削用量的选择

铣削用量选择得合理与否关系到铣削效果的好坏，从铣刀的磨损规律出发，其选择原则是首先尽可能取较大的切削吃刀量和宽度，其次取较大的f_z，然后尽可能取较大的切削速度。在具体选择时所涉及的因素很多，但总的来说，粗铣时工件余量大，加工要求低，主要考虑铣刀寿命及切削力的影响；而精铣时余量小，加工要求高，主要考虑加工质量的提高。铣削宽度决定于工件余量层的厚度。下面着重讨论吃刀量 a_e、a_p、每刀齿进给量 f_z 及切削速度 v_c。

1. 铣削吃刀量的选择

根据不同的加工要求，有三种情况。

①当工件要求表面粗糙度值为 R_a 25μm 时，可通过一次铣削达到尺寸要求，若工艺系统刚性很差，或机床动力不足、余量很大时，可分为两次铣削，第一刀尽可能大些，以使刀尖避开工件表面的锻、铸硬皮。

②工件要求表面粗糙度值为 R_a 6.3～3.2μm 时，分粗铣和半精铣。半精铣时 a_p 为 0.5～1mm。

③工件要求表面粗糙度为 R_a 1.6～0.8μm 时，分粗铣、半精铣和精铣。半精铣 a_p 为 1.5～2mm，精铣 a_p 为 0.3mm 左右。

2. 每齿进给量 f_z 的选择

当 a_p 确定后，应尽可能取较大的 f_z。粗铣时，限制 f_z 的是铣削力及铣刀容屑槽空间的大小，当工艺系统的刚性越好及铣刀齿数越少时，f_z 可取越大；半精铣及精铣时，限制 f_z 的是工作表面粗糙度，表面粗糙度值要求越低，f_z 应越小。通常在 X6132 型或 X5032 型铣床上，f_z 的数值范围如表 5-4 所示。

表 5-4　f_z 的推荐范围

工件材料	每齿进给量（mm/z）	
	高速钢铣刀	硬质合金铣刀
钢材	0.02～0.06	0.10～0.25
铸铁	0.05～0.10	0.15～0.30

在具体确定 f_z 时，应注意以下几个方面。

①粗铣取大值，精铣取小值。

②对刚性较差的工件，或所用的铣刀强度较低时，f_z 应适当减小。

③在加工不锈钢等冷硬倾向大的材料时，应适当增大 f_z，以免刀刃在硬冷层上切削，加速刀齿的磨损。

④精铣时，铣刀安装后的径向及轴向跳动量越大，则 f_z 应适当减小。

⑤用带修光刃的硬质合金铣刀进行精铣时，只要工艺系统刚性好，f_z 可增大到 0.3～0.5mm/z，但修光刃必须平直，并与进给方向保持较高的平行度，这就是大进给强力铣削，可充分发挥机床及铣刀的潜力，提高铣削效率。

3. 铣削速度（v_c）的选择

当 a_p 及 f_z 确定后，应在正常的铣刀寿命及在机床动力的刚性允许的条件下，尽可能取较大的 v_c。选择 v_c 时，首先考虑的是刀具材料及工件材料的性质，刀具材料的热硬性越高，则 v_c 取得越大；而工件材料的强度、硬度越高，则 v_c 应适当减小。但在加工不锈钢之类难加工材料时，其硬度及强度虽然不算高，可是要注意它们的冷硬现象、粘刀倾向大、导热性差、铣刀磨损严重等因素，因此 v_c 值应比铣削一般钢材时要低，表 5-5 所列铣削速度范围供选择时参考。

表 5-5 典型工件材料的铣削速度推荐范围

工件材料	力学性能		铣削速度 v_c（m/min）	
	抗拉强度 σ_b（MPa）	布氏硬度 HBS	硬质合金铣刀	高速钢铣刀
20 钢	420	≤156	150～190	20～45
45 钢	610	≤229	120～150	20～35
40Cr 调质	1000	220～250	60～90	15～25
灰铸钢	150	163～229	70～100	14～22
黄铜（H62）	330	56	120～200	30～60
铝合金	≥20	≥60	400～600	112～300
不锈钢（1Cr18Ni9Ti）	55	≤170	50～100	16～25

在具体确定 v_c 值时，应注意以下几个方面。

①粗铣时，切削负载大，v_c 应取小值；精铣时，为了降低表面粗糙度值，v_c 应取大值。

②采用机夹式或不重磨式硬质合金铣刀，v_c 可取较大值。

③在铣削过程中，如发现铣刀寿命较低时，应适当减小 v_c 值。

④铣刀结构及几何角度改进后，v_c 可超过表 5-5 所列数值。

模块五 铣削方法

一、平面铣削

用铣削方法加工工件的平面称为铣平面。平面是构成机器零件的基本表面之一。铣平面是铣床加工的基本工作内容。铣平面包括单一平面的铣削和连接面（相对于基准面有位置要求的平面，如垂直面、平行面和斜面等）的铣削。

1. 确定铣削方法，选择铣刀

①在卧式铣床上用圆柱形铣刀圆周铣平面时，圆柱形铣刀的宽度应大于工件加工面的宽度。铣刀的直径，粗铣时按工件切削层深度大小而定，切削层深度大，铣刀的直径也相应选得大些；精铣时一般取较大的铣刀直径，这样铣刀杆直径相应较大，刚性好，铣削时平稳，工件表面质量较好。铣刀的齿数：粗铣时选用粗齿铣刀，精铣时选用细齿铣刀。

②用端铣刀铣平面时，端铣刀的直径应大于工件加工面的宽度，一般为它的1.3～1.5倍。

③装夹工件。当铣削中、小型工件的平面时，一般采用平口钳装夹；铣削形状、尺寸较大或不便于用平口钳装夹的工件时，可采用压板装夹。

2. 确定铣削用量

①圆周铣时的背吃刀量 a_p、端铣时的铣削宽度 a_e，一般等于工件加工面的宽度。

②圆周铣时的铣削宽度 a_e、端铣时的背吃刀量 a_p，粗铣时，若加工余量不多，则采用一次切除，即等于余量层深度。精铣时，一般为0.5～1.0mm。

③每齿进给量一般取 $f = 0.02 \sim 0.30$mm/z；粗铣时选大值，精铣时应取较小的进给量。

④铣削速度 v_c，在用高速钢铣刀铣削时，一般取 $v_c = 16 \sim 35$m/min；粗铣时应取较小值，精铣时应取较大值。用硬质合金端铣刀进行高速铣削时，一般取 $v_c = 80 \sim 120$m/min。

3. 平口钳的安装与校正

安装平口钳时，应擦净钳底座和铣床工作台台面。在一般情况下，平口钳在工作台面上的位置，应处于工作台长度方向的中心偏左、宽度方向的中心，以方便操作。钳口方向根据工件长度确定，对于长的工件，在卧式铣床上固定钳口面应与铣床主轴轴线垂直，如图5-23（a）所示，在立式系床上则应与进给方向平行。对于短的工件，在卧式铣床上固定钳口面应与铣床主轴轴线平行，如图5-23（b）所示，在立式铣床上则应与进给方向垂直。粗铣和半精铣时，应使削力指向固定钳口。

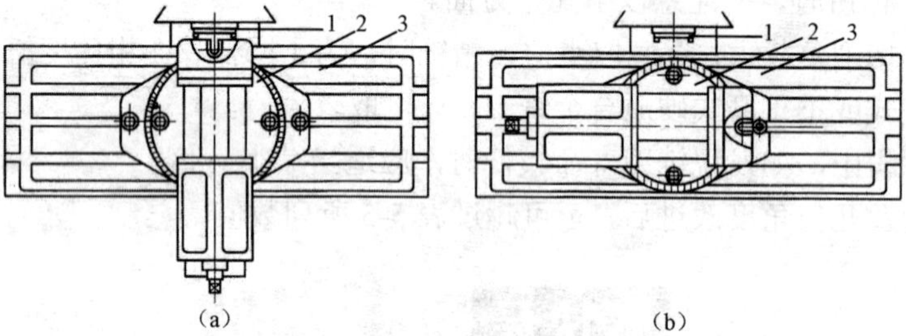

图5-23　平口钳的安装位置

（a）固定钳口与铣床主轴轴线垂直；（b）固定钳口与铣床主轴轴线平行

1—铣床主轴；2—平口钳；3—工作台

当钳口与铣床主轴轴线要求有较高的垂直度或平行度时，应对固定钳口进行校正，校正的方法如图5-24～图5-26所示。

二、铣垂直面和平行面

垂直面是指与基准面垂直的平面；平行面是指与基准面平行的平面。加工垂直面、平行面除了与加工单一平面一样需要保证平面度和表面粗糙度要求外，还需要保证相对于基准面的位置精度及与基准面间的尺寸精度要求。铣削垂直面、平行面之前，应先加工基准面。而保证垂直面、平行面加工精度的关键，是工件的正确定位和装夹。铣垂直面和平行面的要求如表5-6所示。

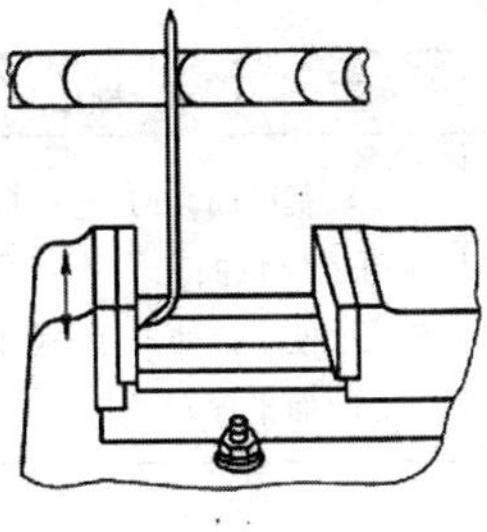

图 5-24 用划针校正固定钳口与铣床主轴轴线位置

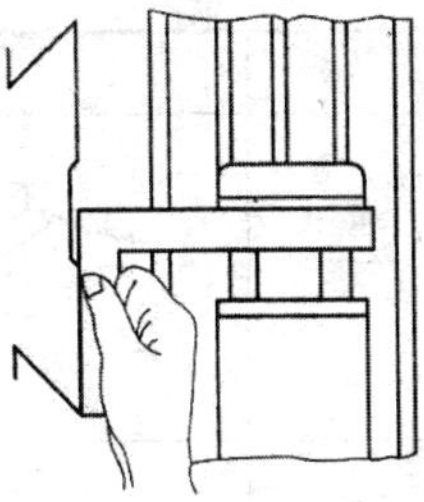

图 5-25 用 90° 角尺校正固定钳口与铣床主轴轴线平行

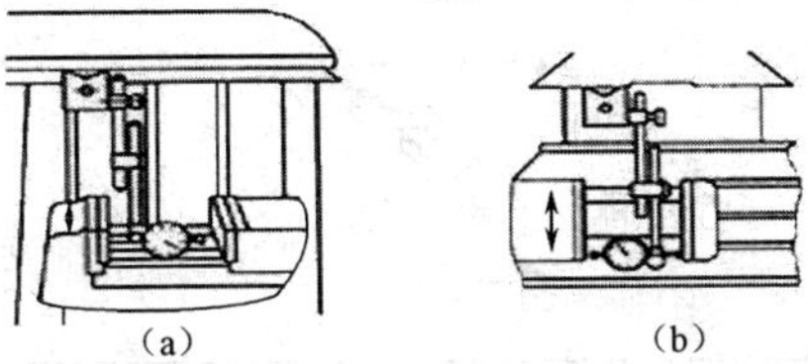

（a） （b）

图 5-26 用百分表校正固定钳口

（a）固定钳口与主轴轴线垂直；（b）固定钳口与主轴轴线平行

表 5-6 铣垂直面和平行面要点

操作条件		图示	操作要点
铣垂直面	在卧式铣床上用圆柱形铣刀铣垂直面	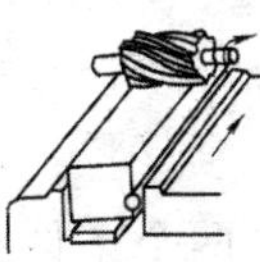 固定钳口与主轴轴线垂直 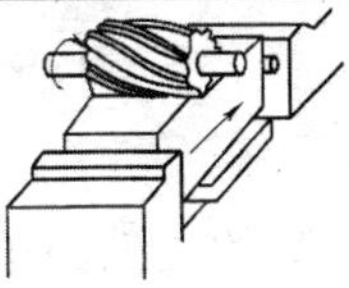 固定钳口与主轴轴线平行	工件基准面靠向平口钳固定钳口，为了保证基准面与固定钳口的良好贴合，夹紧工件时可在活动钳口与工件间放置一圆棒
		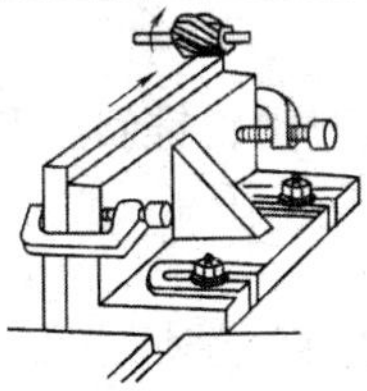	当工件较大，不能用平口钳定位夹紧时，可使用角铁装夹工件，以保证基准面垂直于工作台台面
	在卧式铣床上用端铣刀铣垂直面	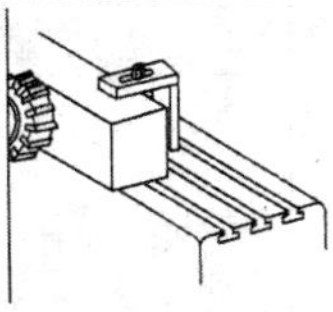	工件基准面贴紧工作台台面，工件用压板夹紧
	在立式铣床上用立铣刀铣削垂直面	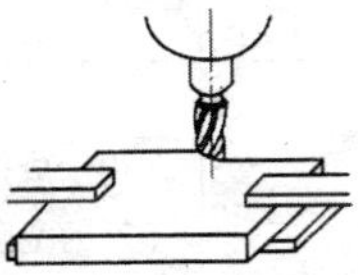	基准面宽而长/加工面较窄的垂直面时采用

续表

操作条件		图示	操作要点
铣平行面	用平口钳装夹工件铣平行面	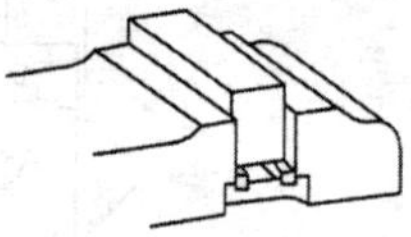	工件基准面靠向平口钳钳体导轨面，基准面与钳体导轨面之间垫以两块厚度相等的平行垫块（便于抽动平行垫铁检查基准面是否与钳体导轨面平行）
	在立式铣床上用端铣刀铣平行面	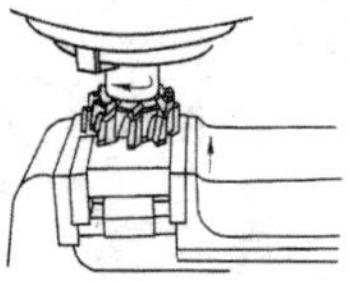	用平口钳装夹
	在立式铣床上用压板装夹铣平面	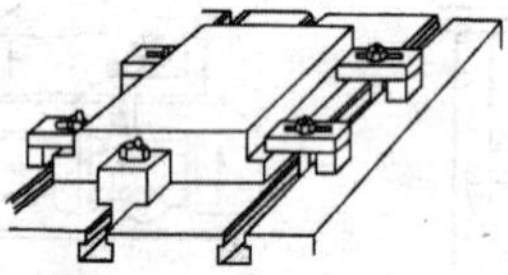	当工件有台阶时，可直接用压板将工件装夹在立式铣床工作台台面上，使基准面与工作台台面贴合，用端铣刀铣平行面
	在卧式铣床上用端铣刀铣平行面	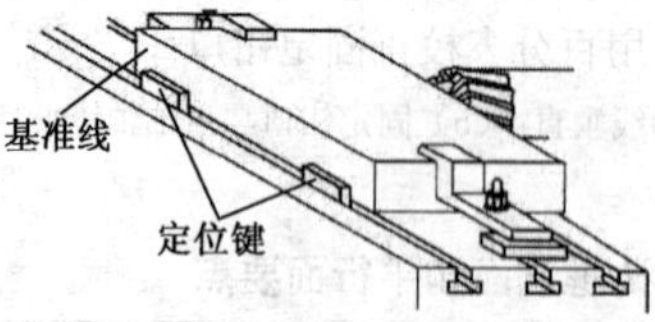	当工件没有台阶时，可在卧式铣床上用端铣刀铣平行面，工件装夹时可使用定位键定位，使基准面与纵向进给方向平行

三、铣斜面

铣削斜面，工件、铣床、刀具之间的关系必须满足两个条件：一是工件的斜面应平行于铣削时铣床工作台的进给方向；二是工件的斜面应与铣刀的切削位置相吻合，即用圆周刃铣刀铣削时，斜面与铣刀的外圆柱面相切；用端面刃铣刀铣削时，斜面与铣刀刃端面相重合。

铣床上铣削斜面的方法有工件倾斜铣斜面、铣刀倾斜铣斜面和用角度铣刀铣斜面三种，如表 5-7 所示。

表 5-7 铣床上铣削斜面的方法

方法		图示	说明
工件倾斜铣斜面	按划线校正装夹工件		常用于单件生产
	用倾斜垫铁定位工件	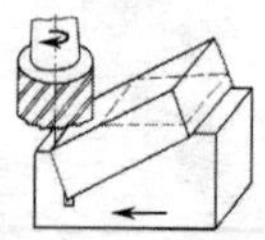	用于成批生产中，用平口钳装夹铣斜面，倾斜垫铁的宽度应小于工件的宽度

续表

方法		图示	说明
工件倾斜铣斜面	用靠铁装夹工件	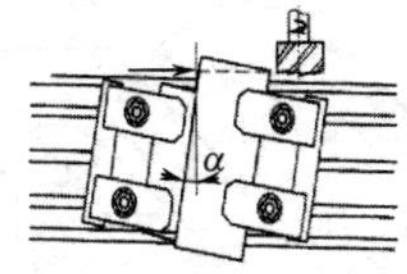	用于外形尺寸较大的工件，将工件的一侧面靠向靠铁的基准面，用压板夹紧，用端铣刀铣出斜面
	调转钳体角度	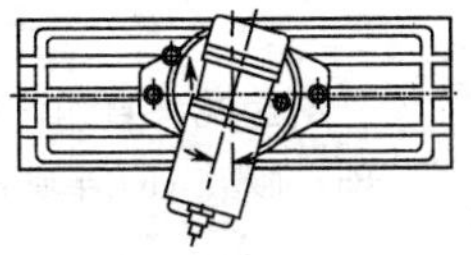 斜面与横向进给方向平行 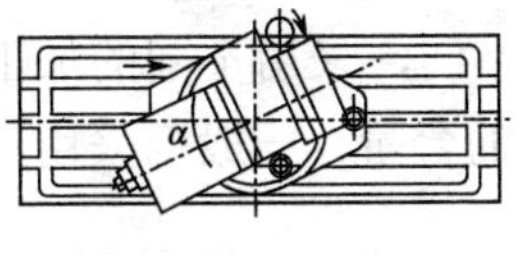 斜面与纵向进给方向平行	工件用平口钳装夹，然后将平口钳钳体调转所需角度后，用立铣刀或端面铣刀铣出斜面
铣刀倾斜铣斜面		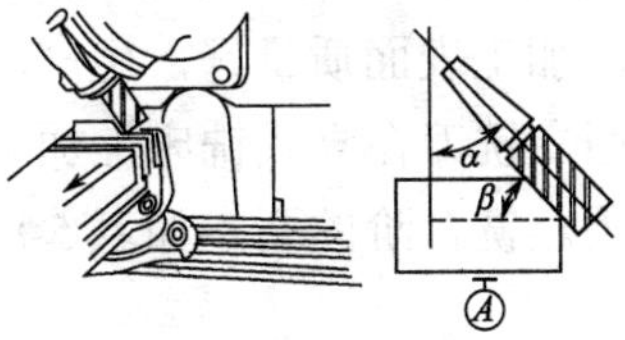 工件基准面与工作台台面平行 $\alpha=90°-\beta$ 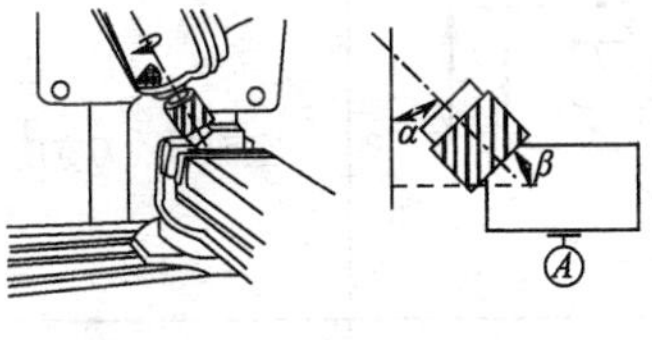 工件基准面与工作台台面平行 $\alpha=\beta$	在立铣头主轴可偏转角度的立式铣床、装有立铣头的卧式铣床、万能工具铣床上，均可将立铣刀、端铣刀按要求偏转一定角度，进行斜面铣削
用角度铣刀铣斜面		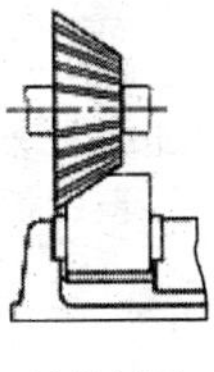 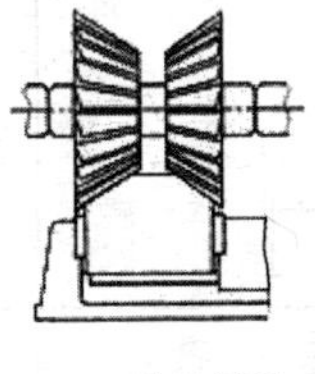 铣单斜面　　铣双斜面	斜面的倾斜角度由角度铣刀保证。受铣刀刀刃宽度的限制，用角度铣刀铣削斜面只适用于宽度较窄的斜面

四、台阶、直角沟槽和特形沟槽的铣削

1. 台阶的技术要求

台阶（见图 5-27）、直角沟槽（见图 5-28）主要由平面组成。这些平面应具有较好的平面度和较小的表面粗糙度。对于与其他零件相配合的台阶、直角沟槽的两侧平面，还必须满足下列技术要求：

①较高的尺寸精度（根据配合精度要求确定）。

②较高的位置精度（如平行度、垂直度、对称度和倾斜度等）。

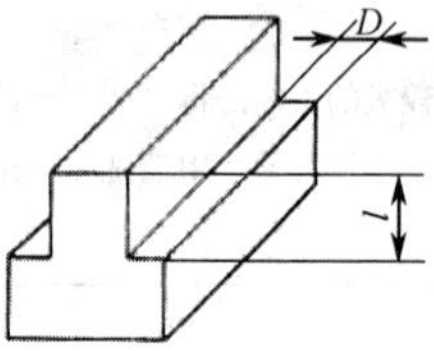

图 5-27　带台阶的零件
——台阶式键

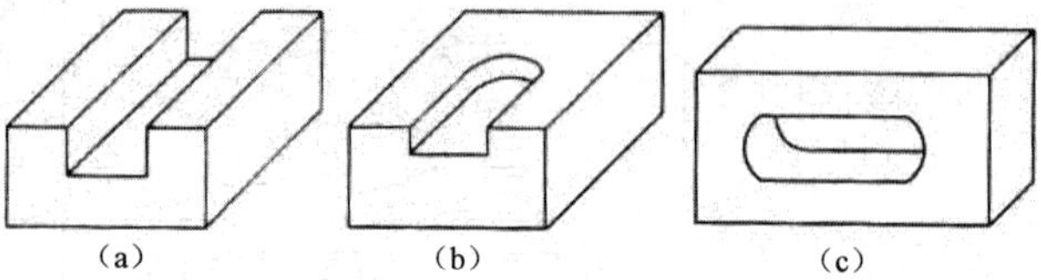

图 5-28　直角沟槽的种类
（a）通槽；（b）半通槽；（c）封闭槽

2. 铣台阶

零件上的台阶，根据其结构尺寸大小不同，采用不同的加工方法。

①铣削宽度不太宽（一般 $B<25$mm）的台阶，一般都采用三面刃铣刀加工，并尽可能选用错齿三面刃铣刀。

②宽度较宽而深度较浅的台阶，常使用端铣刀在立式铣床上加工。由于端铣刀刀杆刚度大，铣削时切屑厚度变化小，切削平稳，加工表面质量好，生产率高。

③深度较深的台阶或多阶台阶，常用立铣刀在立式铣床上加工。铣削时，立铣刀的圆周刃起主要切削作用，端面刀刃起修光作用。铣台阶的要点如表 5-8 所示。

表 5-8　铣台阶要点

方法		图示	说明
用三面刃铣刀铣台阶	用一把三面刃铣刀	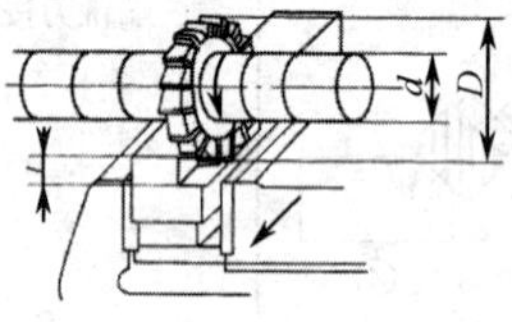	三面刃铣刀宽度 L 和直径 D 应满足 $L>B$；$D>d+2t$
		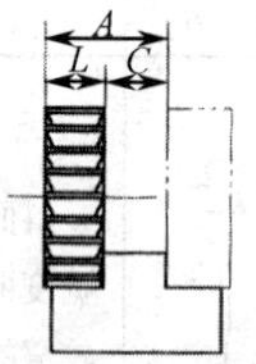	铣完一侧的台阶后，退出工件，再将工作台横向移动一个距离 A，然后铣另一侧台阶，$A=L+C$
	用两把三面刃铣刀组合	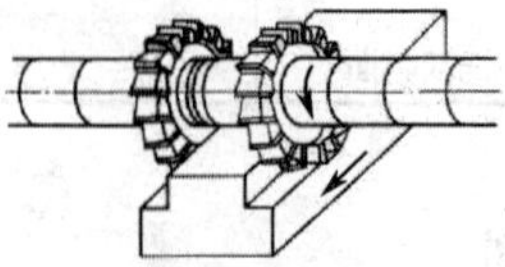	两把三面刃铣刀必须规格一致，直径相同，两铣刀内侧刃距离应等于台阶凸台的宽度尺寸
用端铣刀铣台阶		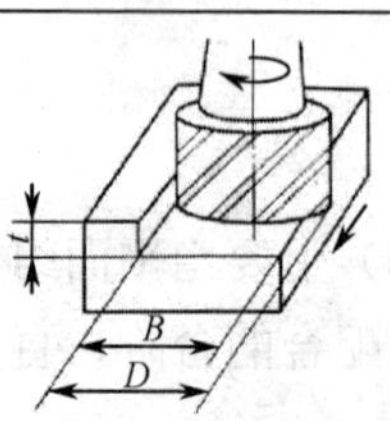	宽度较宽而深度较浅的台阶，使用端铣刀在立式铣床上加工。由于端铣刀刀杆刚度大，铣削时切屑厚度变化小，切削平稳，加工表面质量好，生产率高。 端铣刀的直径 D 应大于台阶宽度 B，一般按 $D=(1.4\sim1.6)B$ 选择

续表

方法	图示	说明
用立铣刀铣台阶	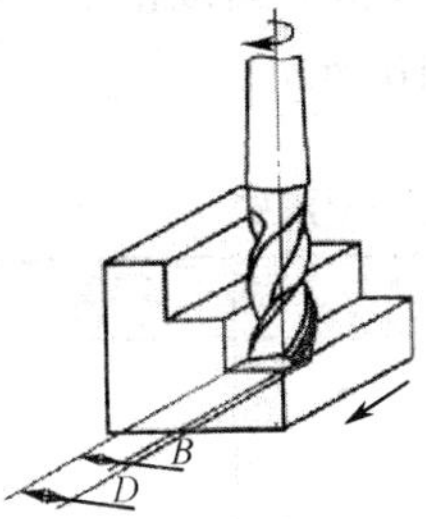	深度较深的台阶或多级台阶，常用立铣刀在立式铣床上加工。铣削时，立铣刀的圆周刀刃起主要切削作用，端面刀刃起修光作用。 由于立铣刀刚性差，悬伸较长，受径向铣削抗力容易产生偏让而影响加工质量，所以铣削时应选用较小的铣削用量。在条件许可的情况下，应尽量选用直径较大的立铣刀

五、铣直角沟槽

直角沟槽的形式，如图 5-28 所示。直角通槽主要用三面刃铣刀铣削，也可以用立铣刀、盘形槽铣刀、合成铣刀铣削；半通槽和封闭槽都采用立铣刀或键槽铣刀铣削，具体方法如表 5-9 所示。

表 5-9　铣直角沟槽的方法

方法	图示	说明
用三面刃铣刀铣直角通槽	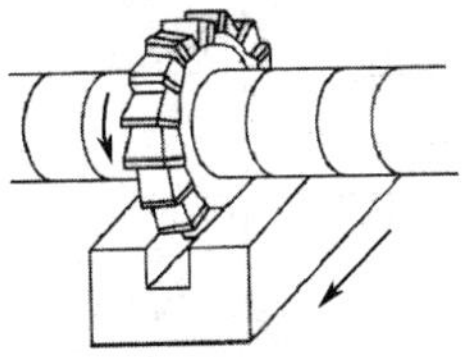	三面刃铣刀的宽度 L 应不大于直角通道的槽宽 B，即 $L \leqslant B$，三面刃铣刀的直径 D，根据公式 $D > d + 2H$ 计算，并按较小的值选择
用三面刃铣刀绕直角通槽	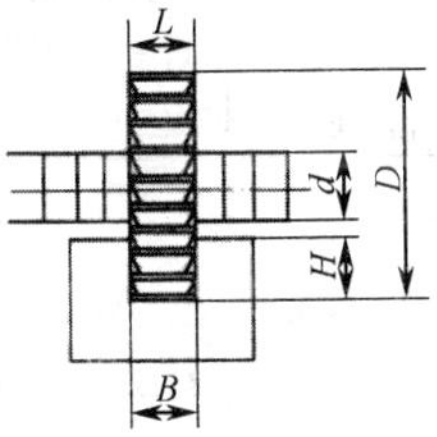	
用立铣刀铣半通槽和封闭槽	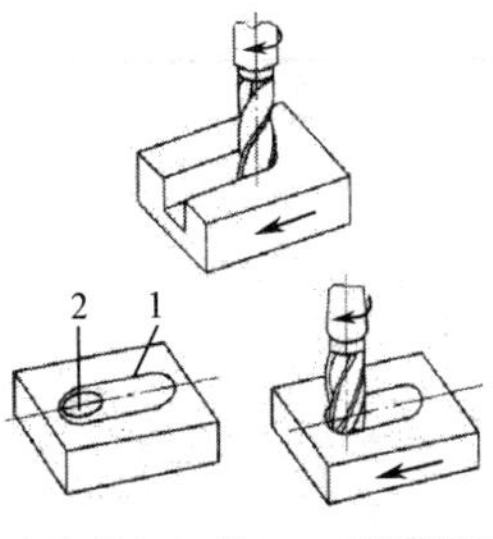1—封闭槽加工线；2—预钻落刀孔	立铣刀直径应不大于槽的宽度。 用立铣刀铣封闭槽时，由于立铣刀不能轴向进给切削工件，因此，铣削前应预钻一个直径略小于立铣刀直径的落刀孔
用键槽铣刀铣半通槽和封闭槽		键槽铣刀的尺寸精度较高，常用来铣精度要求较高、深度较浅的半通槽和不穿通的封闭槽

六、铣特形沟槽

常见的特形沟槽有 V 形槽、T 形槽、燕尾槽和半圆键槽等。特形沟槽一般用刃口形状与沟槽形状相对应地铣刀铣削。具体方法如表 5-10 所示。

表 5-10　铣特形沟槽

方法		图示	说明	
V 形槽铣削	倾斜立铣头用立铣刀或端面铣刀铣 V 形槽		适用于槽角不小于 90°，尺寸较大的 V 形槽铣削	V 形槽的槽角（两侧面的夹角）有 60°、90°、120° 等几种，以槽角为 90° 的 V 形槽最为常用
	倾斜工件铣 V 形槽	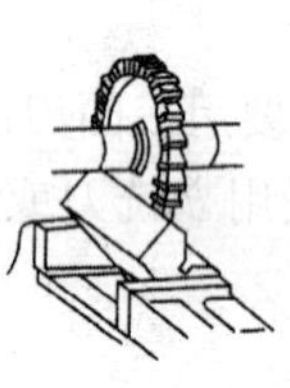	适用于槽角大于 90°、精度要求不高的 V 形槽铣削，使用三面刃铣刀。槽角等于 90°，且尺寸不大的 V 形槽可利用三面刃铣刀的圆周刃和端面刃一次校正装夹后铣出	
	用角度等于槽角的对称双角铣刀铣 V 形槽	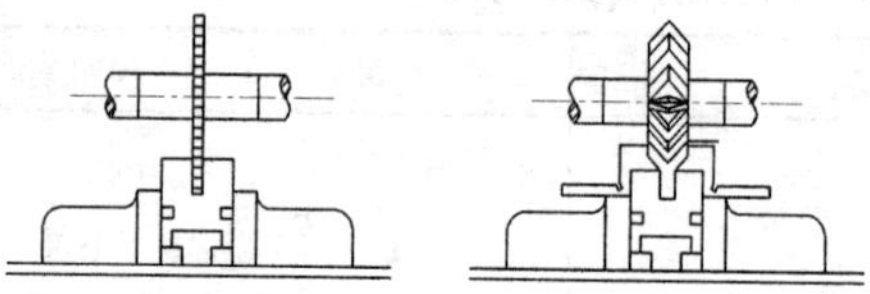	适用于槽角不大于 90° 的 V 形槽铣削	
T 形槽铣削		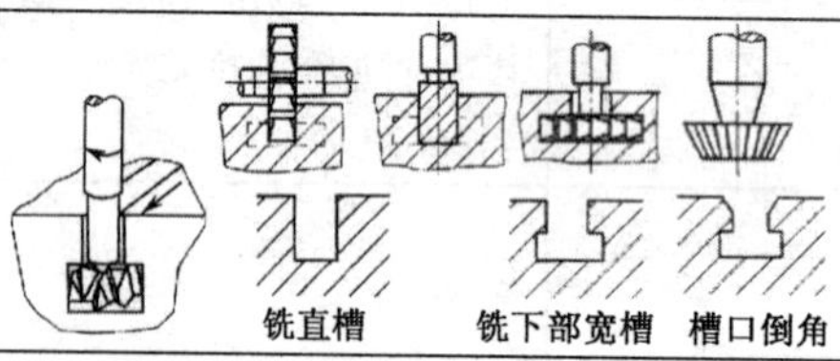	先用三面刃铣刀或立铣刀铣出直槽，然后用 T 形槽铣刀铣出下部宽槽，使 T 形槽成形，最后用角度铣刀铣出上部倒角	
燕尾槽、燕尾铣削		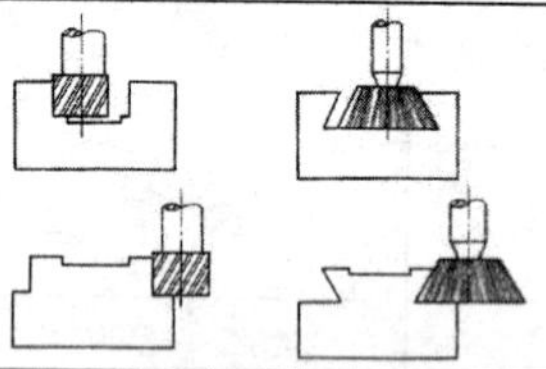	先在立式铣床上用立铣刀或端铣刀铣出直角槽或台阶，再用燕尾槽铣刀铣出燕尾槽或燕尾	

模块六　制定铣削工艺

一、零件图与工艺分析

零件工艺分析如下所述。

（1）由于 V 形块经精加工（磨削）后用做定位件，对其各主要表面有较高的形状及位置精度要求，所以为确保精加工的顺利进行，在铣削时应保证一定的形状和位置精度，其要求如下所述。

①相对平面（1和3、2和4）应互相平行，相邻平面应互相垂直。

②V形槽的对称中心平面应与底面4垂直。

③铣出的V形槽中放置标准检验棒，检验棒的轴线应与底面4平行。

④每个主要表面应平整。

（2）坯料为长方体，铣削时均以平面定位和夹紧，工件结构尺寸不大，因此采用平口钳装夹。

（3）铣削过程中，重点是保证各面的形状和位置精度，应注意各面加工的顺序。

二、加工步骤

①以毛坯面1为粗基准，紧贴平口钳固定钳口夹紧（工件上表面粗略校水平，加工余量应高出钳口上平面），用圆柱形铣刀铣平面4。

②以平面4为精基准，紧贴固定钳口并夹紧，用圆柱形铣刀铣平面1。

③以平面4为基准，紧贴钳体导轨面上的平行垫铁，同时将平面1紧贴固定钳口后夹紧，用圆柱形铣刀铣平面2并保证尺寸为$60_{-0.3}^{0}$mm。

④以平面1和平面4为基准，按相同方法装夹于平口钳中，用圆柱形铣刀铣平面3并保证尺寸为$70_{-0.3}^{0}$mm。

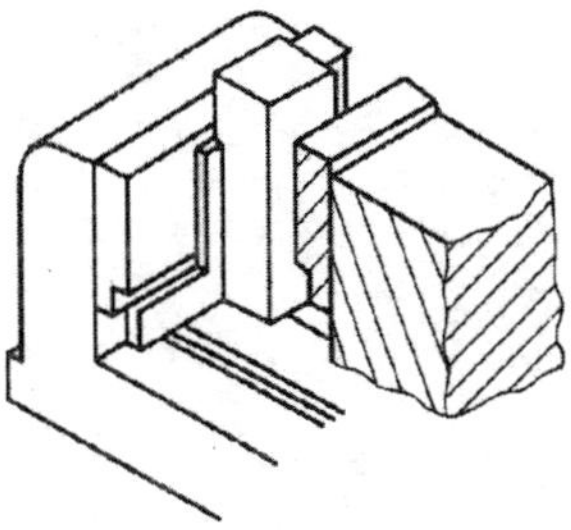
图5-29　用90°角尺校正工件铣长方体端面

⑤调整平口钳，使固定钳口与铣床主轴轴线平行安装。以平面4为基准紧贴固定钳口，用90°角尺校正平面1与钳体导轨面垂直并夹紧工件，用圆柱形铣刀铣一侧端面（见图5-29）。

⑥以平面4为基准紧贴固定钳口，已铣端面紧贴钳体导轨面上平行垫铁并夹紧，铣另一端面并保证尺寸为$100_{-0.54}^{0}$mm。

⑦以平面4和平面3为基准，用三面刃铣刀铣平面1上的直角沟槽至规定的尺寸；按相同方法，铣出平面3和平面4上的直角沟槽至要求。

⑧校正平口钳固定钳口与铣床主轴轴线垂直。以平面4和平面1为基准，用锯片铣刀在平面2的对称中线处铣直角沟槽，槽宽为3mm，槽深为21.5mm。

⑨以平面4和平面1为基准，用90°对称双角铣刀铣V形槽，至槽顶宽为$40_{0}^{+0.25}$ mm。

⑩清除毛刺。

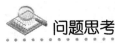

问题思考

1. 什么是铣削？在铣床上可以进行哪些铣削工作？

2. 铣削用量的要素包括哪些？

3. 进给量有哪几种表达和度量的方法？它们的关系怎样？

4. 在圆周铣与端铣中，铣削宽度a_e和背吃刀量a_p应如何确定？

5. 什么是顺铣？什么是逆铣？各有什么特点？如何选用？

6. 什么是端铣的对称铣削和非对称铣削？如何选用？

7. 如何安装和校正平口钳？

8. 在铣削倾斜平面时，工件、铣床、铣刀之间关系应满足什么条件？铣斜面时有哪几种方法？

9. 铣削台阶时有哪几种方法？

10. 直角沟槽的形式有哪几种？如何铣削？

11. V 形槽有哪几种铣削方法？

12. 铣削的工艺特点是什么？

课题 6　磨　　削

学习导航

在磨床上用砂轮作为切削刀具，以较高线速度对工件表面进行切削加工的方法称为磨削加工，它是对机械零件进行精加工的主要方法之一。磨削不仅能加工一般的金属材料（如钢、铸铁等），而且还可以加工硬度很高，用金属刀具很难加工和不能加工的材料（如淬火钢、硬质合金等）。

本课题的学习目标：熟悉常用磨床的组成、运动和用途，了解磨削加工的工艺特点及加工范围；能根据零件图要求选择合适的砂轮、磨削用量，制定磨削工艺。

任务描述

图 6-1 是磨床砂轮主轴零件图。零件材料是 38CrMoAIA，热处理渗氮硬度为 HV900（HRC64）。试选用合适的设备并制定磨削工艺。

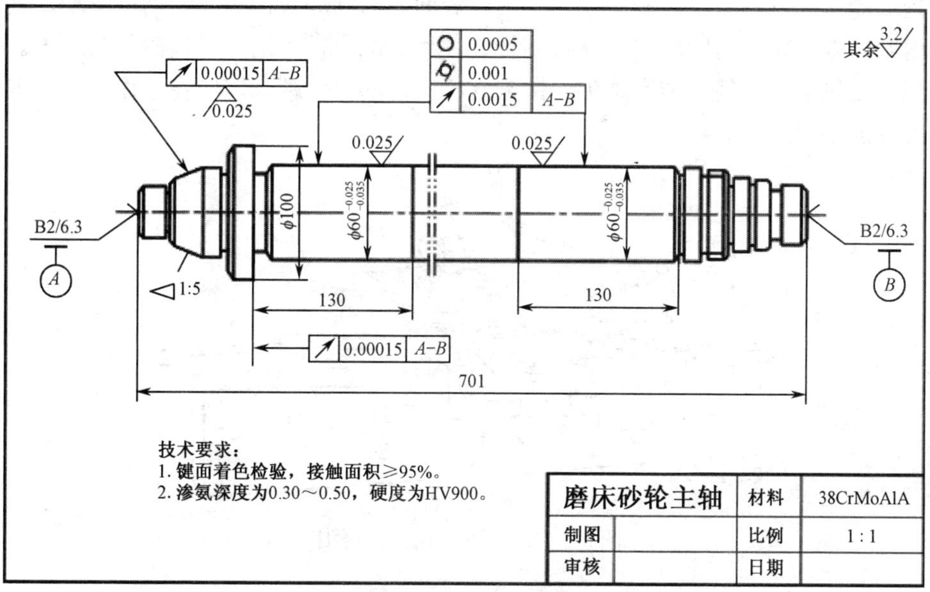

图 6-1　磨床砂轮主轴零件图

模块一 选用磨床

磨床的种类很多，有外圆磨床、内圆磨床、平面磨床、齿轮磨床、螺纹磨床、导轨磨床、无心磨床、工具磨床等。常用的是外圆磨床与平面磨床。

一、外圆磨床

外圆磨床又分为普通外圆磨床和万能外圆磨床两种。普通外圆磨床可以磨削外圆柱面、断面及外圆锥面。万能外圆磨床还可以磨削内圆柱面、内圆锥面。

外圆磨床主要由床身、工作台、头架、尾架、砂轮架、内圆磨头及砂轮等部分组成，图 6-2 所示为 M1432A 万能外圆磨床。其主要部件及作用有以下几项。

①床身。主要用于支撑和连接各部件，其上部装有工作台和砂轮架，内部装有液压传动系统。床身上的纵向导轨供工作台移动用，横向导轨供砂轮架移动用。

②工作台。工作台由液压驱动，沿床身纵向导轨做直线往复运动，使工件实现纵向进给。在工作台前侧面的 T 形槽内装有两个换向挡块，用以控制工作台自动换向。工作台分上下两层，上层可在水平面内偏转一个较小角度（±8°），以便磨削圆锥面。

③头架。头架上有主轴，主轴端部可以安装顶尖、拔盘或卡盘，以便装夹工件。

④砂轮架。砂轮架用来安装砂轮，并由单独的电动机通过带传动带动砂轮高速旋转。砂轮架可以在床身后部的导轨上做横向移动，移动的方式有自动间歇进给、手动进给、快速趋近工件和退出。砂轮架还可以绕垂直轴旋转某一角度。

⑤内圆磨头。内圆磨头用来磨削工件内圆表面。内圆磨头由另一电动机驱动，其主轴上可装上内圆磨削砂轮。内圆磨头绕支架旋转，使用时翻下，不用时翻向砂轮架上方。

⑥尾座。尾座的套筒内装有顶尖，用来支撑工件的另一端。尾座在工作台的位置，可根据工件长度的不同进行调整。

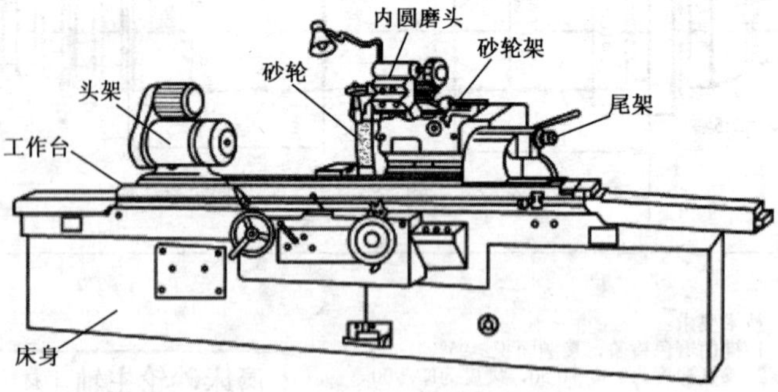

图 6-2 M1432A 万能外圆磨床

二、内圆磨床

内圆磨床主要用来磨削内圆柱面、内圆锥面及端面等。

内圆磨床主要由床身、头架、砂轮架、砂轮修整器、工作台等部分组成。图 6-3 所示为 M2121 型内圆磨床，其头架可绕垂直轴转动一个角度，以便磨削锥孔。工作台由液压传动做往复运动。砂轮趋近及退出时能自动变为快速，以提高生产率。

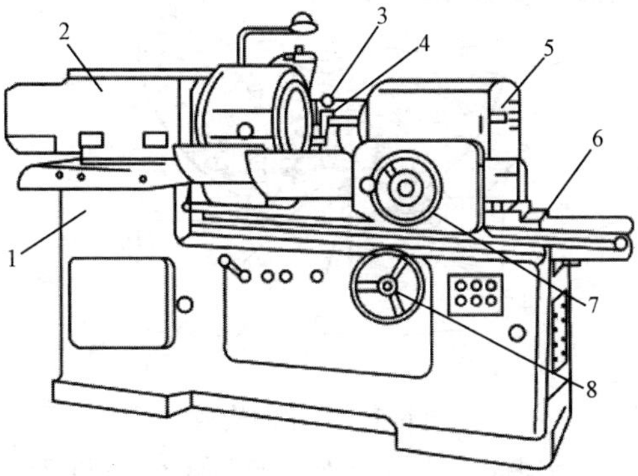

图 6-3　M2121 型内圆磨床

1—床身；2—头架；3—砂轮修整器；4—砂轮；5—砂轮架；6—工作台；7—砂轮架操作手轮；8—工作台操纵手轮

三、平面磨床

平面磨床主要用来磨削工件上的平面。图 6-4 所示为 M7120A 型平面磨床，用砂轮的圆周面进行磨削。

工作台上装有电磁吸盘，用来装夹工件，其纵向往复运动由液压传动来实现。磨头沿拖板的水平导轨可做横向进给运动，这可由液压驱动或手轮操纵。拖板可沿立柱的垂直导轨移动，以调整磨头的高低位置及完成垂直进给运动。

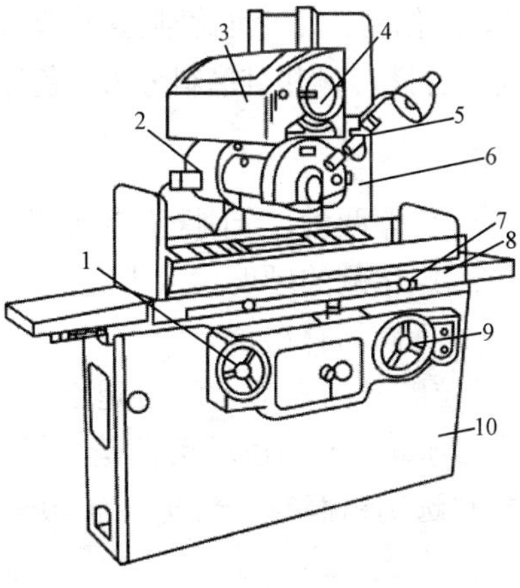

图 6-4　M7120A 型平面磨床

1—驱动工作台手轮；2—磨头；3—拖板；4—轴向进给手轮；5—砂轮修整器；6—主柱；7—行程挡块；8—工作台；9—径向进给手轮；10—床身

模块二 选用砂轮

砂轮是磨削的切削工具，它是由许多细小而坚硬的磨粒用结合剂黏结而成的多孔体，砂轮由磨粒、结合剂和空隙组成，如图 6-5 所示。

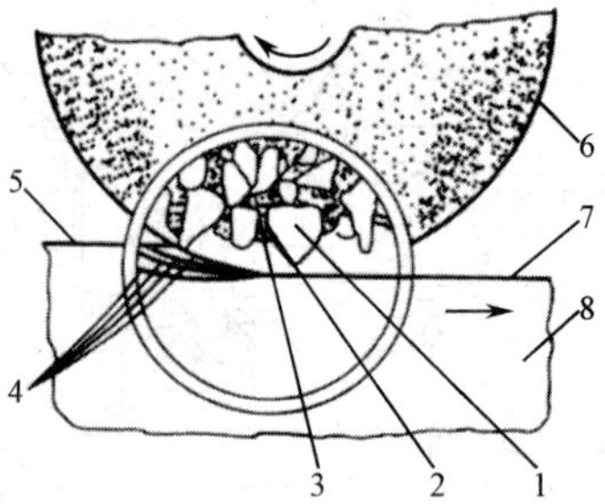

图 6-5 砂轮的构成

1—砂粒；2—结合剂；3—空隙；4—加工面；5—待加工面；6—砂轮；7—已加工面；8—工件

一、磨料

磨料是砂轮的主要原料，直接担负着磨削工作。磨削时，磨料在高温工作条件下要经受剧烈的摩擦和挤压，所以磨料应具有很高的硬度、耐热性及一定的韧性。常用的磨料有三类，详细用途如表 6-1 所示。

1. 刚玉类

刚玉类主要成分是 Al_2O_3，其韧性好，适用于磨削钢等塑性材料。刚玉类磨料包括棕刚玉（代号 A）、白刚玉（代号 WA）。

2. 碳化硅类

碳化硅类主要成分是碳化硅、碳化硼。其硬度比刚玉类高，磨粒锋利，导热性好，适用于磨削铸铁、青铜及硬质合金刀具等脆性材料。碳化硅磨料分为黑色碳化硅（C）和绿色碳化硅（GC）。

3. 超硬类

超硬磨料包括金刚石和立方氮化硼两种。金刚石磨粒适用于加工硬质合金、石材、陶瓷、玛瑙和光学玻璃等硬脆材料。立方氮化硼的硬度仅次于金刚石，适合加工各类淬火工具钢、磨具钢、不锈钢及镍基和钴基合金等硬韧材料。

粒度是指磨料颗粒的大小，粒度号数越大，颗粒越小。粒度号以其所通过的筛网上每 25.4mm 长度内的孔眼数来表示，例如，70 粒度的磨粒是用每 25.4mm 长度内有 70 个孔眼的筛网筛出来的。粗加工和磨软材料选用粗磨粒，粒度号为 30～60。精加工和磨削脆性材料选用细磨粒，粒度号为 60～120。

二、选用砂轮

1. 结合剂

砂轮中，将磨粒黏结成具有一定强度和形状的物质称为结合剂。砂轮的强度、抗冲击性、耐热度及耐腐蚀性能，主要取决于结合剂的性能。

常用的结合剂有陶瓷结合剂（代号 V）、树脂结合剂（代号 B）、橡胶结合剂（代号 R）、金属结合剂（代号 M）等。

表 6-1 常用磨料

名称		代号	特性	用途
氧化物系	棕刚玉	A（GZ）	含 91%～96%氧化铝。棕色，硬度高，韧性好，价格便宜	磨削碳钢、合金钢、可锻铸铁、硬青铜等
	白刚玉	WA（GB）	含 97%～98%的氧化铝。白色，比棕刚玉硬度高、韧性低，自锐性好，磨削时发热少	精磨淬火钢、高碳钢、高速钢及薄壁零件
碳化物系	黑色碳化硅	C（TH）	含 95%以上的碳化硅。呈黑色或深蓝色，有光泽。硬度比白刚玉高，性脆而锋利，导热性和导电性良好	磨削铸铁、黄铜、铝、耐火材料及非金属材料
	绿色碳化硅	GC（TL）	含 97%以上的碳化硅。呈绿色，硬度和脆性比黑色碳化硅更高，导热性和导电性好	磨削硬质合金、光学玻璃、宝石、玉石、陶瓷、珩磨发动机气缸套等
高硬磨料系	人造金刚石	D（JR）	无色透明或淡黄色、黄绿色、黑色。硬度高，比天然金刚石性脆。价格比其他磨料贵许多倍	磨削硬质合金、宝石等高硬度材料
	立方碳化硼	CBN（JLD）	立方型晶体结构，硬度略低于金刚石，强度较高，导热性能好	磨削、研磨、珩磨各种既硬又韧的淬火钢和高钼、高矾、高钴钢、不锈钢

注：括号内的代号是旧标准代号。

砂轮的硬度是指砂轮工作时在磨削力作用下磨粒脱落的难易程度。磨粒黏接越牢，越不易脱落，砂轮的硬度就越高；反之，则硬度越低。结合剂的强度应保证在磨削时砂轮能正常地自行变锐。硬度取决于结合剂的结合能力及所占比例，与磨料硬度无关。硬度高，磨料不易脱落；硬度低，自锐性好。硬度分 7 大级（超软、软、中软、中、中硬、硬、超硬），如表 6-2 所示。

表 6-2 砂轮硬度等级

硬度等级	大级	软			中软		中		中硬			硬	
	小级	软 1	软 2	软 3	中软 1	中软 2	中 1	中 2	中硬 1	中硬 2	中硬 3	硬 1	硬 2
代号		G（R1）	H（R2）	J（R3）	K（ZR1）	L（ZR2）	M（Z1）	N（Z2）	P（ZY1）	Q（ZY2）	R（ZY3）	S（Y1）	T（Y2）

注：括号内的代号是旧标准代号；超软，超硬未列入；表中 1、2、3 表示硬度递增的顺序。

砂轮硬度选择原则：

磨削硬材，选软砂轮；磨削软材，选硬砂轮；磨导热性差、不易散热的材料，选软砂轮以免工件烧伤；砂轮与工件接触面积大时，选较软的砂轮；成形磨精磨时，选较硬的砂轮；粗磨时选较软的砂轮。

2. 孔隙

砂轮的孔隙是指砂轮中除磨料和结合剂以外的部分，孔隙使砂轮逐层崩碎脱落，从而获得满意的“自锐”效果。

3. 形状与尺寸

砂轮被制成各种不同的形状和尺寸，以供不同零件的加工使用。砂轮的形状和尺寸可参阅国家标准，如表 6-3 所示。

表 6-3 砂轮形状及用途

砂轮名称	简　图	代号	主要用途
平形砂轮	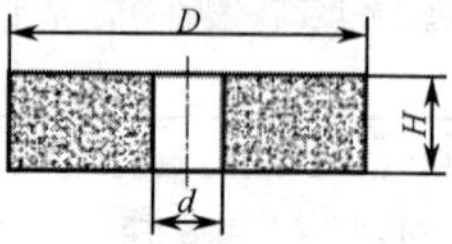	P	用于磨外圆、内圆、平面和无心磨等
双面凹砂轮	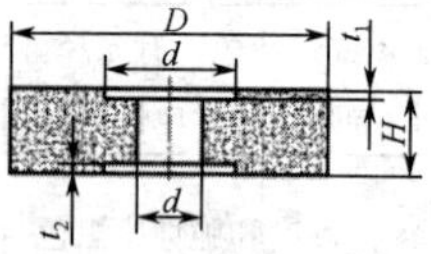	PSA	用于磨外圆、无心磨和刃磨刀具
双斜边砂轮	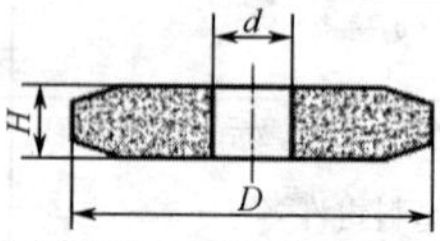	PSX	用于磨削齿轮和螺纹
筒形砂轮	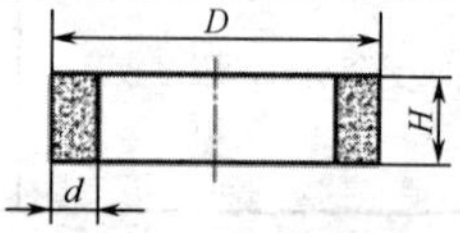	N	用于立轴端磨平面
碟形砂轮	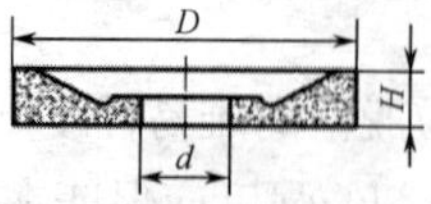	D	用于刃磨刀具前面
碗形砂轮	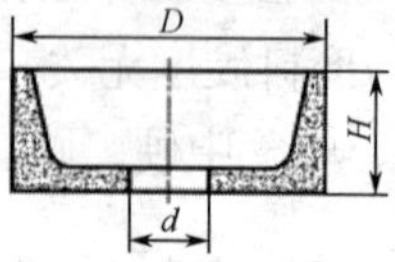	BW	用于导轨磨及刃磨刀具

4. 砂轮的标示方法

按 GB 2484—84 规定，标志顺序为磨具形状、尺寸、磨料、粒度、硬度、组织、结合剂和最高线速度。砂轮标示方法见示例：

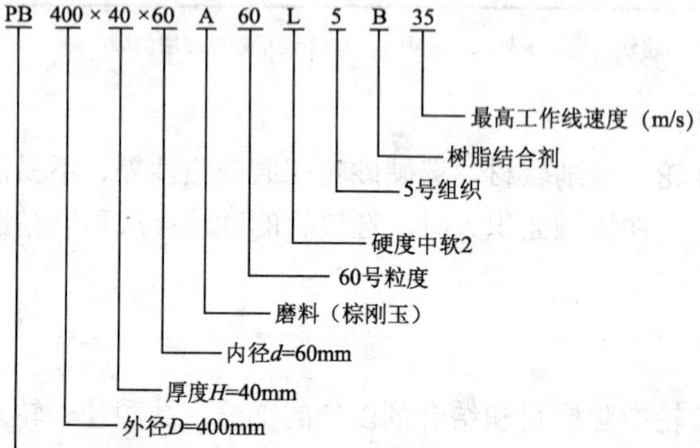

三、砂轮的检查、安装、平衡和修整

砂轮因在高速下工作，因此安装前要通过外观检查和敲击的响声来检查砂轮有无裂纹，以防高速旋转时砂轮破裂。安装砂轮时，应将砂轮松紧合适地套在砂轮主轴上，并在砂轮和法兰盘之间垫上 1～2mm 厚的弹性垫板（皮革或耐油橡胶所制），如图 6-6 所示。

为了使砂轮工作平稳，一般直径大于 125mm 的砂轮须进行静平衡检验，如图 6-7 所示。

平衡时将砂轮装在心轴上，再放到平衡架的导轨上。如果不平衡，则较重的部分总是转在下面，这时可移动法兰盘端面环形槽内的平衡块进行平衡，直到砂轮可以在导轨上任意位置都能静止，这种平衡称为静平衡。

砂轮工作一定时间以后，磨料逐渐变钝，砂轮工作表面空隙堵塞，这时需要对砂轮进行修整，去除已磨钝的磨粒，以恢复砂轮的切削能力和外形精度。砂轮常用金刚石进行修整，如图 6-8 所示。修整时要使用大量的冷却液，以避免金刚石因温度剧升而破裂。

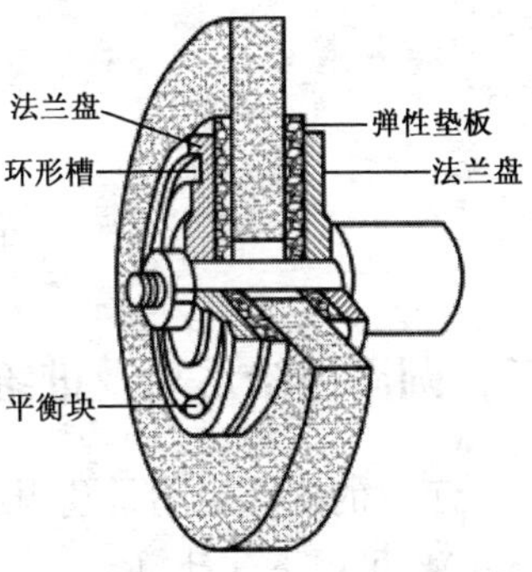

图 6-6　砂轮的安装

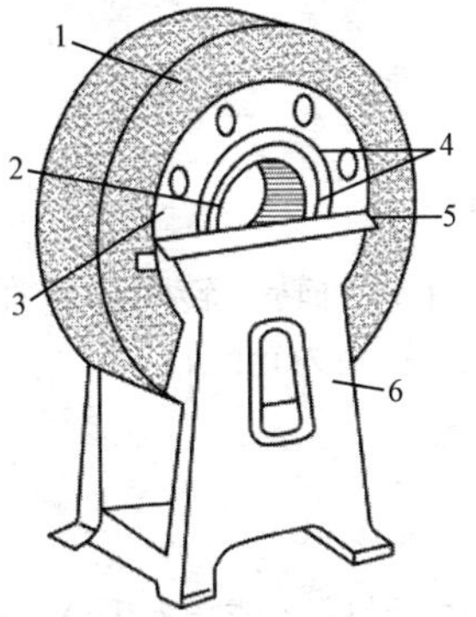

图 6-7　砂轮的静平衡

1—砂轮；2—心轴；3—法兰盘；
4—平衡块；5—平衡导轨；6—平衡架

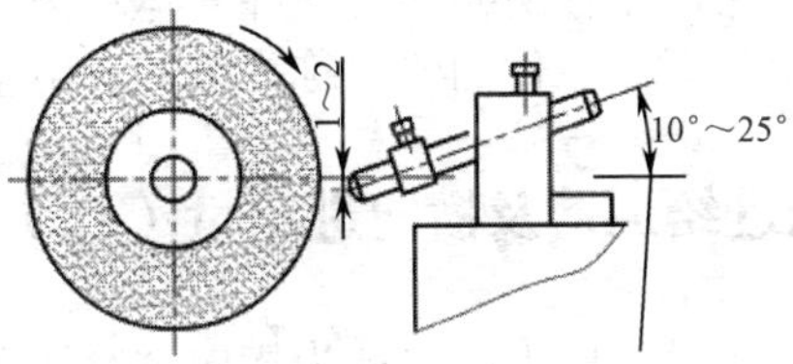

图 6-8　砂轮的修整

模块三　选用磨削用量

一、主运动及磨削速度

砂轮的旋转运动为主运动（见图 6-9），砂轮外圆相对于工件的瞬时速度称为磨削速度（m/s），可用下式计算：

$$v_c = \frac{\pi d n}{1000 \times 60}$$

式中　d——砂轮直径（mm）；

n——砂轮每分钟转速（r/min）。

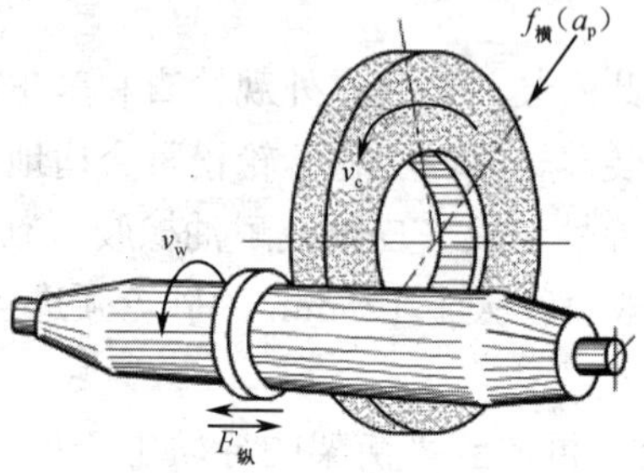

图 6-9　磨削外圆时的磨削运动和磨削用量

二、圆周进给运动及进给速度（v_w）

工件的旋转运动是圆周进给运动，工件外圆处相对于砂轮的瞬时速度称为圆周进给速度（m/s），可用下式计算：

$$v_w = \frac{\pi d_w n_w}{1000 \times 60}$$

式中　d_w——工件磨削外圆直径（mm）；

n_w——工件每分钟转速（r/min）。

三、纵向进给运动及纵向进给量（$f_{纵}$）

工作台带动工件所做的直线往复运动为纵向进给运动，工件每转一转时砂轮在纵向进给运动方向上相对于工件的位移称为纵向进给量，用 $f_{纵}$ 表示，单位为mm/r。

四、横向进给运动及横向进给量（$f_{横}$）

砂轮沿工件径向上的移动为横向进给运动，工作台每往复行程（或单行程）一次，砂轮相对工件径向上的移动距离称为横向进给量，用 $f_{横}$ 表示，单位为 mm/行程。横向进给量实际上是砂轮每次切入工件的深度，即背吃刀量，也可以用 a_p 表示，单位为 mm（每次磨削切入以毫米计的深度）。

模块四　选用磨削方法

一、外圆磨削

1. 工件的安装

磨削轴类零件时常用顶尖安装，如图 6-10（a）所示。但磨床所用的顶尖是不随工件一起转动的，这样可以提高加工精度，避免顶尖转动带来的误差。磨削短工件的外圆时，可用三爪卡盘或四爪卡盘装夹工件。用四爪卡盘安装工件时，要用百分表找正。盘套类空心工件常安装在心轴上磨削外圆，如图 6-10（b）～（d）所示。

2. 磨削方法

磨削外圆常用的方法有纵磨法和横磨法两种。

①纵磨法（见图 6-11（a））。磨削时工件旋转（圆周进给），并与工作台一起做纵向往复运动（纵向进给），每当一次纵向行程（单行程或双行程）终了时，砂轮做一次横向进给运动（磨削深度）。每次磨削深度都很小，一般在 0.005～0.05mm 之间。磨削余量要在多次往复行程中磨去。当工件加工到接近最终尺寸时，可采用几次无横向进给的光磨行程，直到磨削的火花消失为止，以提高工件的表面质量，这种方法在单件小批量生产及精磨中得到广泛应用。

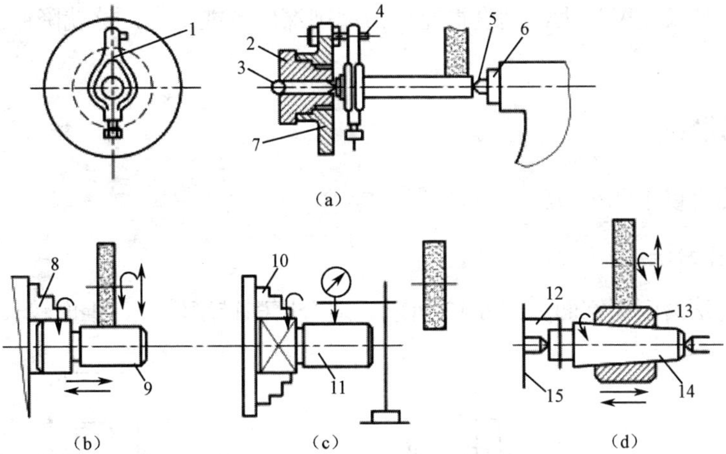

图 6-10　外圆磨床工件装夹

（a）外圆磨床上用顶尖装夹工件；（b）三爪卡盘装夹；（c）四爪卡盘装夹及其找正；（d）锥度心轴装夹

1，12—卡箍；2—头架主轴；3—前顶尖；4—拨杆；5—后顶尖；6—尾架套筒；

7，15—拨盘；8—三爪卡盘；9，11，13—工件；10—四爪卡盘；14—心轴

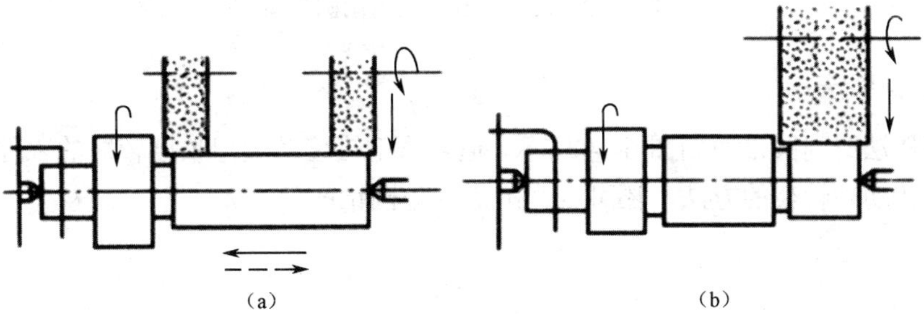

图 6-11　外圆磨削工艺

（a）纵磨法；（b）横磨法

②横磨法（见图 6-11（b））。横磨法又称切入磨削法。磨削时工件无纵向进给运动，而砂轮以很慢的速度连续地向工件做横向进给运动，直至磨去全部余量为止。横磨法适于在大批量生产中磨削长度较短的工件和阶梯轴的轴颈。

为了提高磨削质量和生产率，可对工件先采用横磨法分段粗磨，然后将留下的 0.1～0.3mm 余量用纵磨法磨削，这种方法称为综合磨法。

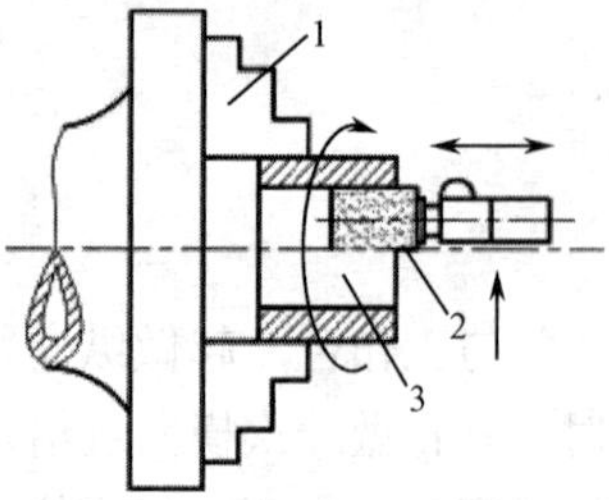

图 6-12　卡盘安装工件

1—三爪卡盘；2—砂轮；3—工件

二、内圆磨削

1. 工件的安装

磨削内圆时，通常采用三爪卡盘或四爪卡盘等夹具来安装工件，如图 6-12 所示。

2. 磨削方法

内圆磨削时，由于砂轮的直径受到工件孔径的限制，一般较小，故砂轮磨损较快，须经常修整和更换。砂轮轴直径较小，而悬伸长度又较大，刚度很差，故磨削深度不能太大，这就降低了内圆磨削的生产效率。

三、圆锥面的磨削

磨削圆锥面有以下几种方法。

1. 转动工作台法

转动工作台法磨削圆锥面如图 6-13 所示。适合磨削锥度较小、锥面较长的工件。

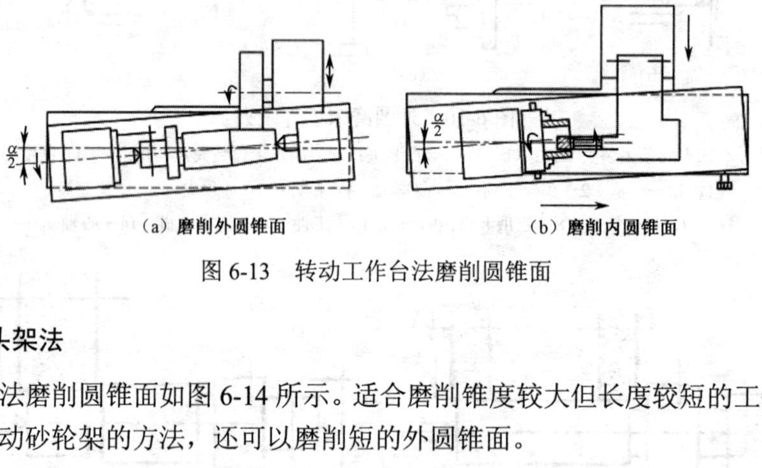

（a）磨削外圆锥面　　（b）磨削内圆锥面

图 6-13　转动工作台法磨削圆锥面

2. 转动头架法

转动头架法磨削圆锥面如图 6-14 所示。适合磨削锥度较大但长度较短的工件。在万能外圆磨床上用转动砂轮架的方法，还可以磨削短的外圆锥面。

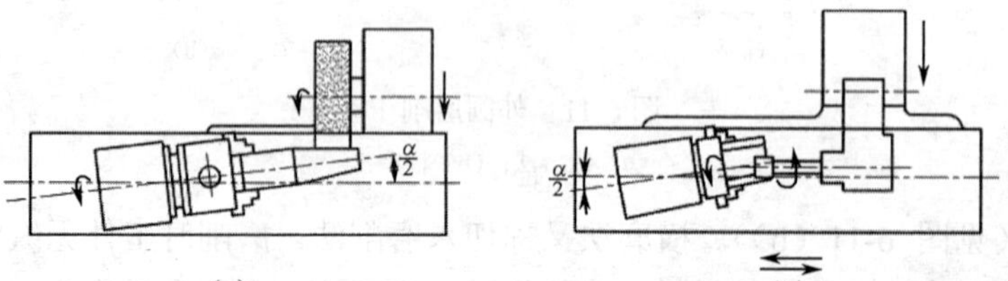

（a）　　（b）

图 6-14　转动头架法磨削圆锥面

（a）磨削外圆锥面；（b）磨削内圆锥面

3. 转动砂轮架法

转动砂轮架法磨削外圆锥面如图 6-15 所示，此法适合磨削长工件上锥度较大的圆锥面。

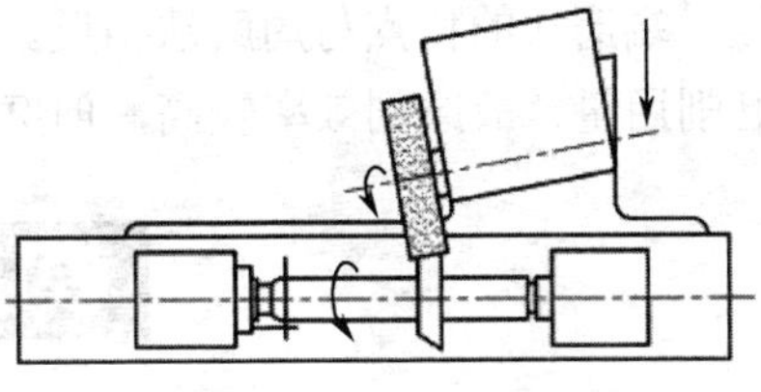

图 6-15　转动砂轮架法磨削外圆锥面

四、平面磨削

1. 工件的装夹

磨削中、小型工件的平面，常采用电磁吸盘工作台吸住工件。电磁吸盘工作台的工作原理如图 6-16 所示。钢制吸盘体的中部凸起的芯体 1 上绕有线圈。钢制盖板上面镶嵌有用绝缘层隔开的许多钢制条块。当线圈中通直流电时，芯体 1 被磁化，磁力线由芯体 1 经过盖板 5—工件 3—盖板 5—吸盘体 2—芯体 1 而闭合（图中用虚线表示），工件被吸住。绝缘层由铅铜或巴氏合金等非磁性材料制成，它的作用是使绝大部分磁力线都能通过工件再回到吸盘体 2，而不能通过盖板 5 直接回去，以保证工件被牢固地吸在工作台上。

当磨削键、垫圈、薄壁套等尺寸小而壁较薄的零件时，由于零件与工作台接触面积小，吸力弱，容易被磨削力弹出去而造成事故，故须在工件四周或两端用挡铁围住，以防工件移动，如图 6-17 所示。

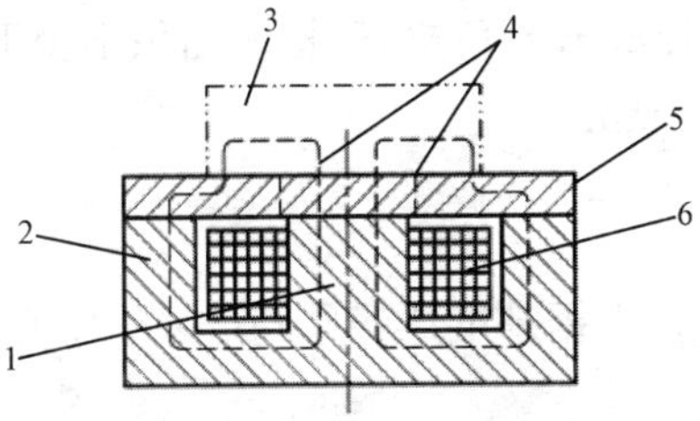

图 6-16　电磁吸盘工作台的工作原理

1—芯体；2—吸盘体；3—工件；
4—绝磁层；5—盖板；6—线圈

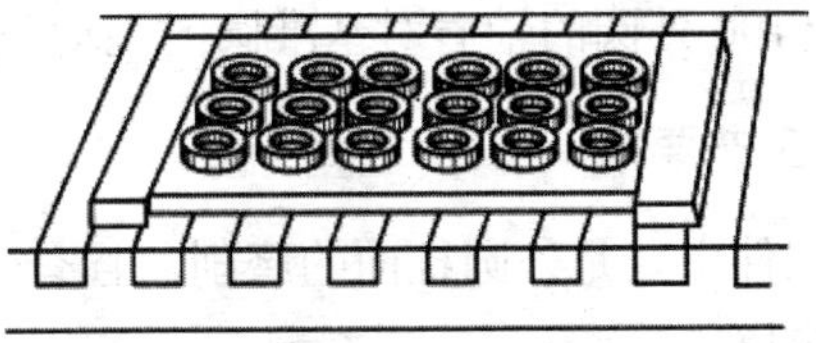

图 6-17　用挡铁围挡工件

2. 磨削方法

平面磨削的方法有两种：一种是用砂轮的圆周面磨削，如图 6-18（a）、（b）所示，称为周磨；另一种是用砂轮端面磨削，如图 6-18（c）、（d）所示，称为端磨。

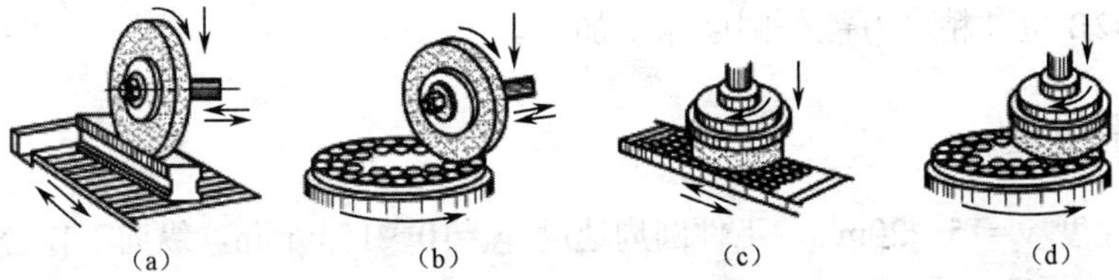

图 6-18　平面磨削

（a）矩形工作台的周磨；（b）圆形工作台的周磨；（c）矩形工作台的端磨；（d）圆形工作台的端磨

用周磨法磨削平面时，砂轮与工件的接触面积小，排屑和冷却条件好，工件发热变形小，所以能获得较高的加工质量，但磨削效率较低，适用于精磨。

端磨法的特点与周磨法相反。端磨时，由于砂轮轴伸出较短，刚度较好，能采用较大的磨削用量，故磨削效率较高，但磨削较精度较低，适用于粗磨。

模块五 制定磨削工艺

一、工艺分析

1. 图样分析

磨床砂轮主轴用于安装砂轮，并带动砂轮以35m/s的圆周速度旋转，因此要求主轴有极高的旋转精度，即$\phi\,60_{-0.035}^{-0.025}$mm外圆有高的径向圆跳动要求；另外$\phi\,60_{-0.035}^{-0.025}$mm为主轴的油膜轴承支撑轴颈，因此还有很高的圆度和圆柱度要求，表面粗糙度值很小，以保证轴颈处形成润滑油膜层。

2. 主要技术要求

①$\phi\,60_{-0.035}^{-0.025}$mm外圆的圆柱度公差为0.0005mm，圆柱度公差为0.001mm，径向圆跳动公差为0.0015mm，表面精糙度为Ra 0.025μm。

②1:5锥体对基准轴线的径向圆跳动公差为 0.0015mm，着色检查，接触面积不少于85%。

③ϕ100外圆的轴肩对基准圆的跳动公差为0.0015mm。

3. 工艺要求

①工件主要是外圆柱面的磨削，且有较好的刚性，根据基准选择原则可采用中心孔为统一基准定位。

②主要表面的加工工序应划细，如$\phi\,60_{-0.035}^{-0.025}$mm外圆应采用粗磨、半精磨、精磨和超精密磨四个工序，逐步提高加工精度和减小表面粗糙度值。

③每次磨削工序前应修研中心孔，逐步提高中心孔的精度，以提高基准精度，从而提高加工精度。

二、选用设备

在MG1432B型高精度万能外圆磨床上加工。

三、确定磨削用量

砂轮圆周速度 v_s=15～20m/s，工件圆周速度 v_w=10～15m/min，纵向工作台移动速度$v_{纵}$ = 50～150min，横向进给量 α_p=0.001～0.002mm。

四、磨削步骤

①研磨主轴两端中心孔，表面粗糙度为Ra0.4μm以上，用标准顶尖着色检验，接触面不

少于 60%。

②粗磨各个外圆，留精磨余量为 0.1mm（采用 PA40K 砂轮）。

③粗磨 1:5 圆锥。

④去应力定性处理，渗氮处理，硬度为 HV900。

⑤研磨中心孔，表面粗糙度为 Ra0.4μm，接触面不少于 70%。

⑥半精磨外圆，留精磨余量 0.02mm，两 $\phi\ 60_{-0.035}^{-0.025}$ mm 轴颈径向圆跳动量不大于 0.005mm（采用 PA60K 砂轮）。

⑦精研中心孔，表面粗糙度为 Ra0.2μm，接触面积不少于 75%。

⑧精磨 $\phi\ 60_{-0.035}^{-0.025}$ mm，横向进给量为 0.003mm/单行程，轴颈尺寸达公差上限（采用 PA60K 砂轮）。

⑨精磨 1:5 圆锥，磨至上限尺寸，以备修磨。

⑩精研中心孔，表面粗糙度为 Ra0.2μm，接触面积达 80%以上。

⑪超精密磨 $\phi\ 60_{-0.035}^{-0.025}$ 轴颈外圆。选择 PA240V 砂轮。超精密磨削前必须精修整砂轮，修整砂轮用量为砂轮圆周速度 v_s=m/s，$f_{修}$=0.01mm/r，横向进给量 $a_{p纵}$=0.0025mm/单行程。横向进给次数设为 3～4 次/单行程，直至砂轮修圆为止。光修整次数为 1～2/单行程。

超精密磨削用量：砂轮圆周速度 v_s=19m/s，工件圆周速度 v_w=10m/min，纵向工作台速度 $v_{纵}$=100mn/min，横向进给量 α_p=0.002mm。横向进给次数为 2～4 次/单行程，无火花光磨削次数为 15～20 次/单行程，直至最终尺寸为 $\phi\ 60_{-0.035}^{-0.025}$ mm，表面粗糙度为 Ra0.025μm。

拓展阅读 套类工件磨削

图 6-19 所示套类工件，材质为 45 钢，淬火硬度为 2HRC，外圆 $\phi\ 45_{-0.016}^{\ 0}$ mm 留有 0.35～0.45mm 的磨削余量，内 $\phi\ 25_{\ 0}^{+0.021}$ mm 和孔 $\phi\ 40_{\ 0}^{+0.025}$ mm 均留 0.30～0.45mm 的磨削余量，表面粗糙度均已达到 Ra6.3，其他尺寸已加工好。外圆 ϕ 45mm、内孔 ϕ 25mm 和 ϕ 40mm 的磨削步骤如表 6-4 所示。

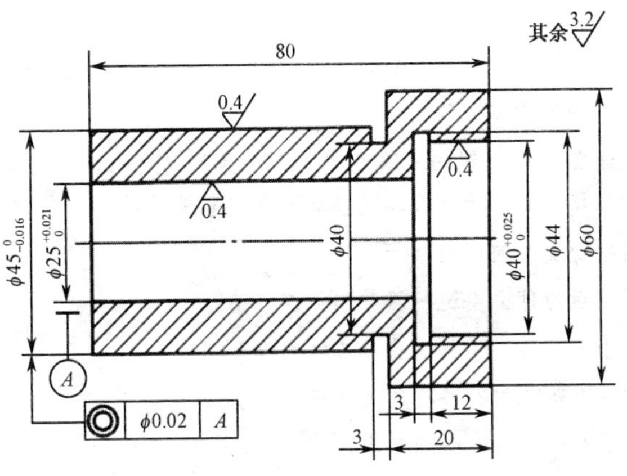

图 6-19 套类工件

表 6-4　套类工件磨削步骤

序号	名　称	内　容	加工简图
1	工件装夹	以外圆φ45mm 定位，将工件用三爪卡盘装夹，用百分表找正，选用磨内孔的砂轮	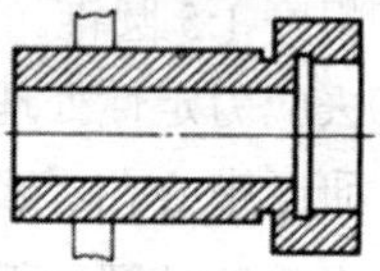
2	粗磨内孔φ25mm	采用纵磨法粗磨φ25mm 内孔，留粗磨余量为 0.04～0.06mm	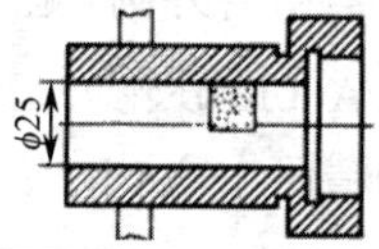
3	粗磨、精磨内孔φ45mm	更换砂轮，采用纵磨法先粗磨φ 4mm 内孔，留精加工余量为 0.04～0.06mm，再精磨至图样尺寸	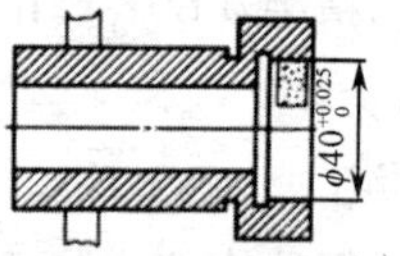
4	精磨内孔φ45mm	采用纵磨法精磨φ25mm 内孔至图样尺寸	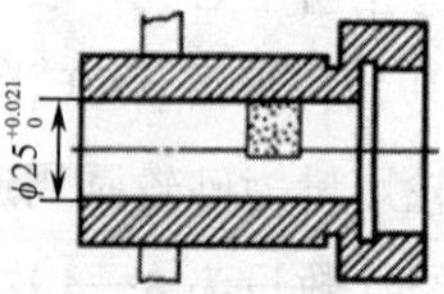
5	工件装夹	采用心轴装夹，保证φ45mm 外圆柱面与φ25mm 内孔的同轴度	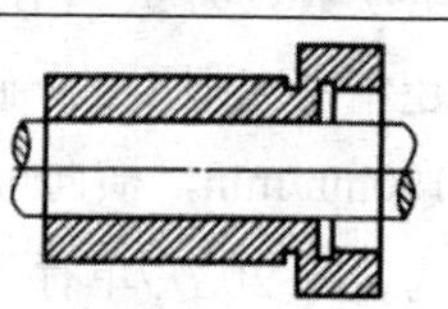
6	粗磨、精磨外圆φ45mm	更换砂轮，采用纵磨法先粗磨φ45mm 外圆，留精磨余量为 0.04～0.06mm，再精磨到图样尺寸	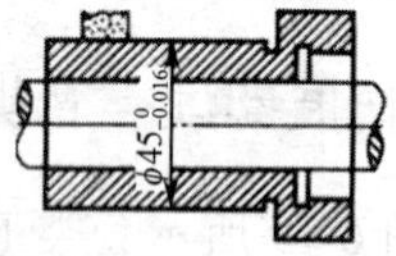
7	检验	对照图样，对工件所有尺寸逐一测量检验	

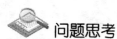

问题思考

1. 磨削外圆时必须要有哪几种运动？
2. 磨削外圆时，磨削速度（v_c）、纵向进给量（$f_{纵}$）和背吃刀量（a_p）的含义是什么？
3. 磨削加工为什么加工精度高？为什么不适合加工有色金属材料？
4. 砂轮的硬度和磨料的硬度有何不同？
5. 砂轮在使用一段时间后为什么要进行修整？如何修整？
6. 在平面磨床上磨削小工件时，为什么要在工件两端加挡铁？
7. 常用磨削平面的方法有哪几种？各有何优缺点？
8. 磨削外圆常用的方法有哪几种？如何应用？
9. 如何磨削内、外圆锥面？

课题 7　齿轮加工工艺

学习导航

齿轮是机械传动中广泛应用的零件之一，齿轮传动能按规定的速比传递运动和动力。齿轮传递运动的正确性、传动的平稳性、噪声、振动、载荷分布的均匀性，以及润滑等都与齿轮的加工质量和制造精度密切相关。

本课题的学习目标主要是能分析圆柱齿轮的技术要求；会拟定圆柱齿轮的加工工艺；会正确使用公法线千分尺、齿厚游标尺、齿圈径向跳动检查仪和基节仪测量齿轮精度；同时牢记安全文明生产规范要求。

任务描述

加工如图 7-1 所示圆柱直齿齿轮。

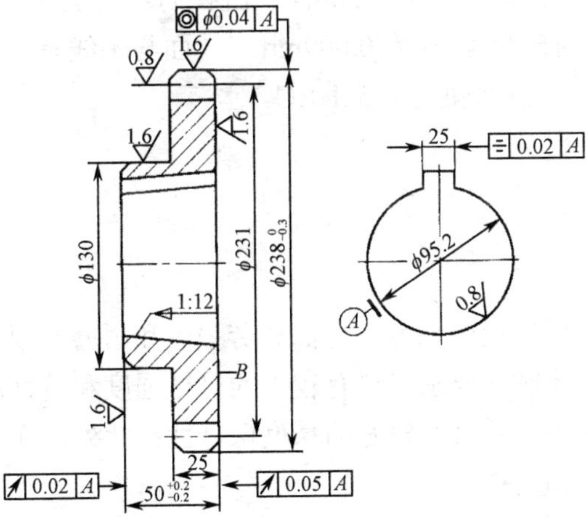

模　　数	m	3.5mm
齿　　数	z	66
齿 形 角	α	20°
变位系数	x	0
精度等级	7-6-6KM GB10095—88	
公法线长度变动公差	F_{w}	0.035mm
径向综合公差	F_i''	0.08mm
一齿径向综合公差	f_i''	0.016mm
齿向公差	F_β	0.009mm
公法线平均长度	$W=80.72^{-0.14}_{-0.19}$	

1. 1:12锥度塞规检查，接触面不少于75%。
2. 热处理：齿部HRC54。
零件名称：齿轮材料：45
生产类型：小批

图 7-1　圆柱直齿齿轮零件图

模块一 齿轮加工工艺要素

知识链接

一、齿轮的结构特点与传动精度要求

齿轮在机器中的功用不同而有不同的形状和尺寸，但齿轮一般分轮体和齿圈两部分。在机器中，常见的齿轮按轮体可分为盘类齿轮、套类齿轮、轴类齿轮、扇形齿轮、齿条等，其中，盘类齿轮应用最广。按齿圈的分布形式可分直齿齿轮、斜齿齿轮、人字齿齿轮等。

齿轮传动有以下几方面的精度要求。

①传递运动的准确性。

②工作的平稳性。

③齿面接触的均匀性。

④有一定的齿侧间隙。

在我国 GB 10095—88 标准中规定了齿轮传动有 12 个精度等级，精度由高到低依次为 1 级、2 级、…、12 级。其中常用的精度等级为 6～9 级。7 级精度是基础级，是设计中普遍采用且在一般条件下用滚、插、剃三种切齿方法就能得到的精度等级。标准中将齿轮每个精度等级的各项公差分成三个公差组，即传递运动的准确性、传动的平稳性、载荷的均匀性。

如图 7-1 所示的齿轮，传递运动精度为 7 级，主要是公法线变动量 F_w 为 0.036mm，径向综合公差为 F_i'' 为 0.08mm；传动的平稳性精度为 6 级，主要有一齿径向综合公差 f_i'' 为 0.016mm；载荷的均匀性精度为 6 级，主要是齿向公差 F_β 为 0.009mm。端面与轴线有垂直度要求。表面粗糙度为 1.6mm。齿轮表面需淬火，齿部硬度达 54HRC。

二、齿轮的毛坯与材料、热处理

1. 齿轮的材料

对一般传力齿轮，齿轮材料应具有一定的接触疲劳强度、弯曲疲劳强度和耐磨性要求；对受冲击载荷的齿轮传动，其轮齿容易折断，此时，要求材料有较大的机械强度和较好的冲击韧性；对高精度齿轮，要求材料淬火时变形小，并具有较好的精度保持性；此外，还应考虑齿轮的结构情况，如大直径齿轮可选用铸钢和铸铁。

2. 齿轮的毛坯

齿轮的毛坯形式主要有棒料、锻件、铸钢和铸铁。棒料用于小尺寸、结构简单且对强度要求低的齿轮。当强度要求较高、耐磨和耐冲击时，多用锻件。直径较大、形状复杂且受力较大的齿轮用铸钢，一般适用于齿轮直径在 400～600mm 以上。铸铁的机械强度较差，但加工性能好、成本低，故适用于受力不大、无冲击的低速齿轮。除上述毛坯外，对高速轻载齿轮，为减少噪声，可用夹布胶木制造，或用尼龙、塑料压铸成形。

3. 齿轮的热处理

齿轮加工过程中根据不同目的安排两种热处理工序：切齿前（毛坯）的热处理和切齿后（齿面）的热处理。切齿前的热处理主要是使内部组织均匀，消除内应力和改善切削性能，因此一般安排正火、退火和调质处理。切齿后热处理主要是为了提高齿面硬度和耐磨性，主要方法有高频表面淬火、整体淬火、渗碳淬火及渗氮、氰化等处理。

模块二　齿轮加工方法

知识链接

齿轮加工过程可大致分为齿坯加工和齿形加工两个阶段。其主要工艺有两方面：一方面是齿坯内孔（或轴颈）和基准端面的加工精度，它是齿轮加工、检验和装配的基准，对齿轮质量影响很大；另一方面是齿形加工精度，它直接影响齿轮传动质量，是整个齿轮加工的核心。

一、齿坯加工方法

齿坯加工主要包括毛坯制备、内孔和基准端面加工、圆和其他表面加工等过程。内孔和基准端面应在一次装夹中加工，以保证基准端面对内孔的垂直度要求，外圆精加工应以内孔在芯轴上定位，以保证外圆对内孔的同轴度要求。齿坯的加工方案与轮体结构、技术要求及生产规模等多种因素有关，具体加工过程见前面章节。

二、齿形加工阶段

齿形加工方法按加工原理可以分为成形法和展成法两类。

成形法就是利用工作部分的截形与所切齿轮间截形完全相同的刀具来加工，主要的加工方法有铣齿、拉齿、成形磨齿等。其中以模数铣刀铣齿应用最多。用模数铣刀铣齿时，工件安装在卧式（或立式）铣床的分度头上，切完一个齿间后用分度头分度再切第二个齿间。所用刀具为圆盘模数铣刀或指状模数铣刀，前者适用于中、小模数（$m \leqslant 8$）齿轮的加工，后者适用于加工大模数齿轮，如图 7-2 所示。加工同一模数不同齿数的齿轮所用模数铣刀为 8～15 把，每把铣刀铣一定齿数范围内的齿轮，如表 7-1 所示。加工时按被加工齿轮的齿数选择。

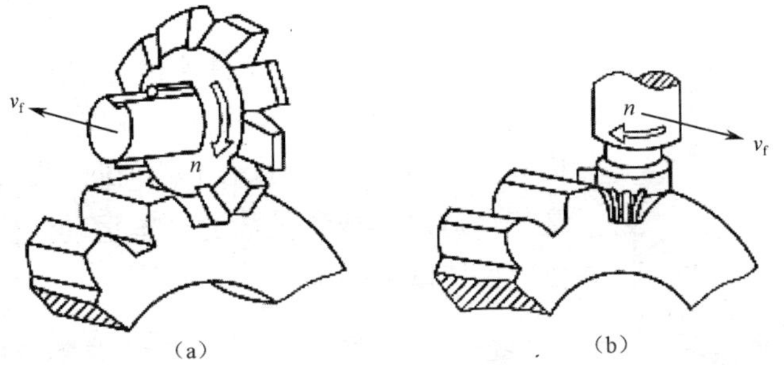

图 7-2　成形法加工齿形

（a）盘形齿轮铣刀铣削；（b）指状齿轮铣刀铣削

但在加工斜齿轮时铣刀应按齿轮的法向模数及假想齿数 Z'选择，$Z'=Z/\cos 3\beta$。式中 Z 为被加工齿轮齿数；β 为被加工齿轮分圆柱面上的螺旋角。

表 7-1　模数铣刀与被切齿轮齿数的关系

刀　号	1	2	3	4	5	6	7	8
所切齿数范围	12～13	14～16	17～20	21～25	26～34	35～54	55～134	134 以上

展成法就是利用具有切刃的齿形刀具与被加工齿轮（轮坯）按一对齿轮啮合或齿轮与齿条啮合的传动比关系做啮合运转，刀具的切刃相对于齿坯连续地进行切削，其刀刃运动轨迹包络形成齿坯上的齿形。展成法主要的加工方法有滚齿、插齿、剃齿、车齿、磨齿、珩齿等，其中应用最多的是滚齿、插齿、剃齿。

1. 滚齿

滚齿加工齿轮相当一对交错轴斜齿轮啮合。在这对啮合的齿轮传动中，一个齿轮的齿数很少，只有一个或几个，螺旋角很大，演变成了一个蜗杆，再将蜗杆开槽并铲背，就变成齿轮滚刀。加工时，滚刀与轮坯按螺旋齿轮啮合要求安装在滚齿机上，并做正确的相对运动，则滚刀的切刃包络成轮齿的齿形，如图 7-3 所示。图 7-4（a）所示为滚切直齿圆柱齿轮时的安装方式，滚刀轴线与轮坯端面应倾斜一个安装角$\delta=\gamma$。图 7-4（b）所示为滚切斜齿圆柱齿轮时的安装方式，滚刀轴线与轮坯端面也应倾斜一个安装角$\delta=\beta\pm\gamma$。当滚刀与工件的螺旋方向相同时，式中取“−”号，反之取“+”号。

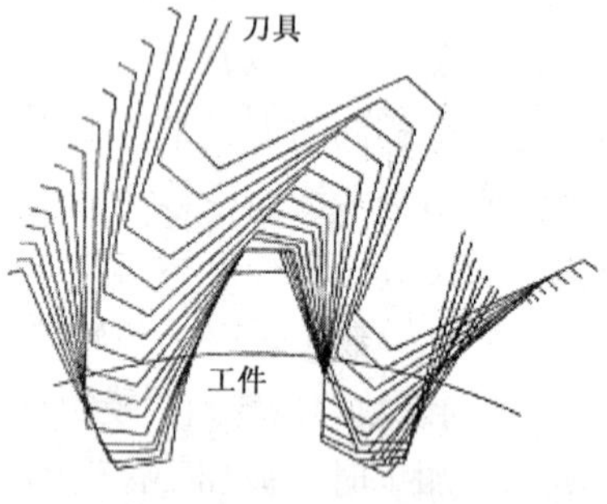

图 7-3　滚齿的切削图形

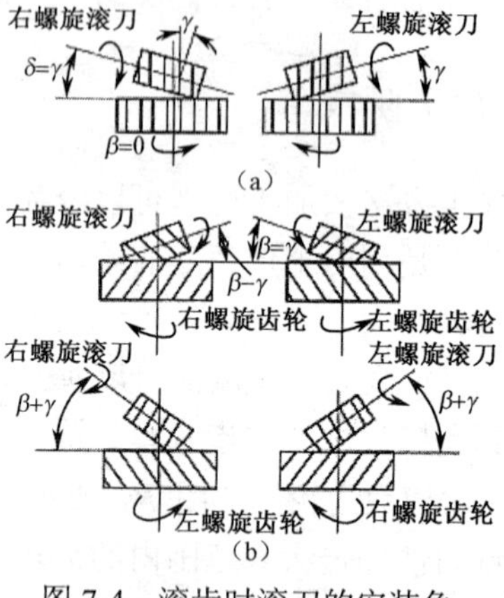

图 7-4　滚齿时滚刀的安装角

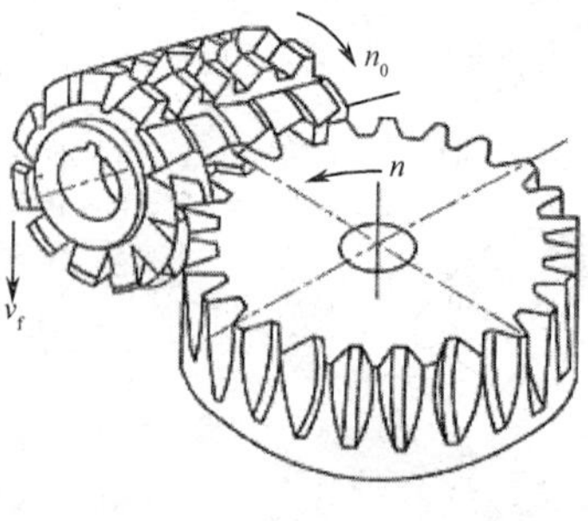

图 7-5　滚齿运动

滚齿时，滚刀与工件所需运动如图 7-5 所示。图中，n_0为滚刀的转动，是切削运动，称主运动；n 为工件的转动，称分齿运动；v_f 为滚刀沿工件轴向（齿宽方向）的进给运动，这三个运动构成了滚齿的基本运动。同时它们之间必须严格地保持以下关系：

$$n_0/n=z/k$$

式中　z——工件齿数；

k——滚刀头数。

在滚切斜齿轮时，齿坯还要做附加转动，即滚刀轴向进给到工件一个螺距时，工件应该多转或少转一圈，由滚齿机的差动机构来实现。

滚齿是加工外啮合直齿和斜齿圆柱齿轮最常用的一种方法。滚齿加工的尺寸范围很大，小至仪器仪表中的小模数齿轮，大到矿山和化工机械中的大型齿轮。

滚齿用于未淬硬齿形的粗精加工。对于 8、9 级精度的齿轮，滚齿后可直接获得。如果采用 A 级齿轮滚刀和高精度滚齿机，也可直接加工出 7 级精度的齿轮。对于 7 级精度以上的齿轮，通常用滚齿作为剃齿或磨齿等精加工前的粗加工和半精加工工序。

进行滚齿加工时，齿面是由滚刀的刀齿包络而成的，由于参加切削的刀齿数有限，且滚刀沿工件轴向进给时，会在齿面留一下纵向波纹，故齿面较为粗糙。

2. 插齿

如图 7-6（a）所示，插齿加工是运用一对圆柱齿轮啮合的展成原理加工齿形，将其中一个齿轮的端面上磨出前角，齿顶和齿侧磨出后角，使之成为一个有切削刃的插齿刀。加工时，插齿刀与齿坯之间保持一定的啮合关系，插齿刀做往复切削运动、圆周和径向进给运动及让刀运动，工件做相应的展成运动。插齿加工的齿轮齿形是插齿刀齿形多个连续位置包络而成的，与工件所需运动如图 7-6（b）所示。

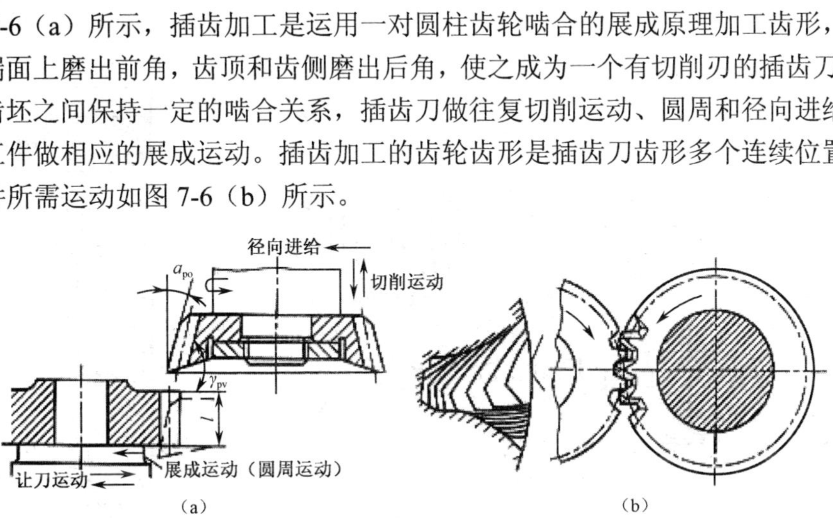

图 7-6 插齿加工原理

插齿的生产率与滚齿相比较，由于滚齿是连续铣削，而插齿有空回程，故生产率比滚齿低。但对于模数较小和宽度窄的齿轮，由于滚刀的切入长度大，如不采用多件叠合加工，则插齿的生产率反而高于滚齿。

从加工精度看，插齿加工的齿形误差较小。但插齿时引起齿轮切向误差的环节比滚齿多，使被加工齿轮产生更大的周节累积误差，故插齿所得齿轮的公法线长度变动较大。

3. 剃齿

如图 7-7 所示，剃齿是齿轮的一种精加工方法，原理上属于一对交错轴斜齿轮啮合传动。加工时其中一个高精度的螺旋齿轮在齿面上沿齿向开了很多刀槽作为刀具（剃齿刀）带动工件做双面无侧空隙的对滚，并在剃齿刀和工件上施加一定压力。对滚过程中二者沿齿向和齿形方面均产生相对滑移，剃齿刀上的齿向锯齿刀槽沿工件齿向切去一层很薄的金属，工件齿面方向因剃齿刀无刀槽，不产生切削。

剃齿只能加工未淬硬的齿轮，生产率很高。剃齿对齿圈径向跳动有修正作用，但剃齿对公法线长度变动没有修正作用。由于剃齿刀本身的修正作用，剃齿对基节偏差和齿形误差有较强的修正能力。剃齿前的齿轮精度应比剃齿后低一级，但由于剃齿后不能修正齿轮公法线长度变动，故剃齿前此项精度不能低于剃齿后的要求。此外，还应控制剃齿前的齿圈径向跳动，因为过大的径向跳动量可能会转化为公法线长度变动。

4. 珩齿

珩齿是对热处理后的齿轮进行精加工的方法之一，原理与剃齿相似，即珩轮与工件类似于一对螺旋齿轮呈无侧隙啮合，利用啮合处的相对滑动，并在齿面间施加一定的压力来进行珩齿。所不同的是珩齿所用的刀具——珩轮是含有磨料的塑料齿轮，如图 7-8 所示。

珩齿速度低，珩轮弹性较大，不能强行切下误差部分的金属，故对各项误差修正作用不强。珩齿主要用于改善表面质量，改善齿面的应力状态，可以得到较小的表面粗糙度值和较高的齿面精度。珩轮本身的误差，不会全部反映到齿轮上，但对珩前的齿轮要求有较高的精度。

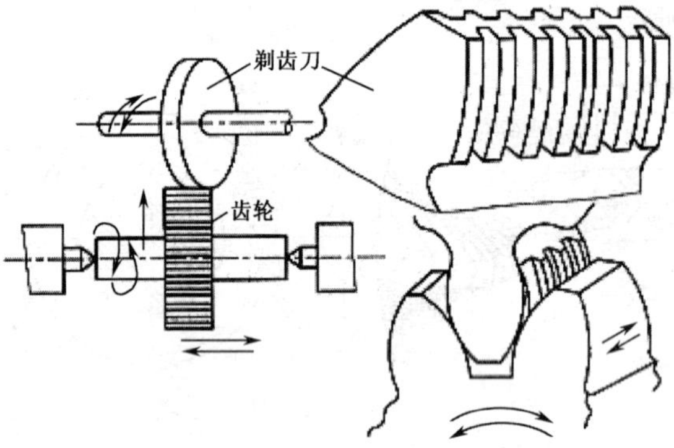

图 7-7　剃齿加工原理

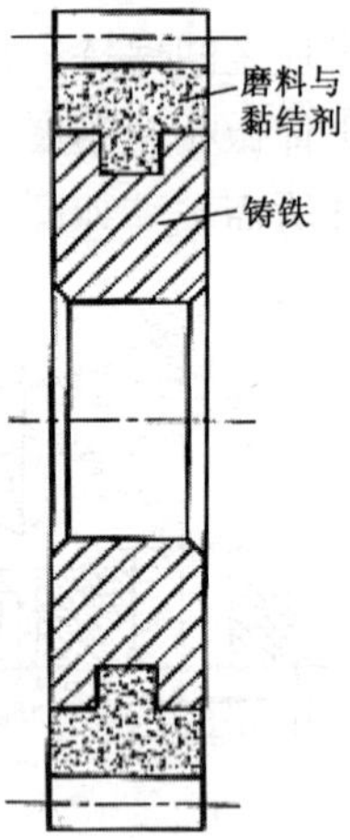

图 7-8　珩轮

5. 磨齿

磨齿是目前齿形加工中精度最高的一种方法。它既可磨削未淬硬齿轮，也可磨削淬硬的齿轮。一般生产中的磨齿采用展成法进行，常见的主要有以下几种。

①双片碟形砂轮磨齿，如图 7-9（a）所示。两片碟形砂轮倾斜安装后，即构成假想齿条的两个侧面，砂轮的端面便代表齿条的表面，并且主要靠砂轮端平面上的一条 0.5mm 的环形窄边进行磨削。工作时，砂轮只在原来位置旋转，展成运动由被磨齿轮水平面内的往复运动（v）和相应的转动（n）来实现；同时齿轮还沿轴线方向作慢速进给移动，以磨削齿宽方向的齿面。一个齿槽的两个侧面磨完后，工件即快速退离砂轮，然后进行分度，以便对另外的齿槽进行磨削。

这种方法加工齿轮传动环节少、误差小、展成运动精度高、分度精确、所加工的齿轮精度不低于 5 级，是目前磨齿方法中加工精度较高的一种，但生产率低。

②锥形砂轮磨齿，如图 7-9（b）所示。其砂轮截面呈锥形，相当于假想齿条的一个齿。

加工时，砂轮一边转动，一边沿齿向做快速往复运动；展成运动是通过被磨齿轮的旋转（n）和相应的移动（v）来实现的。当一个齿槽的两个侧面磨完后，被磨齿轮与砂轮快速分开进行分度，以便进行下个齿槽的磨削。

这种方法加工齿轮展成运动传动链长、结构复杂、误差大、砂轮修整和分齿运动精度低，故多用于加工 IT 6 级以下的直齿圆柱齿轮。

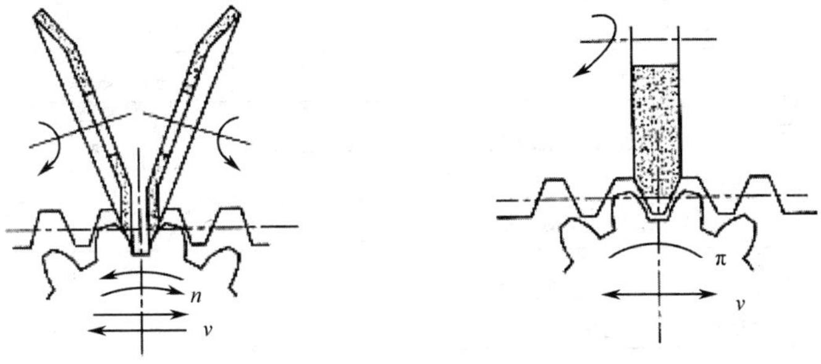

（a）　　（b）

图 7-9　磨齿加工原理图

（a）双片碟形砂轮磨齿；（b）锥形砂轮磨齿

模块三　直齿圆柱齿轮加工工艺

知识链接

一、拟定齿轮的工艺路线

齿轮加工的工艺路线是根据齿轮材质和热处理要求、齿轮结构及尺寸大小、精度要求、生产批量和车间设备条件而定的。一般可归纳成工艺路线如下：

毛坯制造→毛坯热处理→齿坯加工→齿形加工→齿圈热处理→齿轮定位表面精加工→齿圈的精整加工。

齿形加工一般为滚、插齿加工，对于 8 级以下齿轮可以直接加工；对于 6、7 级齿轮，齿形精加工采用剃齿、珩齿加工；对于 5 级以上齿轮采用磨齿加工。

二、选择加工装备

齿轮加工分两部分：轮体部分和齿圈部分。轮体采用普通车床加工，一般根据尺寸选择 C6132、CA6140 或其他车床。齿圈部分，尺寸大或模数大的齿轮采用滚齿机，对于尺寸小或结构紧凑的齿轮采用插齿机。

三、工艺过程

表 7-2 所示为齿轮的加工过程卡。

表 7-2　齿轮的加工过程卡

工序号	工序内容	定位基准	设　备
1	锻造		
2	正火		
3	粗车各部，均留余量 1.5mm	外圆、端面	转塔车床
4	精车各部，内部至锥孔塞规线外露为 6～8mm，其余达图样要求	外圆、内孔、端面	CA6132 车床
5	滚齿	内孔、端面 *B*	Y38
6	倒角	内孔、端面 *B*	倒角机
7	插键槽达图样要求	外圆、端面 *B*	插床
8	去毛刺		
9	剃齿	内孔、端面 *B*	Y5714
10	热处理：齿部 C54		
11	磨内锥孔，磨至塞规小端平	外圆、端面 *B*	M220
12	珩齿达图样要求	内孔、端面 *B*	Y5714
13	检验		

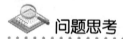

问题思考

1. 加工一内直齿齿轮 $z = 30$、$m = 4$mm、8 级精度，应该采用哪种齿形加工方法？若 $z = 150$、$m = 20$mm 时，还可采用哪种齿形加工方法？

2. 制定加工如图 7-10 所示“中间轴齿轮”零件工艺过程，年产 5000 件。

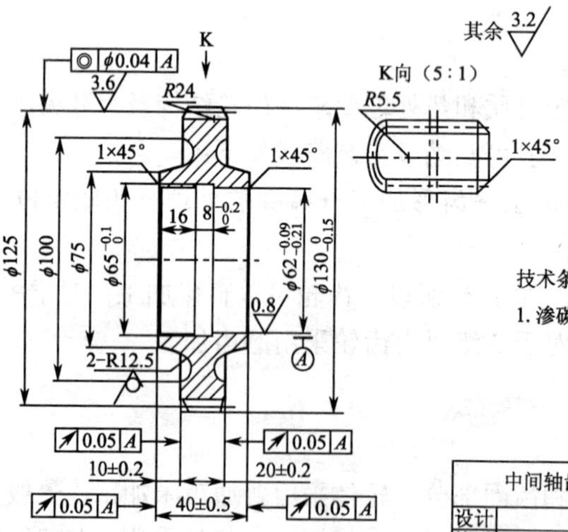

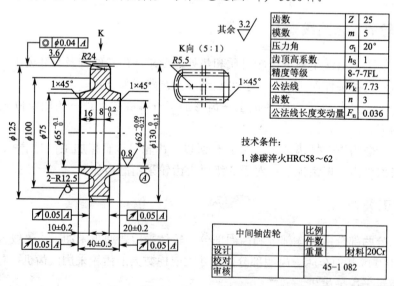

齿数	Z	25
模数	m	5
压力角	σ_1	20°
齿顶高系数	h_S	1
精度等级		8-7-7FL
公法线	W_k	7.73
齿数	n	3
公法线长度变动量	F_n	0.036

技术条件：

1. 渗碳淬火HRC58～62

中间轴齿轮		比例			
		件数			
设计		重量		材料	20Cr
校对		45-1 082			
审核					

图 7-10　中间轴齿轮

课题 8　典型零件加工工艺

学习导航

前面课题我们学习了机械加工工艺规程的制定、切削加工质量的分析，以及各种加工方法的工艺要素与工艺方法。本课题就是综合运用前面所学的知识，分析和解决实际问题。

本课题的学习目标主要是能分析典型零件的工艺与技术要求；会拟定典型零件的加工工艺。

任务描述

对常见典型零件的加工工艺规程进行分析，具体完成以下几个任务。

模块一　轴类零件加工工艺

加工如图 8-1 所示为在减速箱中的某轴。从结构上看，是一个典型的阶梯轴，工件材料为 45，生产纲领为小批量或中批量生产，调质处理为 HBS220～350。

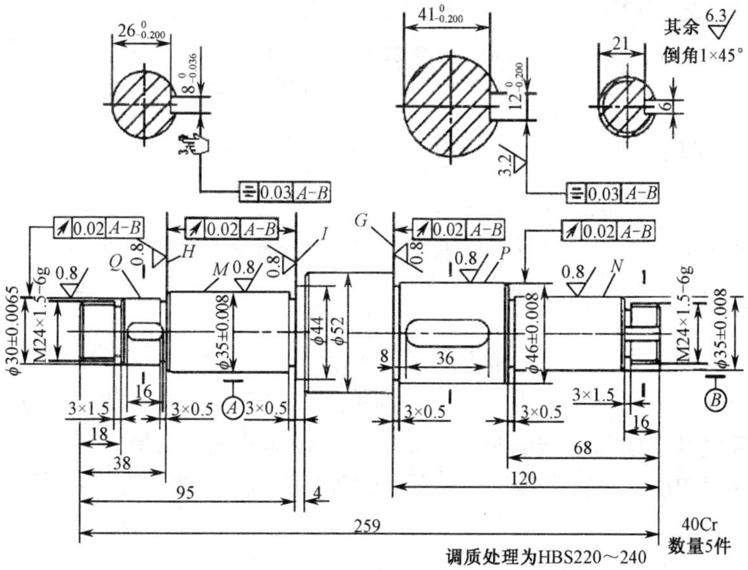

图 8-1　阶梯轴零件图

一、阶梯轴的结构和技术要求

该轴为普通的实心阶梯轴，轴类零件一般只有一个主要视图，主要标注相应的尺寸和技术要求，而其他要素如退刀槽、键槽等尺寸和技术要求标注在相应的剖视图，如图 8-1 所示。

轴颈和装传动零件的配合轴颈表面，一般是轴类零件的重要表面，其尺寸精度、形状精度（圆度、圆柱度等）、位置精度（同轴度、与端面的垂直度等）及表面粗糙度要求均较高，是轴类零件机械加工时应着重保障的要素。该传动轴，轴颈 *M* 和 *N* 处是装轴承的，各项精度要求均较高，其尺寸为ϕ 35js6(±0.008)，且是其他表面的基准，因此是主要表面。配合轴颈 *Q* 和 *P* 处是安装传动零件的，与基准轴颈的径向圆跳动公差为 0.02（实际上是与 *M*、*N* 的同轴度），公差等级为 IT6，轴肩 *H*、*G* 和 *I* 端面为轴向定位面，其要求较高，与基准轴颈的圆跳动公差为 0.02（实际上是与 *M*、*N* 的轴线的垂直度），也是较重要的表面，同时还有键槽、螺纹等结构要素。

二、明确材料和毛坯状况

一般阶梯轴类零件材料常选用 45 钢；对于中等精度而转速较高的轴可用 40Cr；对于高速、重载荷等条件下工作的轴可选用 20Cr、20CrMnTi 等低碳含金钢进行渗碳淬火，或用 38CrMoAIA 氮化钢进行氮化处理。阶梯轴类零件的毛坯最常用的是圆棒料和锻件。

三、拟定工艺路线

1. 确定加工方案

轴类在进行外圆加工时，会因切除大量金属后引起的残余应力重新分布而变形，所以应将粗精加工分开，先粗加工，再进行半精加工和精加工，主要表面精加工放在最后进行。传动轴大多是回转面，主要是采用车削和外圆磨削。由于该轴的 *Q*、*M*、*P*、*N* 段公差等级较高，表面粗糙度值较小，故应采用磨削加工。其他外圆面采用粗车、半精车、精车加工的加工方案。

2. 划分加工阶段

该轴加工划分为三个加工阶段，即粗车（粗车外圆、钻中心孔）、半精车（半精车各处外圆、台阶和修研中心孔等）、粗精磨 *Q*、*M*、*P*、*N* 段外圆。各加工阶段大致以热处理为界。

3. 选择定位基准

轴类零件各表面的设计基准一般是轴的中心线，其加工的定位基准，最常用的是两中心孔。采用两中心孔作为定位基准不但能在一次装夹中加工出多处外圆和端面，而且可保证各外圆轴线的同轴度及端面与轴线的垂直度要求，符合基准统一的原则。

在粗加工外圆和加工长轴类零件时，为了提高工件刚度，常采用一夹一顶的方式，即轴的一端外圆用卡盘夹紧，一端用尾座顶尖顶住中心孔，此时是以外圆和中心孔同作为定位基面。

4. 热处理工序安排

该轴需进行调质处理。它应放在粗加工后、半精加工前进行。如果采用锻件毛坯，必须首先安排退火或正火处理。该轴毛坯为热轧钢，可不必进行正火处理。

5. 加工工序安排

应遵循加工顺序安排的一般原则，如先粗后精、先主后次等。另外还应注意，外圆表面加工顺序应为先加工大直径外圆，然后加工小直径外圆，以免一开始就降低了工件的刚度。轴上的花键、键槽等表面的加工应在外圆精车或粗磨之后、外圆精磨之前。这样既可保证花键、键槽的加工质量，也可保证精加工表面的精度。轴上的螺纹一般有较高的精度，其加工应安排在工件局部淬火之前进行，避免因淬火后产生的变形而影响螺纹的精度。

该轴的加工工艺路线为毛坯及其热处理→预加工→车削外圆→铣键槽等→热处理→磨削。

四、确定工序尺寸

毛坯下料尺寸：ϕ 65mm×265mm；

粗车时，各外圆及各段尺寸按图纸加工尺寸均留余量为 2mm；

半精车时，螺纹大径车到 $\phi\ 24^{-0.1}_{-0.2}$，ϕ 44 及 ϕ 62 台阶车到图纸规定尺寸，其余台阶均留 0.5mm 余量。

铣加工：止动垫圈槽加工到图纸规定尺寸，键槽铣到比图纸尺寸多 0.25mm，作为磨削的余量。

精加工：螺纹加工到图纸规定尺寸 M24X1.5–6g，各外圆车到图纸规定尺寸。

五、选择设备工装

外圆加工设备：普通车床 CA6140；

磨削加工设备：万能外圆磨床 M1432A；

铣削加工设备：铣床 X52。

六、填写工艺卡片（见表 8-1）

表 8-1　阶梯轴加工工艺

工序号	工种	工序内容	加工简图	设备
1	下料	ϕ 65mm×265mm		
2	粗车外圆	三爪自定心卡盘夹持工件，车端面打中心孔。用尾座顶尖顶住，粗车如右图三个台阶，直径和长度方向均留余量为 2mm	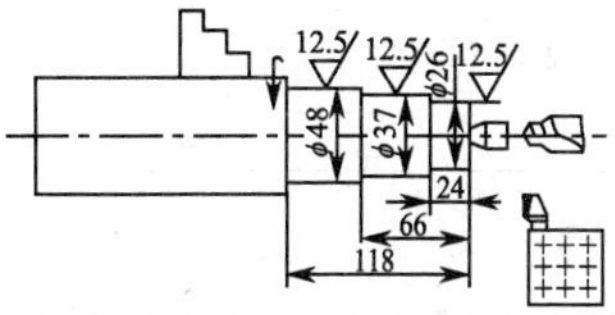	CA6140
		调头，三爪自定心卡盘夹持工件另一端，车端面保证总长为 259mm，打中心孔。用尾座顶尖顶住，粗车如右图四个台阶，直径和长度方向均留余量为 2mm	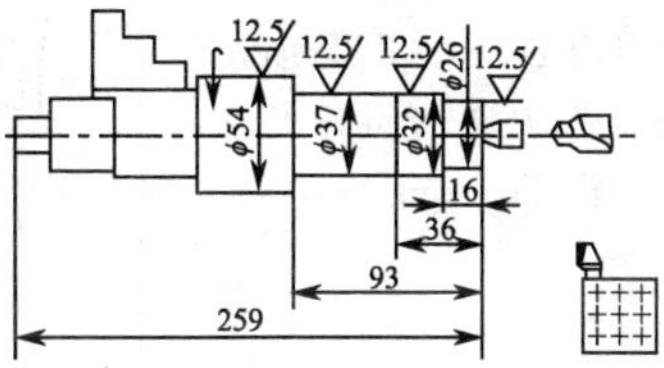	
3	热处理	调质处理为 HBS220～240		

续表

<table>
<tr><th>工序号</th><th>工种</th><th>工序内容</th><th>加工简图</th><th>设备</th></tr>
<tr><td>4</td><td>钳工</td><td>修研两端中心孔</td><td>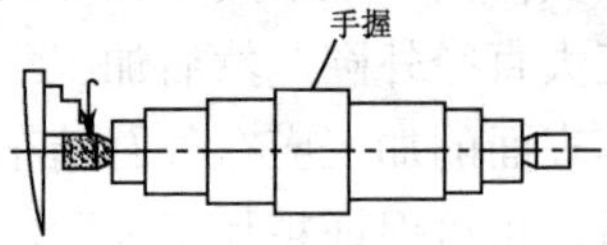</td><td>CA6140</td></tr>
<tr><td rowspan="2">5</td><td rowspan="2">半精车外圆</td><td>双顶尖装夹。
半精车如右图三个台阶，螺纹大径车到$\phi\ 24_{-0.2}^{-0.1}$，其余台阶直径上均留 0.5mm 余量，同时切三个槽，倒角</td><td>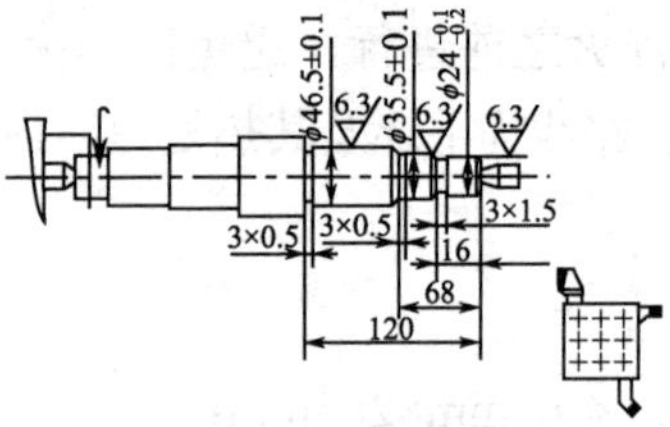</td><td rowspan="2">CA6140</td></tr>
<tr><td>调头，双顶尖装夹。
半精车如右图余下的五个台阶，ϕ 44 及ϕ 62 台阶车到图纸规定尺寸，螺纹大径车到$\phi\ 24_{-0.2}^{-0.1}$，其余台阶直径上均留 0.5mm 余量，同时切三个槽，倒角</td><td>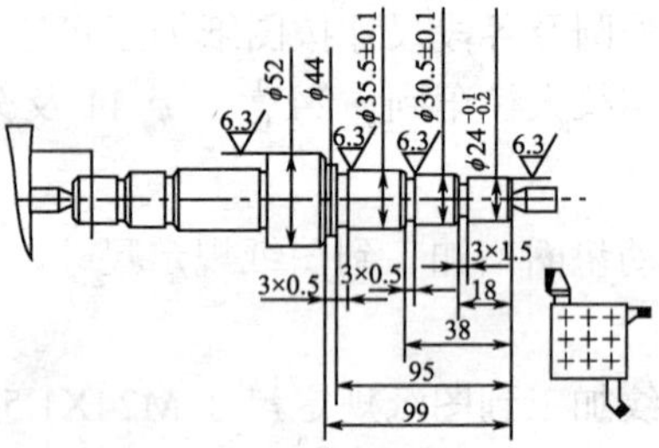</td></tr>
<tr><td>6</td><td>车螺纹</td><td>双顶尖装夹。先车一端螺纹，再调头车另一端螺纹。螺纹加工到图纸规定尺寸 M24X1.5–6g</td><td>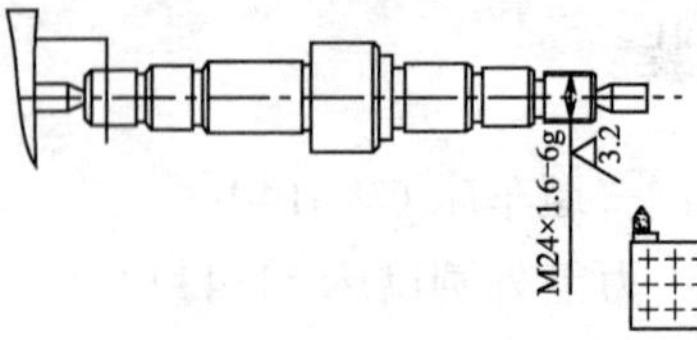</td><td>CA6140</td></tr>
<tr><td>7</td><td>钳工</td><td>划线。止动垫圈槽和键槽的位置</td><td></td><td></td></tr>
<tr><td>8</td><td>铣槽</td><td>铣止动垫圈槽和两个键槽。键槽铣到比图纸尺寸多 0.25mm，作为磨削的余量</td><td>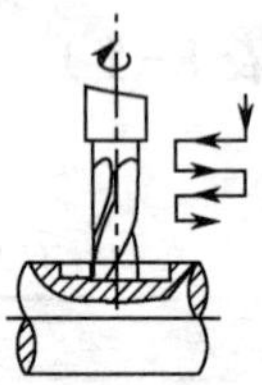</td><td>X52</td></tr>
<tr><td>9</td><td>钳工</td><td>修研两端中心孔</td><td>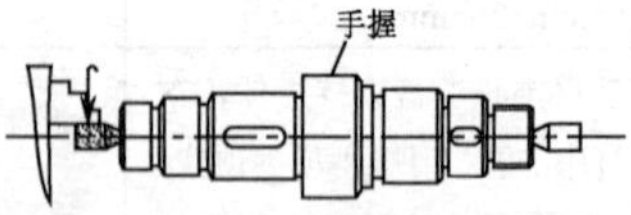</td><td>CA6140</td></tr>
<tr><td>10</td><td>磨外圆</td><td>磨外圆 Q、M，并用砂轮端面靠磨台肩 H、I；磨外圆 N、P，并用砂轮端面靠磨台肩 G</td><td>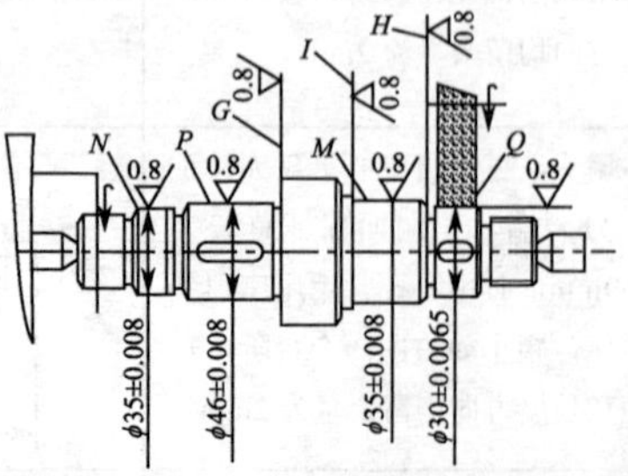</td><td>M1432A</td></tr>
<tr><td>11</td><td>检验</td><td></td><td></td><td></td></tr>
</table>

模块二 套类零件加工

加工如图 8-2 所示的轴承套零件图。

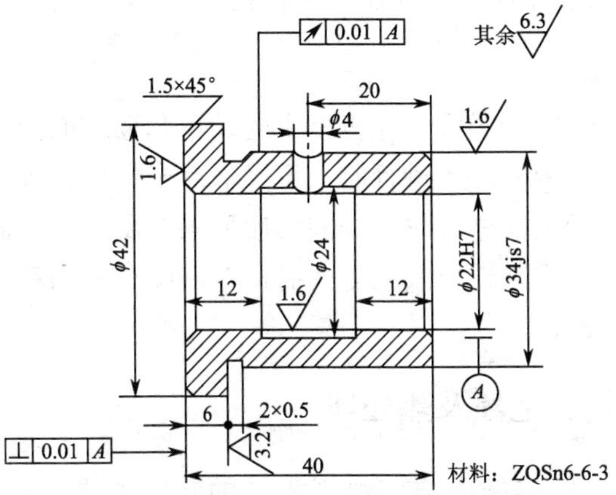

图 8-2 轴承套零件图

一、套筒类零件的功用及结构特点

套筒类零件是指在回转体零件中的空心薄壁件，是机械加工中常见的一种零件，在各类机器中应用很广，主要起支撑或导向作用。由于功用不同，其形状结构和尺寸有很大的差异。套筒类零件的结构与尺寸随其用途不同而异，但其结构一般都具有以下特点：外圆直径 d 一般小于其长度 L，通常 $L/d<5$；内孔与外圆直径之差较小，故壁薄易变形；内外圆回转面的同轴度要求较高；结构比较简单。

二、套筒类零件技术要求

套筒类零件的外圆表面多以过盈或过渡配合与机架或箱体孔相配合起支撑作用。内孔主要起导向作用或支撑作用，常与运动轴、主轴、活塞、滑阀相配合。有些套筒的端面或凸缘端面有定位或承受载荷的作用。套筒类零件虽然形状结构不一，但仍有共同特点和技术要求，根据使用情况可对套筒类零件的外圆与内孔提出以下要求。

1. 内孔与外圆的精度要求

外圆直径精度通常为 IT5～IT7，表面粗糙度 *Ra* 为 5μm～0.63μm，要求较高的为 0.04μm；内孔作为套类零件支撑或导向的主要表面，要求内孔尺寸精度一般为 IT6～IT7，为保证其耐磨性要求，对表面粗糙度要求较高（*Ra*=2.5～0.16μm）。有的精密套筒及阀套的内孔尺寸精度要求为 IT4～IT5，也有的套筒（如油缸、气缸缸筒）由于与其相配的活塞上有密封圈，故对尺寸精度要求较低，一般为 IT8～IT9，但对表面粗糙度要求较高，一般为 *Ra* 2.5～1.6μm。

2. 几何形状精度要求

通常将外圆与内孔的几何形状精度控制在直径公差以内即可；对精密轴套有时控制在孔径公差的 1/2～1/3，甚至更严。对较长套筒除圆度有要求以外，还应有孔的圆柱度要求。为提高耐磨性，有的内孔表面粗糙度要求为 *Ra*1.6～0.1μm，有的高达 *Ra*0.025μm。套筒类零件外圆形状精度一般应在外径公差内，表面粗糙度 *Ra* 为 3.2μm～0.4μm。

3. 位置精度要求

位置精度要求主要应根据套类零件在机器中的功用和要求而定。如果内孔的最终加工是在套筒装配（如机座或箱体等）之后进行时，可降低对套筒内、外圆表面的同轴度要求；如果内孔的最终加工是在装配之前进行时，则同轴度要求较高，通常同轴度为 0.01～0.06mm。套筒端面（或凸缘端面）常用来定位或承受载荷，对端面与外圆和内孔轴心线的垂直度要求较高，一般为 0.05～0.02mm。

三、套筒类零件的材料、毛坯及热处理

套筒类零件毛坯材料的选择主要取决于零件的功能要求、结构特点及使用时的工作条件。

套筒类零件一般用钢、铸铁、青铜或黄铜和粉末冶金等材料制成。有些特殊要求的套类零件可采用双层金属结构或选用优质合金钢，双层金属结构是应用离心铸造法在钢或铸铁轴套的内壁上浇注一层巴氏合金等轴承合金材料，采用这种制造方法虽增加了一些工时，但能节省有色金属，而且又提高了轴承的使用寿命。

套类零件的毛坯制造方式的选择与毛坯结构尺寸、材料、和生产批量的大小等因素有关。孔径较大（一般直径大于 20mm）时，常采用型材（如无缝钢管）、带孔的锻件或铸件；孔径较小（一般小于 20mm）时，一般多选择热轧或冷拉棒料，也可采用实心铸件；大批量生产时，可采用冷挤压、粉末冶金等先进工艺，不仅可节约原材料，而且生产率及毛坯质量精度均可提高。

套筒类零件的功能要求和结构特点决定了套筒类零件的热处理方法有渗碳淬火、表面淬火、调质、高温时效及渗氮。

四、加工工艺

套筒类零件加工的主要工艺问题是如何保证其主要加工表面（内孔和外圆）之间的相互位置精度，以及内孔本身的加工精度和表面粗糙度要求。尤其是薄壁、深孔的套筒零件，由于受力后容易变形，加上深孔刀具的刚性及排屑与散热条件差，故其深孔加工经常成为套筒零件加工的技术关键。

套筒类零件的加工顺序一般有以下两种情况。

第一种情况：粗加工外圆→粗、精加工内孔→最终精加工外圆。这种方案适用于外圆表面是最重要表面的套筒类零件加工。

第二种情况：粗加工内孔→粗、精加工外圆→最终精加工内孔。这种方案适用于内孔表

面是最重要表面的套筒类零件加工。

套筒类零件的外圆表面加工方法，根据精度要求可选择车削和磨削。内表面加工方法的选择则需考虑零件的结构特点、孔径大小、长径比、材料、技术要求及生产类型等多种因素。

如图 8-2 所示的轴承套，材料为 ZQSn6-6-3，每批数量为 400 只。该套属于短套，其直径尺寸和轴向尺寸均不大，粗加工可以单件加工，也可以多件加工。由于单件加工时，每件都要留出工件备装夹的长度，因此原材料浪费较多，所以这里采用多件加工的方法。其主要技术要求为ϕ 34js7 外圆对ϕ 22H7 孔的径向圆跳动公差为 0.01mm；左端面对ϕ 22H7 孔轴线的垂直度公差为 0.01mm；轴承套外圆为 IT7 级精度，采用精车可以满足要求；内孔精度也为 IT7 级，采用铰孔可以满足要求。内孔的加工顺序为钻孔→车孔→铰孔。

由于外圆对内孔的径向圆跳动要求在 0.01mm 内，用软卡爪装夹无法保证。因此精车外圆时应以内孔为定位基准，使轴承套在小锥度心轴上定位，用两顶尖装夹。这样可使加工基准和测量基准一致，容易达到图纸要求。车铰内孔时，应与端面在一次装夹中加工出，以保证端面与内孔轴线的垂直度在 0.01mm 以内。

表 8-2 为图 8-2 轴承套加工工艺过程。

表 8-2　轴承套加工工艺过程

工序号	工序名称	工序内容	定位夹紧
	备料	棒料，按 5 件合一加工下料	
	钻中心孔	车端面，钻中心孔；调头车另一端面，钻中心孔	三爪夹外圆
	粗车	车外圆ϕ 42 长度为 6.5mm，车外圆ϕ34js7 为ϕ35mm，车空刀槽为 2×0.5mm，取总长为 40.5mm，车分割槽为ϕ20mm×3mm，两端倒角为 1.5×45°，5 件同加工，尺寸均相同	中心孔
	钻	钻孔ϕ22H7 至ϕ22mm 成单件	软爪夹ϕ42mm 外圆
	车、铰	车端面，取总长 40mm 至尺寸 车内孔ϕ22H7 为ϕ22mm 车内槽ϕ24mm×16mm 至尺寸 铰孔ϕ22H7 至尺寸 孔两端倒角	软爪夹ϕ42mm 外圆
	精车	车ϕ34js7(±0.012)mm 至尺寸	ϕ22H7 孔心轴
	钻	钻径向油孔ϕ4mm	ϕ34mm 外圆及端面
	检查		

模块三　箱体类零件加工

按拟定工艺加工图 8-3 所示 CA6140 主轴箱体零件。

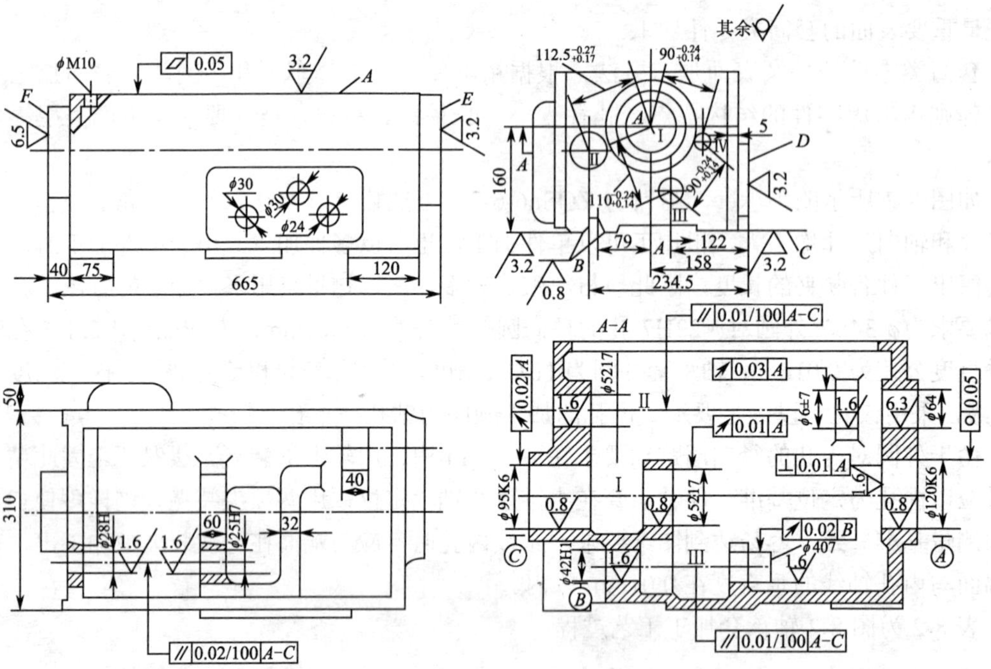

图 8-3　CA6140 主轴箱体零件

一、分析主轴箱的结构和技术要求

常见的箱体类零件有机床主轴箱、机床进给箱、变速箱体、减速箱体、发动机缸体和机座等。根据箱体零件的结构形式不同，可分为整体式箱体、分离式箱体两类。前者是整体铸造、整体加工，加工较困难，但装配精度高；后者可分别制造，便于加工和装配，但增加了装配工作量。但从工艺上分析它们仍有许多共同之处，其结构特点有以下几个方面。

外形基本上是由六个或五个平面组成的封闭式多面体，又分成整体式和组合式两种。

结构形状比较复杂。内部常为空腔形，某些部位有“隔墙”，箱体壁薄且厚薄不均。

箱壁上通常都布置有平行孔系或垂直孔系。

箱体上的加工面，主要是大量的平面，此外还有许多精度要求较高的轴承支撑孔和精度要求较低的紧固用孔。

箱体类零件的技术要求：

轴承支撑孔的尺寸精度、形状精度和表面粗糙度要求。

位置精度，包括孔系轴线之间的距离尺寸精度和平行度、同一轴线上各孔的同轴度，以及孔端面对孔轴线的垂直度等。

箱体的主要平面是装配基准，并且往往是加工时的定位基准，所以，应有较高的平面度和较小的表面粗糙度值，否则，会直接影响箱体加工时的定位精度，影响箱体与机座总装时的接触刚度和相互位置精度。一般箱体主要平面的平面度在 0.1～0.03mm，表面粗糙度为 Ra2.5～0.63μm，各主要平面对装配基准面垂直度为 0.1～300。

二、明确毛坯状况

箱体类零件的材料一般用灰铸铁，常用的牌号有 HT100～HT400，最常用的为 HT200。毛坯为铸铁件，灰铸铁不仅成本低，而且具有较好的耐磨性、可铸性、可切削性和阻尼特性。在单件生产或某些简易机床的箱体，为了缩短生产周期和降低成本，可采用钢材焊接结构。另外，精度要求较高的坐标镗床主轴箱则选用耐磨铸铁。负荷大的主轴箱也可采用铸钢件，其铸造方法视铸件精度和生产批量而定。单件小批量生产多用木模手工造型，毛坯精度低，加工余量大，有时也采用钢板焊接方式。大批量生产常用金属模机器造型、毛坯精度较高、加工余量可适当减小。

三、拟定工艺路线

车床主轴箱要求加工的表面很多。在这些加工表面中，平面加工精度比孔的加工精度更容易保证，于是，箱体中主轴孔（主要孔）的加工精度、孔系加工精度就成为了工艺关键问题。因此，在工艺路线的安排中应注意以下三个问题。

1. 工件的时效处理

为了消除铸造后铸件中的内应力，在毛坯铸造后安排一次人工时效处理，有时甚至在半精加工之后还要安排一次时效处理，以便消除残留的铸造内应力和切削加工时产生的内应力。对于特别精密的箱体，在机械加工过程中还应安排较长时间的自然时效（如坐标镗床主轴箱箱体）。箱体人工时效的方法，除加热保温外，也可采用振动时效。

2. 安排加工工艺的顺序时应先面后孔

由于平面面积较大定位稳定可靠，有利于简化夹具结构减少安装变形。从加工难度来看，平面比孔加工容易。先加工平面，把铸件表面的凹凸不平和夹砂等缺陷切除，再加工分布在平面上的孔时，这样对便于孔的加工和保证孔的加工精度都是有利的。因此，一般均应先加工平面。

3. 粗、精加工阶段要分开

箱体均为铸件，加工余量较大，而在粗加工中切除的金属较多，因而夹紧力、切削力都较大，切削热也较多。加之粗加工后，工件内应力重新分布也会引起工件变形，因此，对加工精度影响较大。为此，把粗、精加工分开进行，有利于把已加工后由于各种原因引起的工件变形充分暴露出来，然后在精加工中将其消除。

四、定位基准的选择

箱体定位基准的选择，直接关系到箱体上各个平面与平面之间，孔与平面之间，孔与孔之间的尺寸精度和位置精度要求是否能够保证。在选择基准时，首先要遵守“基准重合”和“基准统一”的原则，同时必须考虑生产批量的大小，生产设备，特别是夹具的选用等因素。

1. 粗基准的选择

粗基准的作用主要是决定不加工面与加工面的位置关系，以及保证加工面的余量均匀。箱体零件上一般有一个（或几个）主要的大孔，为了保证孔的加工余量均匀，应以该毛坯孔为粗基准（如主轴箱上的主轴孔）。箱体零件上的不加工面主要考虑内腔表面，它和加工面之间的距离尺寸有一定的要求，因为箱体中往往装有齿轮等传动件，它们与不加工的内壁之间的间隙较小，如果加工出的轴承孔端面与箱体内壁之间的距离尺寸相差太大，就有可能使齿轮安装时与箱体内壁相碰。从这一要求出发，应选内壁为粗基准。但这将使夹具结构十分复杂，甚至不能实现。考虑到铸造时内壁与主要孔都是同一个泥心浇注的，因此实际生产中常以孔为主要粗基准，限制四个自由度，而辅之以内腔或其他毛坯孔为次要基准面，以达到完全定位的目的。

2. 精基准的选择

精基准的选择为了保证箱体零件孔与孔、孔与平面、平面与平面之间的相互位置和距离尺寸精度。以车床主轴箱镗孔夹具为例，该夹具如图 8-4 所示。它的优点是对于孔与底面的距离和平行度要求较高，基准是重合的，没有基准不重合误差，而且箱口向上，观察和测量、调刀都比较方便。但是在镗削中间壁上的孔时，由于无法安装中间导向支撑，而不得不采用吊架的形式。这种吊架刚性差，操作不方便，安装误差大，不易实现自动化，故此方案一般只能适用于无中间孔壁的简单箱体或批量不大的场合。

针对前面采用吊架式中间导向支撑的问题，采用箱口向下的安装方式，以箱体顶面 *R* 和顶面上的两个工艺孔为精基准。在镗孔时，由于中间导向支撑直接固定在夹具上，使夹具的刚度提高，有利于保证各支撑孔的尺寸和位置精度，并且工件装卸方便减少了辅助时间，有利于提高生产率。但是这种定位方式也有不足之处，如箱口向下无法观察。

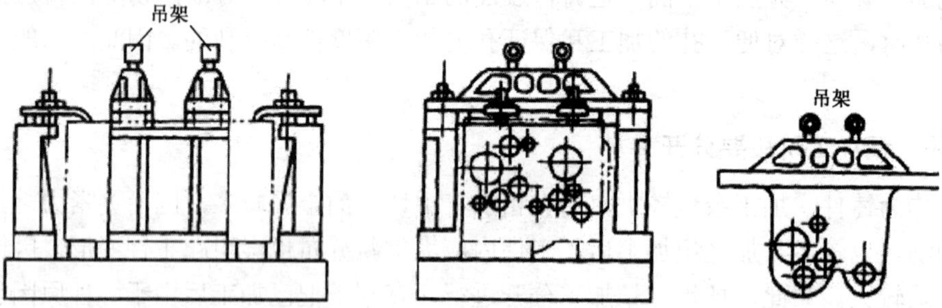

图 8-4　吊架式镗模夹具

五、填写工艺文件（见表 8-3）

表 8-3　CA6140 主轴箱加工工艺过程

序号	工序内容	定位基准	加工设备
1	铸造		
2	时效		

续表

序号	工序内容	定位基准	加工设备
3	油漆		
4	划线：考虑主轴孔有加工余量，并尽量均匀。划 *C*、*A* 及 *E*、*D* 面加工线		划线平台
5	粗、精加工顶面 *A*	按线找正	铣床
6	粗、精加工 *B*、*C* 面及侧面 *D*	*B*、*C* 面	端面铣床
7	粗、精加工两端面 *E*、*F*	*B*、*C* 面	端面铣床
8	粗、半精加工各纵向孔	*B*、*C* 面	卧式镗床
9	精加工各纵向孔	*B*、*C* 面	卧式镗床
10	粗、精加工横向孔	*B*、*C* 面	卧式镗床
11	加工螺孔各次要孔		钻床
12	清洗去毛刺		
13	检验		

模块四　丝杆加工

完成如图 8-5 所示丝杆加工。

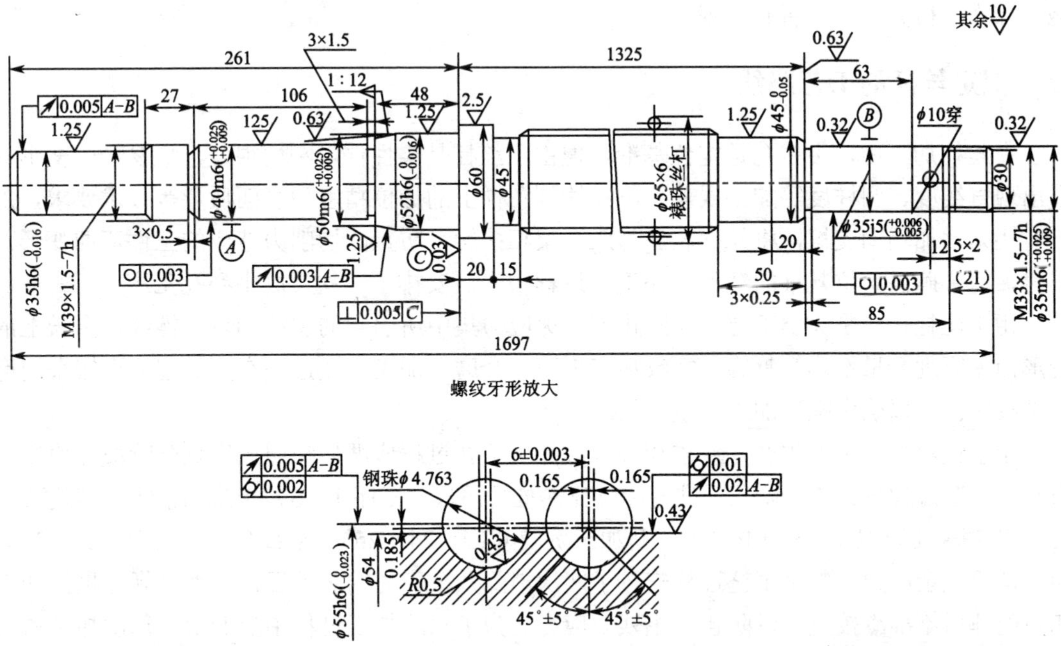

技术条件：1. 锥度1:12部分，用量规作涂色检查，接触长度大于80%。

2. 调质硬度为HBS250，除M39mm×1.5mm-7h和M33mm×1.5mm-7h螺纹和ϕ60mm外圆外，其余均高频淬硬HRC60。

3. 滚珠丝杠的螺距累计误差（mm）：0.006/25、0.009/100、0.016/300、0.018/600、0.022/900、0.03/全长。

4. 材料：9Mn2V。

图 8-5　丝杆

一、分析丝杆的结构和技术要求

丝杠不仅要能传递准确的运动，而且还要能传递一定的动力。所以它在精度、强度及耐磨性等各个方面，都有一定的要求。

如图 8-5 所示的丝杠，螺纹部分为其主要表面，其表面粗糙度、加工质量均有较高要求。$\phi 45_{-0.05}^{0}$、$\phi 52_{-0.016}^{0}$、$\phi 35_{-0.016}^{0}$、$\phi 40_{+0.009}^{+0.025}$、$\phi 50_{+0.009}^{+0.025}$、$\phi 35_{-0.005}^{+0.005}$这几处外圆是安装轴承和传动零件的，有圆度、圆跳动要求，表面粗糙度要求也较高。$\phi 60$左端面轴向定位面，与$\phi 52_{-0.016}^{0}$有垂直度要求。

二、明确毛坯状况

丝杠材料要有足够的强度，以保证传递一定的动力；应具有良好的热处理工艺性（淬透性好、热处理变形小、不易产生裂纹），并能获得较高的硬度、良好的耐磨性。丝杠螺母材料一般采用 GCrl5、CrWMn、9CrSi、9Mn2V，热处理硬度为 HRC 60～62。整体淬火在热处理和磨削过程中变形较大、工艺性差，应尽可能采用表面硬化处理。前面滚珠丝杠材料为 9Mn2V 热轧圆钢，调质硬度为 HRS250，除螺纹外，其余高频淬硬度为 HRC60。材料加工前须经球化处理，并进行严格的切试样检查。为了消除由于金相组织不稳定而引起的残余应力，安排了水冷处理工序，使淬火后的残余奥氏体转变为马氏体。为了保证质量，毛坯热处理后进行磁性探伤，检查零件是否有微观裂纹。

三、拟定丝杆的工艺路线

在丝杠加工中，中心孔是定位基准，但由于丝杠是柔性件，刚性很差，极易产生变形，会出现直线度、圆柱度等加工误差，不易达到图样上的形位精度和表面质量等技术要求，加工时还须增加辅助支撑，将外圆表面与跟刀架相接触，防止因切削力造成的工件弯曲变形。同时，为了确保定位基准的精度，在工艺过程中先后安排了三次研磨中心孔工序。

由于丝杠螺纹是关键部位，为防止因淬火应力集中所引起的裂纹和避免螺纹在全长上的变形而使磨削余量不均等弊病，螺纹加工采用“全磨”加工方法，即在热处理后直接采用磨削螺纹工艺，以确保螺纹加工精度。

由于该丝杠为单件生产，要求较高，故加工工艺过程应严格按照工序划分阶段的原则，将整个工艺过程分为 5 个阶段：准备和预先热处理阶段（工序 1～6），粗加工阶段（工序 7～13），半精加工阶段（工序 14～23），精加工阶段（工序 24～25），终加工阶段（工序 26～28）。为了消除残余应力，整个工艺过程安排了四次消除残余应力的热处理，并严格规定机械加工和热处理后不准冷校直，以防止产生残余应力。为了消除加工过程中的变形，每次加工后工件应垂直吊放，并采用留加工余量分层加工的方法，经过多道工序逐步消除加工过程中引起的变形。

四、确定工序尺寸

下料尺寸：65mm×1715mm。

粗车尺寸：各外圆均留加工余量为 6mm。

半精车尺寸：总长为 1697mm，各外圆留加工余量为 1.4～1.5mm，锥度留磨量为 1.1～1.2mm，螺纹车至 $\phi 33^{+0.50}_{+0.30}$、$\phi 39^{+0.80}_{+0.60}$、外圆 $\phi 60$ 车至 $\phi 60^{+0.40}_{+0.30}$、$\phi 54$ 处车至 $\phi 56^{+0.40}_{+0.20}$。

粗磨尺寸：各外圆均留磨量为 0.3～0.4mm（分三次），磨锥度留磨量为 0.35～0.45mm，$\phi 60$ 外圆车至 $\phi 60^{\ 0}_{-0.20}$（分二次），$\phi 45^{\ 0}_{-0.05}$ 外圆车至 $\phi 45^{+0.40}_{+0.30}$（分二次）。

半精磨尺寸：磨 $\phi 60$ 外圆（磨出即可），磨滚珠螺纹大径、磨 $\phi 45^{\ 0}_{-0.05}$ 外圆至图样要求，外圆均留余量为 0.12～0.15mm，螺纹 M33、M39 和锥度均留磨余量为 0.10～0.15mm。

精磨尺寸：各部分尺寸至图纸要求。

五、选择加工装备

车削：车床 CA6140；
平面磨削：平面磨床 M820；
外圆磨削：万能外圆磨床 M1432A；
丝杠磨削：丝杆磨床 S7432。

六、填写工艺卡片（见表 8-4）

表 8-4　丝杆零件加工工艺过程

工序号	工种	工序内容	设备
1	备料	热轧圆钢 65mm×1715mm	
2	热处理	球化退火	
3	车	车削试样，试样尺寸为 ϕ45mm×8mm，车削后应保证零件总长为 1703mm	车床 CA6140
4	磨	在平面磨床上磨试样两平面（磨出即可），表面粗糙度 *Ra* 值为 1.25μm	平面磨床 M820
5	检验	检验试样，要求试样球化等级为 1.5～4 级，网状组织小于 3 级，待试样合格后方可转入下道工序	
6	热处理	调质，调质后硬度为 HBS250，校直	
7	粗车	粗车各外圆，均留加工余量为 6mm	车床 CA6140
8	钳	划线，钻 ϕ10mm 起吊通孔	
9	热处理	时效处理，除应力，要求全长弯曲小于 1.5mm，不得冷校直	
10	车	①车两端面取总长为 1697mm，修正两端面中心孔，要求 60° 锥面的表面粗糙度 *Ra* 值为 2.5μm； ②车外圆 $\phi 60$ 处到 $\phi 60^{+0.40}_{+0.30}$，滚珠螺纹大径 $\phi 54$ 处车至 $\phi 56^{+0.40}_{+0.20}$，车锥度 1:12，留磨量为 1.1～1.2mm，车螺纹 M33×1.5−7h 大径至 $\phi 33^{+0.50}_{+0.30}$，车螺纹 M39×1.5−7h 大径至 $\phi 39^{+0.80}_{+0.60}$，车其余各外圆，均按图样基本尺寸留加工余量为 1.4～1.5mm，倒角，各外圆、锥面相互跳动 0.25mm，加工后应垂直吊放	车床 CA6140
11	粗磨	粗磨滚珠螺纹大径至 $\phi 56^{\ 0}_{-0.20}$，磨其他各外圆，均留磨量为 1.1～1.2mm	万能外圆磨床 M1432A

续表

工序号	工种	工序内容	设备
12	热处理	按图样技术要求淬硬，中温回火，冰冷处理，工艺要求：全长弯曲小于0.5mm，两端中心孔硬度达HRC50～56，不得冷校直	
13	检验	检验硬度，磁性探伤，去磁	
14	研	研磨两端中心孔，表面粗糙度 *Ra* 值为 1.25μm	车床 CA6140
15	粗磨	磨ϕ60 外圆至$\phi 60^{+0.20}_{+0.10}$，磨滚珠螺纹大径$\phi 56^{+0.10}_{0}$，磨其余各外圆，均留磨量为 0.65～0.75mm，磨出两端垂直度为 0.005mm 及表面粗糙度 *Ra* 值为 1.25μm 的肩面，磨 M39×1.5–7h 螺纹大径至$\phi 39^{+0.30}_{+0.20}$，M33×1.5–7h 螺纹大径至$\phi 32^{+0.30}_{+0.20}$，磨锥度为 1:12，留磨量为 0.35～0.45mm，要求用环规着色检查，接触面为 50%，完工后垂直吊放	万能外圆磨床 M1432A
16	检验	磁性探伤，去磁	
17	粗磨	磨滚珠丝杠底槽至尺寸，粗磨滚珠丝杠螺纹，留磨量（三针测量仪 M=$\phi 60^{0}_{-0.7}$ 量棒直径ϕ 4.2），齿形用样板透光检查，去不完整牙，完工后垂直吊放	丝杆磨床 S7432
18	检验	磁性探伤，去磁	
19	热处理	低温回火除应力，要求变形不大于 0.15mm，不准冷校直	
20	研	修研两端中心孔，要求表面粗糙度 *Ra* 值为 0.63μm，完工后垂直吊放	车床 CA6140
21	粗磨	磨ϕ 60 外圆至$\phi 60^{0}_{-0.20}$，磨$\phi 45^{0}_{-0.05}$ 外圆至$\phi 45^{+0.40}_{+0.30}$，磨其他各外圆，均留磨量为 0.3～0.4mm	万能外圆磨床 M1432A
22	半精磨	半精磨滚珠螺纹，留精磨余量（三针测量仪 M=$\phi 59.2^{+0.20}_{0}$ 量棒直径ϕ 4.2），齿形用样板透光检查，完工后垂直吊放	丝杆磨床 S7432
23	热处理	低温回火，消除磨削应力，要求全长弯曲小于 0.10mm，不得冷校直	
24	研	修研两端中心孔，表面粗糙度 *Ra* 值为 0.32μm，完工后垂直吊放	车床 CA6140
25	半精磨	磨ϕ 60 外圆（磨出即可），磨滚珠螺纹大径至图样要求，全长圆柱度 0.02mm，磨$\phi 45^{0}_{-0.05}$ 外圆至图样要求，磨其余各外圆及端面，外圆均留余量为 0.12～0.15mm，磨 M33×1.5–7h 螺纹大径、M39×1.5–7h 螺纹大径和锥度 1:12，均留磨余量为 0.10～0.15mm，工艺要求：各磨削外圆的圆跳动小于 0.005mm，锥度 1:12 接触面为 60%	万能外圆磨床 M1432A
26	精磨	磨 M33×1.5–7h 螺纹和 M39×1.5–7h 螺纹至图样要求	丝杆磨床 S7432
27	精磨	精磨滚珠丝杠螺纹至图样要求，齿尖倒圆 *R*0.8mm，要求：齿形按样，透光检查，完工后垂直吊放	丝杆磨床 S7432
28	终磨	终磨各外圆、锥度 1:12 及肩面至图样要求，完工后垂直吊放，并涂防锈油（备单配滚珠螺母）	万能外圆磨床 M1432A

问题思考

1. 拟定图 8-6 所示“液压缸”加工工艺过程。

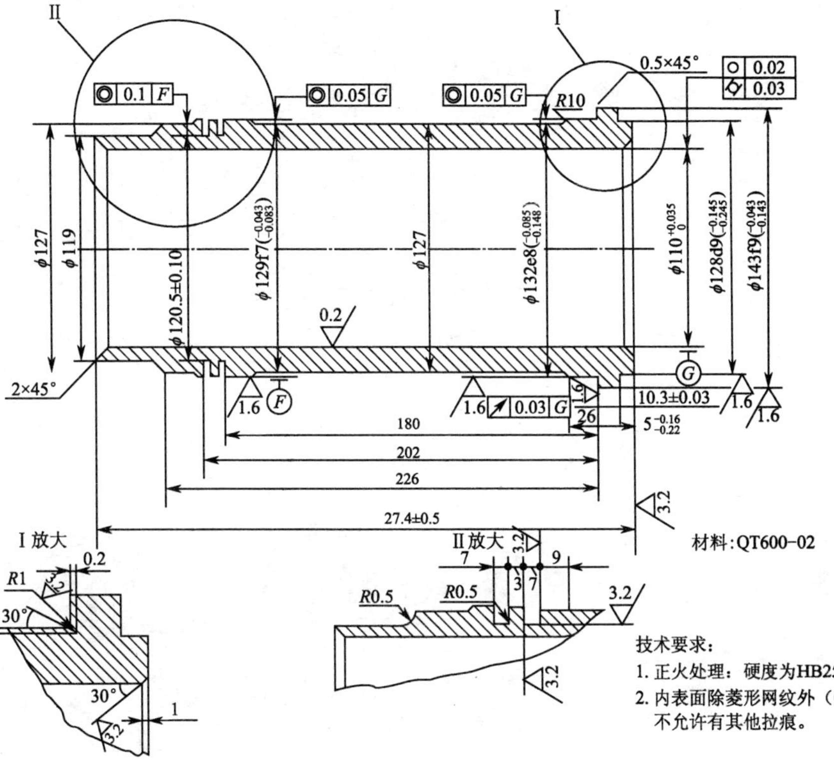
Ⅱ
Ⅰ
0.5×45°
0.1 F
0.05 G
0.05 G
R10
0.02
0.03
φ127
φ119
φ120.5±0.10
φ129f7(−0.043/−0.083)
φ127
φ132e8(−0.085/−0.148)
φ110 +0.035/0
φ128d9(−0.145/−0.245)
φ143f9(−0.043/−0.143)
0.2
2×45°
1.6
F
1.6
0.03 G
1.6
G
10.3±0.03
1.6
1.6
26
5 −0.16/−0.22
180
202
226
3.2
27.4±0.5
Ⅰ放大
Ⅱ放大
材料:QT600-02
0.2
R1
0.5 0/−0.2
30°
30°
3.2
1
7
3.2
9
3
7
R0.5
R0.5
3.2
3.2
技术要求:
1. 正火处理：硬度为HB250～300。
2. 内表面除菱形网纹外（G面），
不允许有其他拉痕。

图 8-6　液压缸